# 建筑减隔震技术应用实例

王洪臣◎编著

中国建筑工业出版社

图书在版编目（CIP）数据

建筑减隔震技术应用实例 / 王洪臣编著. — 北京：
中国建筑工业出版社，2023.10
ISBN 978-7-112-29292-9

Ⅰ. ①建… Ⅱ. ①王… Ⅲ. ①建筑结构－防震设计
Ⅳ. ①TU352.104

中国国家版本馆 CIP 数据核字（2023）第 202777 号

本书以多个工程案例为对象，结合其结构特点，合理布置隔震支座、消能构件，通过计算分析得出结构在地震作用下的受力状态，同时对设计过程、内容、结果进行梳理总结，为设计人员对减隔震技术的应用提供了很好的参考范本。本书共分 5 章，第 1 章 绪论，第 2 章 西安国际港务区陆港第六小学综合楼隔震分析，第 3 章 西安国际港务区陆港第七小学教学楼隔震分析，第 4 章 西安国际港务区陆港第五小学综合楼减震分析，第 5 章 丝路创智谷金融中心 1 号楼超限抗震设计。

本书可以作为初步进入本行业人员的学习材料，也可以作为高校结构专业学生的辅导教材。

责任编辑：刘瑞霞 梁瀛元
责任校对：芦欣甜

建筑减隔震技术应用实例
王洪臣 编著
*
中国建筑工业出版社出版、发行（北京海淀三里河路 9 号）
各地新华书店、建筑书店经销
国排高科（北京）信息技术有限公司制版
建工社（河北）印刷有限公司印刷
*
开本：787 毫米 × 1092 毫米 1/16 印张：14¼ 字数：354 千字
2024 年 1 月第一版 2024 年 1 月第一次印刷
定价：**68.00** 元
ISBN 978-7-112-29292-9
（41862）

# 前 言

随着社会经济的发展，各类重要建筑大量出现，如何保证这些建筑物在地震作用下的安全性是设计考虑的重点。减震、隔震技术分别从构件产品耗能和减少地震作用进而延长结构周期角度出发，来有效保证结构安全，近几十年来得到快速发展。但由于相关计算软件操作复杂、各类参考资料不系统、实际工程应用较少等原因，广大设计人员进行减隔震设计时存在诸多困难。鉴于此，本书旨在提高行业减隔震技术的理论水平，特别是提高设计人员的实际应用能力，进而大力推动减隔震技术的发展。

本书共分为 5 章。第 1 章重点介绍了我国政策、法规层面要求建筑物在地震作用下保证安全的法令依据，以及为保证建筑物安全需采用减隔震技术的必要性和强制性。阐述了减隔震技术的基本原理、使用条件、发展状况和实际典型工程的应用情况，同时介绍了与之相关的规范、规程及标准，帮助读者快速了解减隔震技术的基本内容。第 2 章、第 3 章分别详细介绍了橡胶隔震支座和摩擦摆隔震支座在两个多层学校建筑中的应用情况，包括不同类型隔震支座的选型原则、平面布置方案、相关计算参数选用、计算结果分析等内容。同时，也对产品性能要求、支座与主体之间的连接构造、施工注意事项进行了说明，让读者对上述两类隔震支座的实际应用和操作流程有了直观的了解。第 4 章重点介绍了由防屈曲约束支撑和黏滞阻尼器组成的减震系统在多层学校建筑中的具体应用。详细说明了防屈曲约束支撑和黏滞阻尼器的选用原则和布置技巧、计算流程、减震产品构件的耗能机制和附加阻尼、主体构件损伤判断、施工措施等内容，极大方便读者掌握两种减震产品的实际应用技能。第 5 章对超限复杂超高层的屋面复合减震系统（由橡胶隔震支座、黏滞阻尼器和水箱间组成 TMD 减震系统）和加强层的防屈曲约束支撑伸臂桁架设计、整体抗震分析做了详细介绍，上述系统有效减小了主体的地震作用，进而保证各项性能目标的实现，对类似工程具有较为重要的参考价值。

本书作者王洪臣为各章节的主要撰写人，同时还有其他撰写人参与编写：第 1 章参写者是高兑现；第 2 章参写者是卢骥、王磊；第 3 章参写者是尹龙星、武工姣；第 4 章参写者是周文兵；第 5 章参写者是卢骥，最后由王洪臣统稿，王洪臣和高兑现校对。本书编写过程中参考了多位专家、学者的资料，对他们表示敬意和感谢！同时也感谢西安理工大学高兑现教授、中国建筑西北设计研究院有限公司杨琦总工程师及多位参编者在书写过程中给予的指导和帮助。

本书重视减隔震技术应用的具体操作流程和计算分析，以实际工程案例作为参考，具有很强的指导性和实用性。可供工程技术人员阅读参考，也可以作为高等院校土建类专业的辅助教材。

减隔震技术内容丰富，本书仅通过个别实际案例对其部分内容进行论述，不能做到面面俱到。同时，由于编者的经验和水平有限，书中还存在不少缺点甚至错误，敬请读者提出批评和指正，以便及时改正完善。

# 目　录

# 第1章
# 绪 论

## 1.1 引言

2023 年 5 月 12 日是我国第 15 个全国防灾减灾日，主题为“防范灾害风险，护航高质量发展”。近年来强震不断，如 2021 年云南漾濞地震、2022 年青海门源地震及 2022 年泸定地震等，强震作用引起建设工程的损伤，给震区居民生命财产安全及日常生活带来巨大影响[1]。

为了降低地震灾害风险、减少人员伤亡和财产损失，深入贯彻落实习近平总书记关于防灾减灾救灾重要论述精神，工程建设领域加强规章制度和标准规范建设，目前已基本形成了覆盖建造各环节的建设工程抗震管理体系。

《中华人民共和国防震减灾法》（简称《减灾法》）于 2009 年实施。《减灾法》对新建、改建、扩建一般建设工程中的学校、医院等人员密集场所建设工程的抗震设防要求作出了特别规定：为保证学校、医院等人员密集场所建设工程具备足够的抗御地震灾害的能力，按照《减灾法》防御和减轻地震灾害，保护人民生命和财产安全，促进经济社会可持续发展的总体要求。综合考虑我国地震灾害背景、国家经济承受能力和要达到的安全目标等因素，参照国内外相关标准，以国家标准《中国地震动参数区划图》GB 18306—2015 为基础，适当提高地震动峰值加速度取值，特征周期分区值不作调整，作为此类建设工程的抗震设防要求。

《关于房屋建筑工程推广应用减隔震技术的若干意见（暂行）》的通知，由住房和城乡建设部于 2014 年 2 月 21 日印发。通知中鼓励使用减隔震技术，并给出具体要求：（1）位于 8 度（含 8 度）以上地震高烈度区、地震重点监视防御区域的新建 3 层以上学校、幼儿园、医院等人员密集公共建筑，应优先采用减隔震技术进行设计；（2）鼓励重点设防类、特殊设防类和位于 8 度（含 8 度）以上地震高烈度区的建筑采用减隔震技术。

《建设工程抗震管理条例》（简称《条例》）于 2021 年 9 月 1 日施行。《条例》第十六条规定，位于高烈度设防地区、地震重点监视防御区的新建学校、幼儿园、医院、养老机构、儿童福利机构、应急指挥中心、应急避难场所、广播电视等建筑应当按照国家有关规定采用隔震减震等技术，保证发生本区域设防地震时能够满足正常使用要求。

《条例》第四十九条对有关用语的含义作了具体解释：（1）地震时使用功能不能中断或者需要尽快恢复的建设工程：是指发生地震后提供应急医疗、供水、供电、交通、通信等保障或者应急指挥、避难疏散功能的建设工程。（2）高烈度设防地区：是指抗震设防烈度为 8 度及以上的地区。（3）地震重点监视防御区：是指未来 5 至 10 年内存在发生破坏性地震危险或者受破坏性地震影响，可能造成严重的地震灾害损失的地区和城市。

《建筑隔震设计标准》GB/T 51408—2021（简称《隔标》）自 2021 年 9 月 1 日起实施。住房和城乡建设部明确指出，除特殊规定外，隔震建筑的基本设防目标是：当遭受相当于本地区基本烈度的设防地震时，主体结构基本不受损坏或不需修理即可继续使用；当遭受罕遇地震时，结构可能发生损坏，经修复后可继续使用；特殊设防类建筑遭受极罕遇地震时，不致倒塌或发生危及生命的严重破坏。隔震建筑的结构构件、非结构构件和附属设备的使用功能有专门要求时，除应符合基本设防目标外，尚应符合结构构件、非结构构件和附属设备的抗震性能标准的规定。隔震建筑设计及既有建筑的隔震加固设计，除应符合本标准外，尚应符合国家现行有关标准的规定。

《建筑抗震设计规范》GB 50011—2010（2016 年版）（简称《抗规》）对采用隔震和消能减震设计的建筑，从结构体系、设计方法、地震作用、抗震措施等方面作了明确规定，同时也对隔震装置和消能部件的具体要求给出了详细的说明。

《建筑与市政工程抗震通用规范》GB 55002—2021（简称《抗通规》），自 2022 年 1 月 1 日起实施。该规范为强制性工程建设规范，全部条文必须严格执行。现行工程建设标准相关强制性条文同时废止。现行工程建设标准中有关规定与该规范不一致的，以该规范的规定为准。《抗通规》对建筑隔震和和消能减震的设计原则、目标要求及抗震措施作了宏观层面的规定和要求。

《基于保持建筑正常使用功能的抗震技术导则》（简称《导则》）是清华大学、广州大学等有关单位编制，于 2023 年 5 月发布的一项技术导则。《条例》对八类建筑抗震的要求是：（1）按照重点设防类采取抗震设防措施；（2）保证发生设防地震时能够满足正常使用要求；（3）应采取隔震减震等技术。对于第（1）条和第（3）条要求，大家很容易理解，但对于第（2）条要求，各地执行理解不尽相同。《导则》给出了《条例》中第（2）条的解决途径，为保证发生本区域设防地震时能够满足正常使用要求提供合理可行的技术路径。

规章制度和标准规范的建设发布，使得高烈度区学校、医院等人员密集场所建设工程具备足够的抗御地震灾害的能力，确保人民生命和财产安全。近几年更新或实施的与建筑隔震、消能减震相关的规范标准较多，对建筑工程设计人员提出了更高的要求。但相对具体、完整、系统、可操作性强的参考资料还较少，给设计、施工、科研等方面的技术人员推广应用隔震和消能减震技术造成了较多困难。鉴于此，本书结合完整的实际工程案例，详细阐明相关技术的具体应用方法，让设计人员快速入手，从而为实现各项规章制度和标准规范的落地提供强有力的技术支撑。

## 1.2 抗震结构类型

我国抗震结构主要包括刚性抗震结构、延性抗震结构、消能减震结构及隔震结构四种结构形式[2]，如图 1-1 所示。

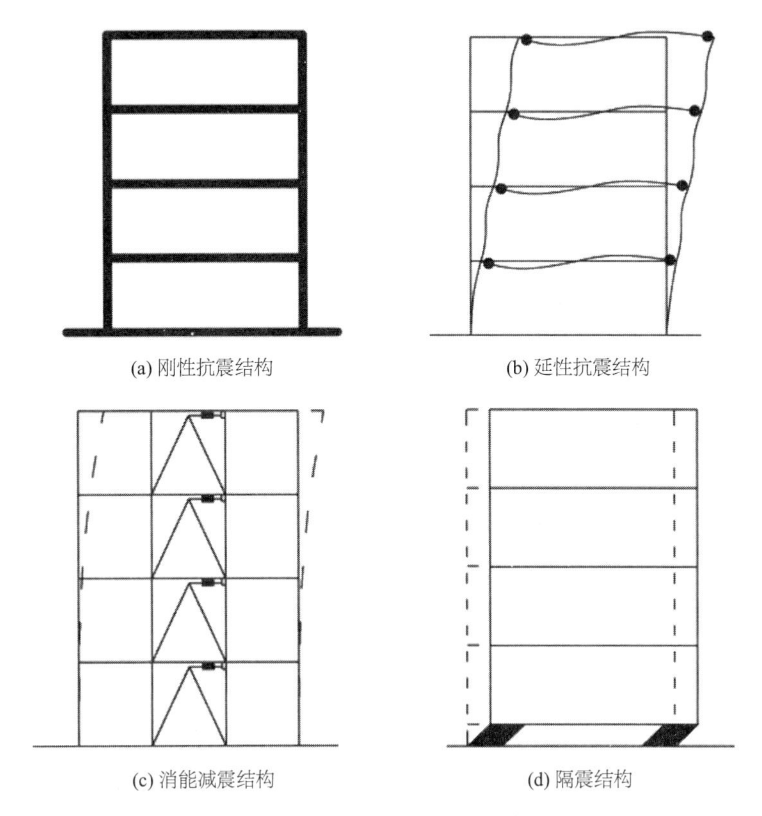


图 1-1 我国主要抗震结构类型

刚性抗震结构采取“硬抗”的思路，通过增大构件截面尺寸、增加配筋、提高材料强度或采取一定抗震构造措施来实现抗震设防“三水准”要求。采用增大截面尺寸的方法往往会增加结构刚度，引起更大的地震响应，有可能需要进一步增大截面和配筋，造成不经济或影响建筑正常使用。

延性抗震结构采取“强柱弱梁、强剪弱弯、强节点弱构件”的设计理念，使得结构在地震作用下保持一定的延性，达到“三水准、两阶段”的设计目标。由于地震的随机性和不可预测，结构破坏位置和顺序很难预测，通过传统的强柱弱梁、强剪弱弯、强节点弱构件等构造方法很难达到预期的效果，尤其是在罕遇地震作用下，结构安全难以把握。

减隔震结构是根据振动控制理论，通过在主体结构中某些相对位移或相对速度较大的部位设置耗能装置或隔震装置，通过这些装置吸收和耗散或隔离输入结构中的地震能量，从而改善结构的抗震性能，保证主体结构的安全性和舒适度。

## 1.3 减震技术

结构减震原理主要是通过在结构中附加阻尼装置，用来增大结构的阻尼比以达到减小地震响应的目的，并通过阻尼装置来耗散地震能量。

常见的消能减震装置主要分为速度相关型和位移相关型两大类。位移相关型阻尼器利用自身的塑性变形耗散地震输入能量，与相对滑动有关。位移相关型阻尼器主要有摩擦型阻尼器、软钢阻尼器、屈曲约束支撑和铅阻尼器等。速度相关型阻尼器利用其黏滞材料的阻尼特性来耗散地震能量。速度相关型阻尼器主要有黏弹性阻尼器和黏滞阻尼器等。

阻尼器的分类如下所示：

位移相关型阻尼器
- 软钢剪切型阻尼器
- 金属弯曲阻尼器
- 屈曲约束支撑
- 铅阻尼器
- 摩擦型阻尼器

速度相关型阻尼器
- 黏滞阻尼器
- 黏弹性阻尼器

常用的减震装置如图 1-2 所示。其中，金属阻尼器属于位移相关型阻尼器，在地震往复作用下通过金属材料屈服时产生的弹塑性滞回变形耗散地震能量，如软钢阻尼器和屈曲约束支撑；黏滞阻尼器属于速度相关型阻尼器，在地震往复作用下利用其黏滞材料的阻尼特性来耗散地震能量，如杆式黏滞阻尼器和黏滞阻尼墙。

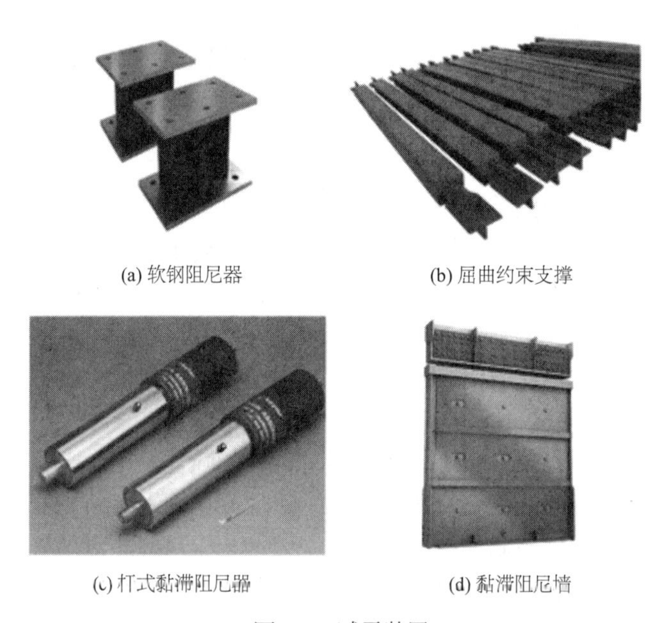

(a) 软钢阻尼器　(b) 屈曲约束支撑

(c) 杆式黏滞阻尼器　(d) 黏滞阻尼墙

图 1-2　减震装置

## 1.4　隔震技术

隔震结构就是将地震时地震波动产生的大部分能量由隔震元件吸收，使最终传递到上部结构的地震能量大大减少。同时，结构的变形将集中在隔震层，而上部结构还处于弹性阶段，确保建筑物在任何突发强震时不发生破坏。隔震是一种立足于“隔”、以柔克刚的积极抗震理论。从“抗”到“隔”，是抗震设防策略的一次重大改变，采用隔震技术后，即使强震发生，建筑物的破坏程度一般也很低，人员一般也无需疏散，建筑物简单修理甚至无需修理即可继续正常使用，建筑物的抗震性能大大提高。

隔震原理可以通过建筑结构的地震反应谱加以说明。对建筑物地震反应有重要影响的两个主要因素是：结构的周期和阻尼比。非隔震中低层建筑物，其刚度大、周期短，基本周期正好处于地震输入能量最大的频段上。因此相应的加速度反应比地面运动放大得多，而位移反应却较小。如果延长建筑物的周期，而保持阻尼不变，则加速度反应被大大降低，但位移反应却有所增加。如果继续加大结构的阻尼，加速度反应则继续减弱，且位移反应也得到明显降低。可以看出，如果能够通过隔震支座，既能延长结构周期又能增加较大阻尼，就可使结构上的加速度反应大大降低。同时，结构产生的较大位移也是由隔震支座中的隔震层来提供，而不由上部结构自身的相对位移来承担。这样，上部结构在地震过程中就会发生接近平移的运动，大大提高了上部结构的安全度。

实际工程及相关试验研究表明，采用隔震措施后，上部结构的地震作用一般可减小40%～80%以上，隔震结构采用隔震措施后的上部结构基本处于弹性状态，且只进行刚体平动，上部结构的反应以第一振型为主，结构的构件和非结构构件的损坏程度明显降低，建筑物或构筑物的主体、内部的设备、人员的安全性得到提高，也提高了建筑的震后可修复性和再利用能力。采用隔震技术后，上部结构设计自由度较大，施工过程简化，在高烈度地区采用隔震措施往往还能降低主体结构的建造成本。

隔震结构的隔震层所使用支座主要分为两大类：一类是叠层橡胶支座，包括天然橡胶支座、高阻尼橡胶支座和铅芯橡胶支座；另外一类是滑动支座，主要有滑板支座、摩擦摆支座及滚动支座等。摩擦摆支座由于具有对地震激励频率范围的低敏感性和高稳定性，较强的自限位、复位能力，优良的隔震和消能机制等综合性能，近年来逐渐成为一种具有较好发展前景的隔震支座。

常用的隔震装置有叠层橡胶支座（图 1-3）和滑动支座（图 1-4），两者均具有较大的竖向刚度，以便承受巨大的上部结构重量，水平刚度则相对小很多，以隔离输入结构的地震能量。

(a) 铅芯橡胶支座

(b) 天然橡胶支座

图 1-3 叠层橡胶支座

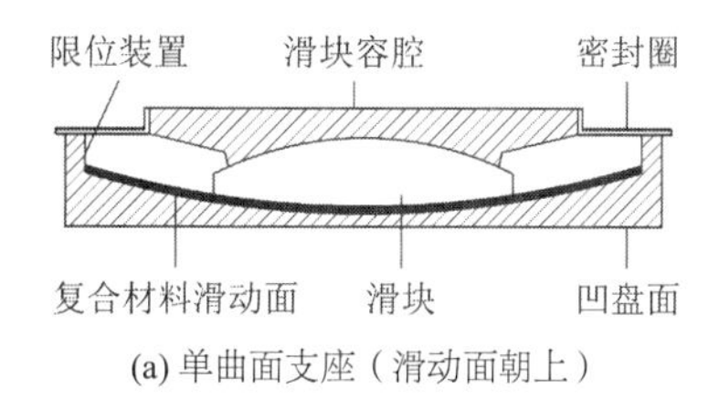


(a) 单曲面支座（滑动面朝上）

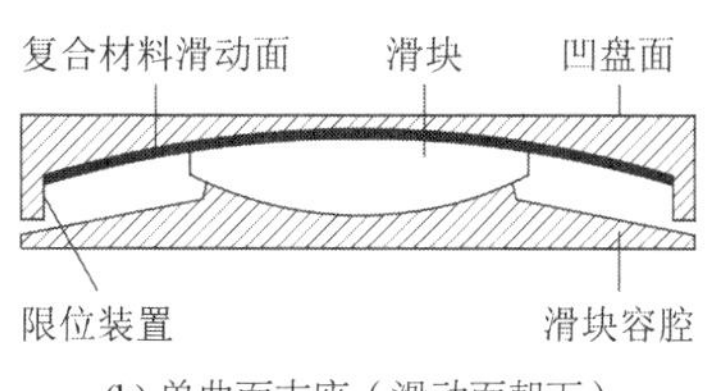


(b) 单曲面支座（滑动面朝下）

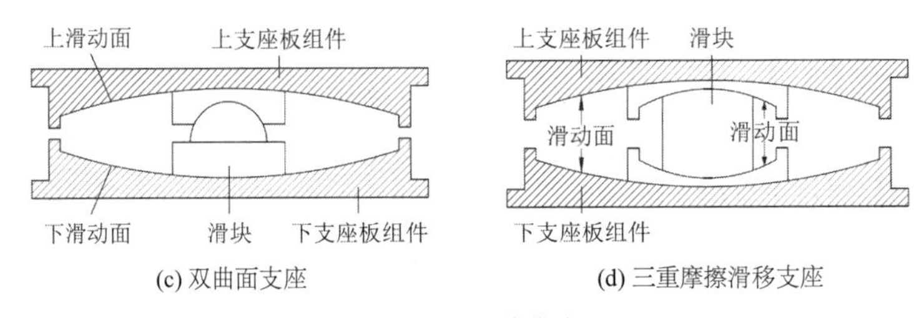


图 1-4　滑动支座

## 1.5　组合减隔震技术

组合减隔震技术可分为两类[2]，第一类是多种减震装置的合理组合，第二类是减震与隔震技术的组合。

组合减震技术是指根据结构的变形特点以及结构抗震性能化设计要求，合理组合应用多种减震装置，充分发挥各种减震装置耗能效果，减小地震作用，改善结构的抗震性能，其分类如图 1-5 所示。

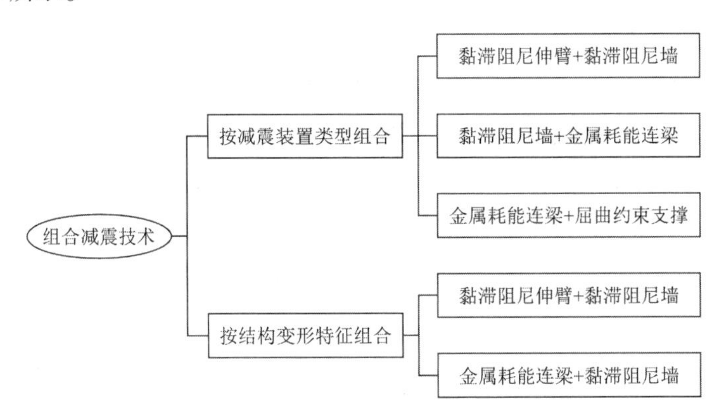


图 1-5　减震组合技术

日建设计东京总部大楼采用黏滞阻尼墙 + 屈曲约束支撑的组合减震技术。黏滞阻尼墙在小震、中震和风荷载作用下发挥作用，屈曲约束支撑则在中震和大震作用下发挥作用。混合应用两种减震装置，中震下结构阻尼比可以达到小震下的 2 倍[3]。

组合减隔震技术是指结构在采用隔震技术的基础上，在隔震层内或隔震层外楼层布置减震装置以进一步减小地震作用，改善结构抗震性能，其分类如图 1-6 所示。

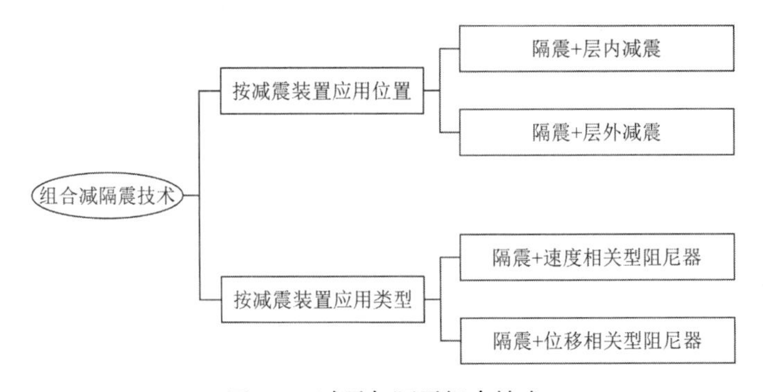


图 1-6　减震与隔震组合技术

江苏宿迁苏豪银座大楼采用层间隔震＋层内减震（黏滞阻尼器）的组合减隔震方案，隔震层内设置天然橡胶支座、铅芯橡胶支座和黏滞阻尼器。混合应用减震、隔震装置后，结构自振周期从1.64s延长为3.74s，$X$向减震系数达0.35，$Y$向减震系数达0.36。达到地震烈度降低一度的设计目标，减震效果良好。

## 1.6 减隔震技术的工程应用

中国最早的隔震建筑是1993年由周福霖院士设计建造的汕头陵海路八层框架结构商住楼以及唐家祥教授设计的安阳市粮油综合楼[3]。消能减震技术在我国真正蓬勃发展和应用始于1998年启动的首都圈防震减灾示范区建设，北京饭店、北京火车站、中国国家博物馆和北京展览馆等一批标志性建筑加固均采用消能减震技术[4]。到20世纪末，国内关于橡胶支座隔震结构相关科学与技术问题的研究已经取得了大量成果，基本形成了橡胶支座隔震建筑的成套技术。2001年，建筑隔震与消能减震技术写入国家标准《建筑抗震设计规范》，并进一步完善[3]。

2008年汶川地震后，消能减震技术因其减震机理明确、减震效果显著等优点被广泛应用到灾后建筑修复、加固及重建中。

国家行业标准《建筑消能减震技术规程》JGJ 297—2013于2013年颁布实施。作为国内外第一部消能减震行业技术标准，标志着我国消能减震技术达到了国际领先水平，为我国减隔震结构设计和施工应用提供了技术支撑。国内大批新建建筑抗震设计采用了减隔震方案。北京盘古大观高层建筑[5]、宿迁市建设大厦[6]等建筑采用了黏滞阻尼器。天津国际贸易中心A塔楼[7]在国内首次采用了套索型黏滞阻尼器。天津国际贸易中心C塔楼[8]、上海世博博物馆[9]等建筑采用了软钢阻尼器。潮汕星河大厦[10]、广州东山锦轩[11]等建筑采用了铅黏弹性阻尼器。上海东方体育中心[12]、天津高银117大厦[13]、北京银泰中心[14]等建筑采用屈曲约束支撑。

组合减隔震技术在大型公建项目中得到了广泛使用。昆明长水国际机场航站楼[15]、北京大兴国际机场[16]、西安咸阳国际机场三期扩建工程[17]等均采用减震与隔震相结合的振动控制形式，在隔震层布置了隔震支座与黏滞阻尼器。

组合减隔震技术在高层及超高层建筑结构中也得到使用。喀什农商银行总部大楼采用隔震技术，同时在隔震层设置黏滞阻尼器[18]。西安丝路国际会议中心建筑，隔震层混合使用天然橡胶支座＋铅芯橡胶支座＋滑板支座＋黏滞阻尼器[19]。云南昆明市官渡区滇池会展中心，采用黏滞阻尼伸臂桁架、屈曲约束支撑和软钢耗能连梁形成组合减震系统[20]。寰宸商务中心超高层建筑结构，采用屈曲约束支撑和连梁阻尼器的组合减震系统[21]。乌兹别克斯坦某银行大厦为钢筋混凝土框架-核心筒结构体系，采用悬臂桁架黏滞阻尼器减震与金属连梁阻尼器组合减震技术[22]。

伴随着《条例》《隔标》自2021年9月1日起实施，以及《抗通规》自2022年1月1日起实施，建筑减隔震理论及技术研究有了快速的发展，并应用于众多建筑结构工程抗震设计中。

甘庆锋等[23]以位于高烈度区及Ⅳ类场地的某医院门诊住院综合楼为背景，采用设置减震阻尼器有效降低了结构在地震下的动力响应。

刘洋等[24]对位于高烈度区的连体结构，进行了弱连体结构的设计验证，对连廊摩擦摆支座及黏滞阻尼器的设计进行了研究。

徐芳等[25]结合位于高烈度区近地震断裂带上的多单体建筑结构，对隔震与减震方案进行了比较分析，指出采用多单体整体结构顶板隔震方案最为经济有效。

叶烈伟等[26]结合甘肃陇南区某新建幼儿园项目，采用低摩擦型摩擦摆配合黏滞阻尼器和低摩擦型大曲率半径摩擦摆配合黏滞阻尼器等两种设计方案，并进行了多工况罕遇地震弹塑性时程分析。

潘毅等[27]对泸定 6.8 级地震中减隔震建筑震害进行了调查分析，指出高烈度区的减隔震建筑虽然出现了不同程度的破坏，但主体结构均基本完好，非结构构件仅有轻微损伤，未出现人员伤亡；低烈度区的减隔震建筑未发现明显震害，但减隔震构造普遍存在问题。提出完善减隔震建筑的构造措施，制定减隔震专项施工方案，落实减隔震产品的质量管控等建议。

何帅[28]等在高烈度区某医院加固工程中，采用了钢框架为外附子结构和减隔震技术。

屈涛[29]等结合某学校混凝土框架结构上部有大跨度钢桁架结构学院楼项目，研究了铅芯橡胶支座、铅芯橡胶支座 + 黏滞阻尼器、摩擦摆支座三种隔震方案。结果表明，摩擦摆支座方案可以达到铅芯橡胶支座 + 黏滞阻尼器方案的隔震效果，并且能使结构变形不至于过大。

余文正等[30]对高烈度区的高层建筑结构的隔震方案进行了对比分析。指出隔震层增设黏滞阻尼器，可明显提高减震效果，降低水平向减震系数，减小支座拉应力和位移。对上部结构较柔的高层隔震建筑，较为有效的方法是提高上部结构的刚度，降低上部结构的自振周期。

仲敏等[31]针对高烈度地区的小学校教学楼工程，采用钢框架-BRB 减震技术，通过防屈曲约束支撑的布置，可提高结构刚度，改善结构的抗扭能力，提高结构中震和预估罕遇地震下的结构抗震性能。

居炜等[32]针对扬州运河大剧院大型钢结构桁架空中连桥结构，优选了摩擦摆支座和限位阻尼器与两侧塔楼结构连接，使连桥结构形成弱连体结构，减小对两侧塔楼的影响。结果表明，在地震作用下摩擦摆支座能够有效降低连体结构底部的水平剪力，限位阻尼器的设置不仅降低了连体结构底部的水平剪力，同时减小了连体结构与两侧塔楼的相对变形。

张一爽[33]结合《条例》的实施，阐述了减隔震技术的设计要点，针对北京某一新建幼儿园主体结构进行了减震设计。

目前建筑结构减隔震技术已取得较为全面的研究和发展，基于不同减隔震原理的减震、隔震装置也得到了充分研发，各类采用减隔震技术设计的建筑物可根据实际需求选择相应产品。同时，政府层面的行政文件和技术主管部门的规范、标准、规程都对建筑减隔震技术的应用和推广提供了必要的基础支撑。因此，建筑结构减隔震技术具有广阔的应用前景。

## 参考文献

[1] 工程建设标准化信息网 https://www.ccsn.org.cn/.

[2] 丁洁民，吴宏磊，王世玉，等. 减隔震技术的发展与应用[J]. 建筑结构, 2021, 51(17).
[3] 朱绪林，林明强，高蕊，等. 中国建筑结构减隔震技术应用研究进展[J]. 华北地震科学, 2020, 38(4).
[4] 周云，商城豪，张超. 消能减震技术研究与应用进展[J]. 建筑结构, 2019, 49(19).
[5] 陈永祁，曹铁柱. 液体黏滞阻尼器在盘古大观高层建筑上的抗震应用[J]. 钢结构, 2009, 24(8): 39-46.
[6] 陆伟东，刘伟庆，陈瑜. 宿迁市建设大厦消能减震设计[J]. 地震工程与工程振动, 2004, 24(5): 92-96.
[7] 彭程，陈永祁. 天津国贸中心抗风设计[J]. 钢结构, 2013, 28(7): 54-59.
[8] 尤旭升，韩维，吕汉忠，等. 软钢消能器在天津国际贸易中心 C 塔楼中的应用[J]. 建筑结构, 2013, 43(13): 36-41.
[9] 姜文伟，赵雪莲，包联进，等. 世博博物馆主体结构设计[J]. 建筑钢结构进展, 2017, 19(5): 22-29, 90.
[10] 阴毅，周云，梅力彪. 潮汕星河大厦结构消能减震有限元时程分析[J]. 工程抗震与加固改造, 2005, 27(3): 35-40.
[11] 周云，吴从晓，邓雪松. 铅黏弹性阻尼器的开发、研究与应用[J]. 工程力学, 2009, 26(S2): 80-90.
[12] 朱保兵，李亚明，徐晓明，等. 屈曲约束支撑在上海东方体育中心综合馆中的应用研究[J]. 建筑结构, 2011, 41(S2): 1-5.
[13] 包联进，汪大绥，周建龙，等. 天津高银 117 大厦巨型支撑设计与思考[J]. 建筑钢结构进展, 2014, 16(2): 43-48.
[14] 李培彬，娄宇，赵广鹏，等. 屈曲约束支撑在北京银泰中心结构抗震设计中的应用[J]. 建筑结构, 2007, 37(11): 5-7.
[15] 阿拉塔，宋廷苏，安晓文. 昆明长水国际机场航站楼隔震橡胶支座更换技术[J]. 世界地震工程, 2019, 35(4): 199-209.
[16] 朱忠义，束伟农，周忠发，等. 北京大兴国际机场航站楼中心区屋盖钢结构设计的关键问题[J]. 建筑结构学报, 2023, 44(4): 1-10.
[17] 李靖，曹莉，扈鹏，等. 西安咸阳国际机场东航站楼隔震设计[J]. 建筑结构, 2022, 52(11): 15-21.
[18] 沈伟宇，丁洁民，吴宏磊，等. 喀什农商银行总部大楼隔震结构设计[J]. 结构工程师, 2020, 36(2): 211-217.
[19] 吴宏磊，丁洁民，陈长嘉. 西安丝路国际会议中心隔震技术应用研究[J]. 建筑结构学报, 2020, 41(2): 14-19.
[20] 吴宏磊，丁洁民，刘博. 超高层建筑基于性能的组合消能减震结构设计及其应用[J]. 建筑结构学报, 2020, 41(3).
[21] 王治辉，范美浩，冷炫锋，等. 寰宸商务中心超高层结构混合减震设计[J]. 建筑科学, 2020, 36(11).
[22] 花炳灿，安东亚，闫锋. 9 度区某超高层结构抗震与减震设计研究[J]. 地震工程与工程振动, 2023, 43(1).
[23] 甘庆锋，郭达文，赖灿坤. 某高烈度Ⅳ类场地重点设防建筑结构设计关键技术研究[J]. 广东土木与建筑, 2023, 30(6): 65-68.
[24] 刘洋，焦禾昊，孙亚，等. 高烈度地区某连体结构减隔震设计研究[J]. 建筑结构, 2023, 53(S1): 926-929.
[25] 徐芳，赵昕，舒睿彬. 高烈度区多单体整体结构减隔震方案选型与集成优化[J]. 建筑结构, 2023, 53(S1): 930-935.
[26] 叶烈伟，黄弘毅，李进波，等. 低摩擦型建筑摩擦摆与黏滞阻尼器组合减隔震地震反应影响分析[J]. 建筑结构, 2023, 53(S1): 1061-1065.
[27] 潘毅，高海旺，熊耀清，等. 泸定 6.8 级地震减隔震建筑震害调查与分析[J]. 建筑结构学报, 2023, 44(12): 122-136.
[28] 何帅，秦云，户威，等. 外附子结构及减隔震技术在既有建筑加固中的应用研究[J]. 建筑结构, 2022, 52(S2): 816-821.

[29] 屈涛，卫文，古静欣．某学院楼减隔震方案比选与设计[J]．建筑结构，2022, 52(21): 139-143.

[30] 余文正，孙柏锋，应伟，等．高烈度区高层建筑基础组合减隔震效果分析研究[J]．工业建筑，2022, 52(9): 94-100, 107.

[31] 仲敏，钱起潮．某小学校项目减隔震设计[C]//天津大学，天津市钢结构学会．第二十二届全国现代结构工程学术研讨会论文集．天津市建筑设计研究院有限公司，全国现代结构工程学术研讨会学术委员会，2022.

[32] 居炜，周游，王松铄．扬州运河大剧院连体结构减隔震设计[J]．建筑结构，2022, 52(S1): 897-902.

[33] 张一爽．乙类建筑减隔震技术的设计与分析[J]．建筑结构，2022, 52(S1): 989-993.

# 第2章 西安国际港务区陆港第六小学综合楼隔震分析

## 2.1 工程概况

西安国际港务区陆港第六小学校，位于港务区和畅路与漕渠路路口东南角，建筑总面积为 36800m$^2$，地上建筑面积为 22200m$^2$，地下建筑面积为 14600m$^2$。包含教学、综合楼、多功能厅和餐厅四部分（图 2-1）。

教学楼地下 1 层，地上 6 层，建筑高度 23.8m；综合楼无地下，地上 5 层，建筑高度 22.5m；多功能厅无地下，地上 3 层，建筑高度 20.2m；餐厅地下 1 层，地上 2 层，建筑高度 12.2m。

本章进行综合楼隔震分析。综合楼平面尺寸为 34.7m × 59.9m，结构总高为 22.5m。其中隔震层层高 2.8m，1～5 层层高分别是 5.4m、4.2m、4.2m、4.2m、5.5m。结构形式为框架结构，隔震层设置在基础处（图 2-2）。处于发震断层 5km 以内，地震作用增大系数取为 1.25。

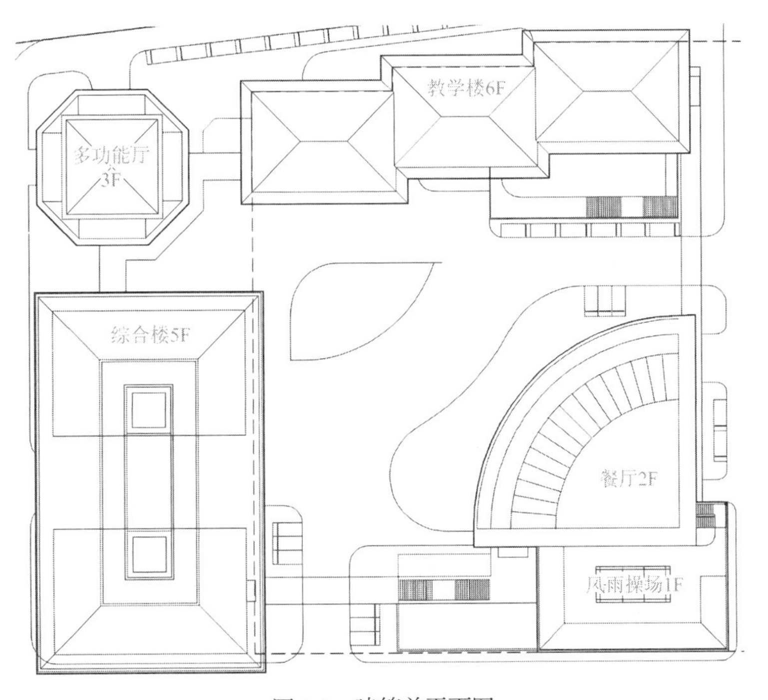


图 2-1　建筑总平面图

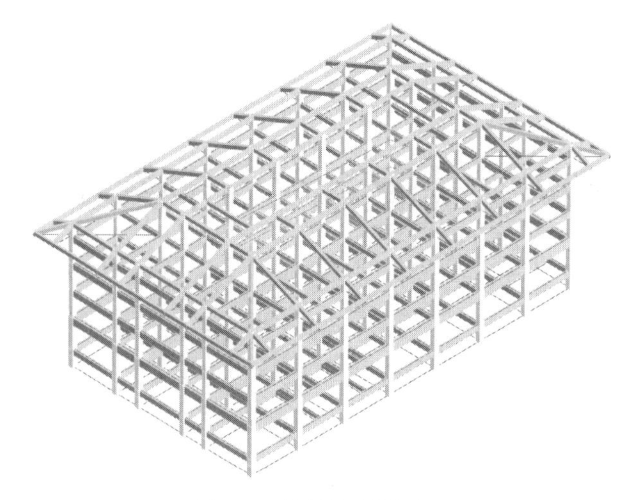

图 2-2　结构模型轴测图

## 2.2　设计依据

1）有关本项目的审批文件，建筑、设备工种提供的资料及要求

2）现行设计规范、规程、标准

（1）《工程结构可靠性设计统一标准》GB 50153—2008

（2）《建筑工程抗震设防分类标准》GB 50223—2008

（3）《建筑结构可靠性设计统一标准》GB 50068—2018

（4）《建筑抗震设计规范》GB 50011—2010（2016 年版）

（5）《建筑结构荷载规范》GB 50009—2012

（6）《混凝土结构设计规范》GB 50010—2010（2015 年版）

（7）《建筑与市政工程抗震通用规范》GB 55002—2021

（8）《工程结构通用规范》GB 55001—2021

（9）《建筑隔震设计标准》GB/T 51408—2021

（10）《建筑隔震橡胶支座》JG/T 118—2018

（11）《橡胶支座 第 1 部分：隔震橡胶支座试验方法》GB/T 20688.1—2007

（12）《橡胶支座 第 3 部分：建筑隔震橡胶支座》GB/T 20688.3—2006

（13）《建筑隔震构造详图》22G610-1

（14）《建筑隔震工程施工及验收规范》JGJ 360—2015

（15）《建设工程抗震管理条例》（国务院令第 744 条）

（16）《基于保持建筑正常使用功能的抗震技术导则》

3）主要参考资料

（1）《全国民用建筑工程设计技术措施（结构）》;

（2）《建筑抗震设计手册》（第二版）等；

（3）陕西天地地质有限责任公司提供的《西安市陆港第六小学项目岩土工程勘察报告》。

4）结构主要计算参数

结构主要计算参数见表2-1。

结构计算参数　　表2-1

| 项　目 | 指　标 |
| --- | --- |
| 建筑结构安全等级 | 一级 |
| 设计使用年限 | 50年 |
| 结构设计基准期 | 50年 |
| 建筑抗震设防类别 | 重点设防类 |
| 抗震设防烈度 | 8度（0.2g） |
| 设计地震分组 | 二组 |
| 场地类别 | Ⅱ类 |
| 特征周期 | 0.40s（大震0.45s） |
| 基本风压 | 0.35kN/m$^2$ |
| 基本雪压 | 0.25kN/m$^2$ |
| 抗震等级 | 二级（轴压比一级） |
| 地基基础设计等级 | 丙级 |
| 考虑近场影响地震作用增大系数 | 1.25 |
| 底部剪力比 | $< 0.5$ |

## 2.3　隔震设计性能目标与计算程序实现

1）隔震设计性能目标

根据《隔标》和《导则》，学校建筑属于地震时正常使用Ⅱ类建筑，其性能目标如表2-2所示。

地震时正常使用Ⅱ类建筑性能目标　　表2-2

| 构件类型/控制指标 | 设防地震 | 罕遇地震 |
| --- | --- | --- |
| 关键构件及普通竖向构件 | 基本完好 | 中度损坏 |
| 普通水平构件 | 轻微损坏 | 中度破坏 |
| 弹塑性层间位移角 | 1/300 | 1/150 |
| 最大楼面水平加速度（g） | 0.35 | 0.70 |

关键构件：上下柱墩、隔震层框架梁；普通竖向构件：所有框架柱；普通水平构件：其他框架梁。隔震支座性能目标详见表2-3。

2）计算程序实现

计算分析分为两个阶段：

（1）线弹性分析阶段

在YJK 4.1.1中建立结构模型，根据《隔标》第4.1.3条，本工程不属于高度大于60m，不规则的建筑，或隔震层支座、阻尼装置及其他装置组合复杂的隔震建筑。故可仅采用复振型分解反应谱法（隔震层的非线性可按等效线性化的迭代方式考虑）进行线弹性设计，无需与弹性时程分析进行包络设计。在设防地震作用下，对上部结构的承载力和变形、隔震层的承载力和变形进行验算。在罕遇地震作用下，对隔震支座位移进行初步验算。

（2）弹塑性分析阶段

将 YJK 4.1.1 中的结构模型导入 SAUSG-PI 软件，进行弹塑性时程分析。在设防地震作用下，对上部结构和隔震层的层变形和楼面水平加速度进行验算。在罕遇地震作用下，对隔震层的变形和楼面水平加速度进行复算。

## 2.4 隔震层布置

### 2.4.1 隔震支座布置要求

根据表 2-3 的要求布置隔震支座。

隔震支座布置要求　　表 2-3

| 《隔标》条文 | 控制指标 |
|---|---|
| 4.6.2-4 | 隔震层刚心与质心中震下偏心率不宜大于 3% |
| 4.6.3-1 | 重力荷载代表值作用下隔震支座竖向压应力不大于 12MPa |
| 4.6.6-1 | 大震下隔震支座考虑扭转的水平位移应大于其直径的 0.55 倍和各层橡胶厚度之和的 3 倍二者的较小值 |
| 4.6.8 | 隔震层抗风承载力不小于风荷载水平剪力的 1.4 倍 |
| 4.6.9-2 | 上部结构抗倾覆力矩与大震倾覆力矩之比不应小于 1.1 |
| 表 6.2.1-1 | 大震下隔震支座最大竖向压应力不应大于 25MPa |
| 表 6.2.1-4 | 大震下隔震支座竖向拉应力不大于 1MPa |

### 2.4.2 隔震支座布置情况

本工程一共布置了 48 个隔震支座，其中 LNR800 16 个，LRB800 8 个，LRB900 24 个。隔震支座力学性能参数见表 2-4，隔震支座布置图见图 2-3。

隔震支座力学性能参数　　表 2-4

| 类别 | 符号 | 单位 | LNR800 | LRB800 | LRB900 |
|---|---|---|---|---|---|
| 使用数量 | $N$ | 套 | 16 | 8 | 24 |
| 有效直径 | $d$ | mm | 800 | 800 | 900 |
| 剪切弹性模量 | $G$ | MPa | 0.392 | 0.392 | 0.392 |
| 一次形状系数 | $S_1$ | — | 38 | 40 | 40 |
| 二次形状系数 | $S_2$ | — | 5 | 5 | 5 |
| 有效面积 | $A$ | $m^2$ | 0.5024 | 0.5024 | 0.636 |
| 基准面压 | — | MPa | 12 | 12 | 12 |
| 竖向初始刚度 | $K_v$ | kN/m | 3.1E + 06 | 3.4E + 06 | 3.9E + 06 |

续表

| 类别 | 符号 | 单位 | LNR800 | LRB800 | LRB900 |
|---|---|---|---|---|---|
| 水平初始刚度 | $K_u$ | kN/m | 1210 | 15290 | 17120 |
| 水平屈服力 | $Q_d$ | kN | — | 106 | 141 |
| 屈曲后水平刚度 | $K_d$ | kN/m | — | 1177 | 1318 |
| 100%等效刚度 | $K_{eq}$ | kN/m | 1210 | 1830 | 2080 |
| 100%等效阻尼比 | $\xi_{eq}$ | % | — | 23 | 22 |
| 250%等效刚度 | $K_{eq}$ | kN/m | 748 | 1130 | 1285 |
| 支座安装高度 | — | mm | 363 | 363 | 363 |
| 橡胶层总厚度 | — | mm | 160 | 160 | 184 |
| 最大水平位移 | — | mm | 440 | 440 | 495 |

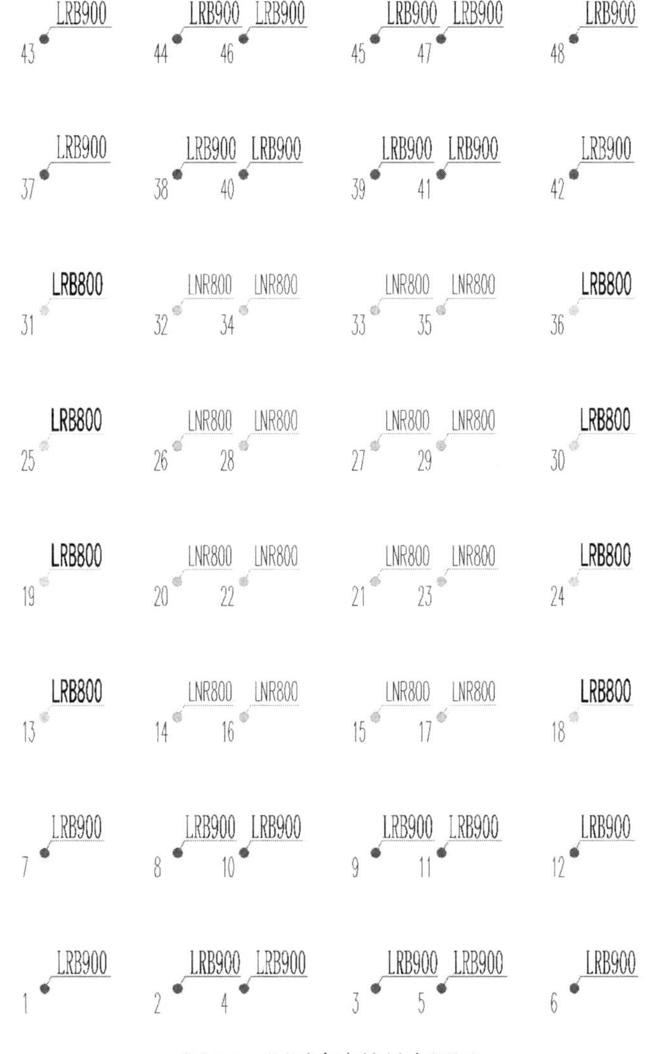


图 2-3　隔震支座编号布置图

### 2.4.3 隔震层验算

1）隔震支座等效线性化与大震反应谱验算

YJK 软件可按照用户输入的非线性参数进行反应谱迭代计算，得到隔震元件的等效刚度和等效阻尼，再结合复振型分解反应谱法可以对结构进行等效线弹性计算。隔震支座等效线性化迭代计算结果见图 2-4，大震反应谱法隔震支座验算结果见图 2-5。

图 2-4 隔震支座等效线性化迭代计算结果

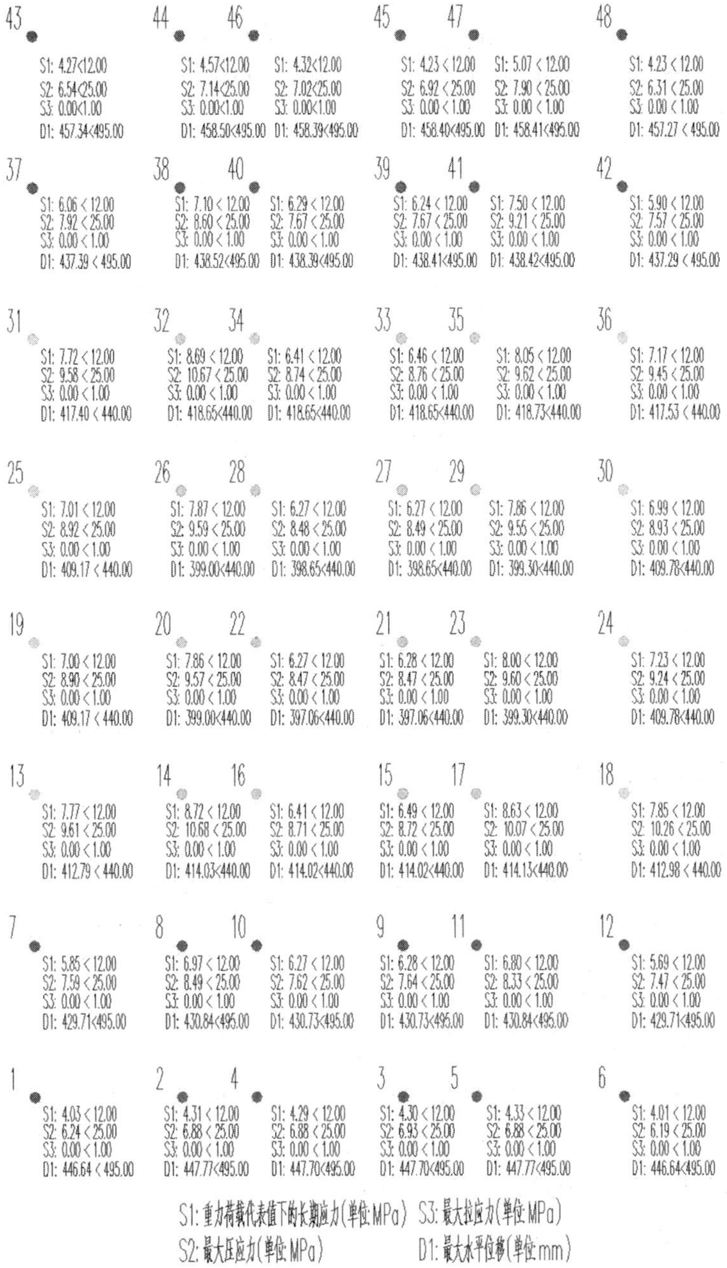
43
S1: 4.27<12.00
S2: 6.54<25.00
S3: 0.00<1.00
D1: 457.34<495.00
44
S1: 4.57<12.00
S2: 7.14<25.00
S3: 0.00<1.00
D1: 458.50<495.00
46
S1: 4.32<12.00
S2: 7.02<25.00
S3: 0.00<1.00
D1: 458.39<495.00
45
S1: 4.23 < 12.00
S2: 6.92 < 25.00
S3: 0.00 < 1.00
D1: 458.40<495.00
47
S1: 5.07 < 12.00
S2: 7.90 < 25.00
S3: 0.00 < 1.00
D1: 458.41<495.00
48
S1: 4.23 < 12.00
S2: 6.31 < 25.00
S3: 0.00 < 1.00
D1: 457.27 < 495.00
37
S1: 6.06 < 12.00
S2: 7.92 < 25.00
S3: 0.00 < 1.00
D1: 437.39 < 495.00
38
S1: 7.10 < 12.00
S2: 8.60 < 25.00
S3: 0.00 < 1.00
D1: 438.52<495.00
40
S1: 6.29 < 12.00
S2: 7.67 < 25.00
S3: 0.00 < 1.00
D1: 438.39<495.00
39
S1: 6.24 < 12.00
S2: 7.67 < 25.00
S3: 0.00 < 1.00
D1: 438.41<495.00
41
S1: 7.50 < 12.00
S2: 9.21 < 25.00
S3: 0.00 < 1.00
D1: 438.42<495.00
42
S1: 5.90 < 12.00
S2: 7.57 < 25.00
S3: 0.00 < 1.00
D1: 437.29 < 495.00
31
S1: 7.72 < 12.00
S2: 9.58 < 25.00
S3: 0.00 < 1.00
D1: 417.40 < 440.00
32
S1: 8.69 < 12.00
S2: 10.67 < 25.00
S3: 0.00 < 1.00
D1: 418.65<440.00
34
S1: 6.41 < 12.00
S2: 8.74 < 25.00
S3: 0.00 < 1.00
D1: 418.65<440.00
33
S1: 6.46 < 12.00
S2: 8.76 < 25.00
S3: 0.00 < 1.00
D1: 418.65<440.00
35
S1: 8.05 < 12.00
S2: 9.62 < 25.00
S3: 0.00 < 1.00
D1: 418.73<440.00
36
S1: 7.17 < 12.00
S2: 9.45 < 25.00
S3: 0.00 < 1.00
D1: 417.53 < 440.00
25
S1: 7.01 < 12.00
S2: 8.92 < 25.00
S3: 0.00 < 1.00
D1: 409.17 < 440.00
26
S1: 7.87 < 12.00
S2: 9.59 < 25.00
S3: 0.00 < 1.00
D1: 399.00<440.00
28
S1: 6.27 < 12.00
S2: 8.48 < 25.00
S3: 0.00 < 1.00
D1: 398.65<440.00
27
S1: 6.27 < 12.00
S2: 8.49 < 25.00
S3: 0.00 < 1.00
D1: 398.65<440.00
29
S1: 7.86 < 12.00
S2: 9.55 < 25.00
S3: 0.00 < 1.00
D1: 399.30<440.00
30
S1: 6.99 < 12.00
S2: 8.93 < 25.00
S3: 0.00 < 1.00
D1: 409.78<440.00
19
S1: 7.00 < 12.00
S2: 8.90 < 25.00
S3: 0.00 < 1.00
D1: 409.17 < 440.00
20
S1: 7.86 < 12.00
S2: 9.57 < 25.00
S3: 0.00 < 1.00
D1: 399.00<440.00
22
S1: 6.27 < 12.00
S2: 8.47 < 25.00
S3: 0.00 < 1.00
D1: 397.06<440.00
21
S1: 6.28 < 12.00
S2: 8.47 < 25.00
S3: 0.00 < 1.00
D1: 397.06<440.00
23
S1: 8.00 < 12.00
S2: 9.60 < 25.00
S3: 0.00 < 1.00
D1: 399.30<440.00
24
S1: 7.23 < 12.00
S2: 9.24 < 25.00
S3: 0.00 < 1.00
D1: 409.78<440.00
13
S1: 7.77 < 12.00
S2: 9.61 < 25.00
S3: 0.00 < 1.00
D1: 412.79 < 440.00
14
S1: 8.72 < 12.00
S2: 10.68 < 25.00
S3: 0.00 < 1.00
D1: 414.03<440.00
16
S1: 6.41 < 12.00
S2: 8.71 < 25.00
S3: 0.00 < 1.00
D1: 414.02<440.00
15
S1: 6.49 < 12.00
S2: 8.72 < 25.00
S3: 0.00 < 1.00
D1: 414.02<440.00
17
S1: 8.63 < 12.00
S2: 10.07 < 25.00
S3: 0.00 < 1.00
D1: 414.13<440.00
18
S1: 7.85 < 12.00
S2: 10.26 < 25.00
S3: 0.00 < 1.00
D1: 412.98 < 440.00
7
S1: 5.85 < 12.00
S2: 7.59 < 25.00
S3: 0.00 < 1.00
D1: 429.71<495.00
8
S1: 6.97 < 12.00
S2: 8.49 < 25.00
S3: 0.00 < 1.00
D1: 430.84<495.00
10
S1: 6.27 < 12.00
S2: 7.62 < 25.00
S3: 0.00 < 1.00
D1: 430.73<495.00
9
S1: 6.28 < 12.00
S2: 7.64 < 25.00
S3: 0.00 < 1.00
D1: 430.73<495.00
11
S1: 6.80 < 12.00
S2: 8.33 < 25.00
S3: 0.00 < 1.00
D1: 430.84<495.00
12
S1: 5.69 < 12.00
S2: 7.47 < 25.00
S3: 0.00 < 1.00
D1: 429.71<495.00
1
S1: 4.03 < 12.00
S2: 6.24 < 25.00
S3: 0.00 < 1.00
D1: 446.64 < 495.00
2
S1: 4.31 < 12.00
S2: 6.88 < 25.00
S3: 0.00 < 1.00
D1: 447.77<495.00
4
S1: 4.29 < 12.00
S2: 6.88 < 25.00
S3: 0.00 < 1.00
D1: 447.70<495.00
3
S1: 4.30 < 12.00
S2: 6.93 < 25.00
S3: 0.00 < 1.00
D1: 447.70<495.00
5
S1: 4.33 < 12.00
S2: 6.88 < 25.00
S3: 0.00 < 1.00
D1: 447.77<495.00
6
S1: 4.01 < 12.00
S2: 6.19 < 25.00
S3: 0.00 < 1.00
D1: 446.64<495.00
S1: 重力荷载代表值下的长期应力(单位:MPa)
S3: 最大拉应力(单位:MPa)
S2: 最大压应力(单位:MPa)
D1: 最大水平位移(单位:mm)

图 2-5　大震反应谱法隔震支座验算结果

2）隔震层偏心率验算

《隔标》第 4.6.2 条第 4 款要求隔震层偏心率不宜大于 3%。本项目在隔震分析时，计算了隔震层的偏心率，计算步骤如下：

（1）重心

$$X_{\mathrm{g}}=\frac{\sum N_{l,i}\cdot X_i}{\sum N_{l,i}},\quad Y_{\mathrm{g}}=\frac{\sum N_{l,i}\cdot Y_i}{\sum N_{l,i}}$$

（2）刚心

$$X_k = \frac{\sum K_{ey,i} \cdot X_i}{\sum K_{ey,i}},\ Y_k = \frac{\sum K_{ex,i} \cdot Y_i}{\sum K_{ex,i}}$$

（3）偏心距

$$e_x = |Y_g - Y_k|,\ e_y = |X_g - X_k|$$

（4）扭转刚度

$$K_t = \sum\left[K_{ex,i}(Y_i - Y_k)^2 + K_{ey,i}(X_i - X_k)^2\right]$$

（5）弹力半径

$$R_x = \sqrt{\frac{K_t}{\sum K_{ex,i}}},\ R_y = \sqrt{\frac{K_t}{\sum K_{ey,i}}}$$

（6）偏心率

$$\rho_x = \frac{e_y}{R_x},\ \rho_y = \frac{e_x}{R_y}$$

式中：$N_{l,i}$——第$i$个隔震支座承受的长期轴压荷载；

$X_i$、$Y_i$——第$i$个隔震支座中心位置$X$方向和$Y$方向坐标；

$K_{ex,i}$、$K_{ey,i}$——第$i$个隔震支座在隔震层发生位移$\delta$时，$X$方向和$Y$方向的等效刚度。

偏心率计算结果见表2-5。

**隔震层偏心率** **表2-5**

| 方向 | 刚心坐标（m） | 质心坐标（m） | 偏心距（m） | 弹力半径（m） | 偏心率（%） | 上限值 | 是否满足 |
|---|---|---|---|---|---|---|---|
| $X$向 | 29.8421 | 29.8133 | 0.2227 | 23.5024 | 0.1225 | 3 | 是 |
| $Y$向 | 39.4462 | 39.6689 | 0.0288 | 23.5012 | 0.9476 | 3 | 是 |

3）隔震层抗风承载力、恢复力及屈重比验算

《抗规》第12.1.3条规定，隔震结构风荷载和其他非地震作用的水平荷载标准值产生的总水平力不宜超过结构总重力的10%。另外，《隔标》第4.6.8条规定，隔震层风荷载作用下的水平剪力设计值应小于抗风装置的抗剪承载力。

验算结果见表2-6，抗风设计满足规范要求。

**隔震层抗风承载力** **表2-6**

| 方向 | 风荷载水平剪力标准值（kN）① | 风荷载水平剪力设计值（kN）② | 抗风承载力设计值（kN）③ | 10%隔震层以上重力（kN）④ | ③－② | ④－① | 是否满足 |
|---|---|---|---|---|---|---|---|
| $X$向 | 1077.67 | 1508.74 | 4232 | 17005.76 | ＞0 | ＞0 | 是 |
| $Y$向 | 639.24 | 894.94 | 4232 | | ＞0 | ＞0 | 是 |

注：风荷载分项系数取为1.4。

《隔标》第4.6.1条第4款规定，当隔震层采用隔震支座和阻尼器时，应使隔震层在地

震后基本恢复原位，隔震层在罕遇地震作用下的水平最大位移所对应的恢复力，不宜小于隔震层屈服力与摩阻力之和的 1.2 倍。

由表 2-7 可知，罕遇地震作用下，结构恢复力验算满足规范要求。屈重比是反映隔震层刚度合理性的指标，2.49%在合理范围之内。$F_R = \sum K_{eq250}\Delta_E$（$F_R$为弹性恢复力，$K_{eq250}$为剪应变 250%时的等效水平刚度，$\Delta_E$为大震下水平最大位移）。

隔震层恢复力及屈重比　　表 2-7

| 方向 | 隔震层屈服力（kN）① | 隔震层恢复力（kN）② | 隔震层以上重力（kN）③ | 屈重比（%）①/③ | ② − ① × 1.32 | 是否满足 |
|---|---|---|---|---|---|---|
| $X$向 | 4232 | 14727.3 | 170057.56 | 2.49 | > 0 | 是 |
| $Y$向 | 4232 | 14727.3 | | 2.49 | > 0 | 是 |

注：1.32 = 1.2 × 1.1（考虑部分摩阻力）。

## 2.5　中震复振型分解反应谱法分析

### 2.5.1　底部剪力比

按《隔标》第 4 章进行设防地震作用下复振型分解反应谱法分析（CCQC），计算隔震结构底部剪力比，确定隔震结构的抗震措施，$\alpha_{max} = 0.45$，周期折减系数取 0.7。

中震作用下，隔震结构与非隔震结构的周期对比见表 2-8，《叠层橡胶支座隔震技术规程》CECS 126:2001 规定：隔震房屋两个方向的基本周期相差不宜超过较小值的 30%。由表 2-8 可知，采用隔震技术后，结构的周期明显延长，且满足相关规定要求。计算中震作用下隔震结构与非隔震结构的底部剪力比见表 2-9。$X$、$Y$两个方向的底部剪力比均小于 0.5，根据《隔标》第 6.1.3 条上部结构可按本地区设防烈度降低 1 度确定抗震措施，即框架抗震等级由一级降为二级。

隔震结构与非隔震结构周期对比　　表 2-8

| 振型编号 | 非隔震结构周期（s） | 隔震结构周期（s） | 隔震结构两方向差值（%） |
|---|---|---|---|
| 1 | 0.939 | 3.067 | 0.06 |
| 2 | 0.929 | 3.065 | |
| 3 | 0.874 | 2.853 | — |

隔震结构与非隔震结构底部剪力比　　表 2-9

| 方向 | 非隔震结构底部剪力（kN） | 隔震结构底部剪力（kN） | 底部剪力比 |
|---|---|---|---|
| $X$ | 48530 | 16152 | 0.33 |
| $Y$ | 49028 | 16149 | 0.33 |

### 2.5.2　楼层最小地震剪力系数

中震作用计算时，隔震结构各楼层对应于地震作用标准值的剪力应符合《隔标》第 4.4.7 条的要求。由表 2-10 可知，$X$向、$Y$向楼层最小地震剪力系数均大于 0.032，满足规范要求。

隔震结构楼层最小地震剪力系数　　表 2-10

| 方向 | 所在楼层 | 最小剪力系数 | 限值 | 是否满足 |
|---|---|---|---|---|
| *X* | 2 | 0.0950 | 0.032 | 满足 |
| *Y* | 2 | 0.0950 | 0.032 | 满足 |

### 2.5.3 上部结构、下部结构变形验算

上部结构在设防地震作用计算下，结构楼层内最大弹性层间位移角应符合《隔标》第4.5.1条的要求。由表2-11可知，*X*向、*Y*向上部结构弹性层间位移角均小于1/400，满足规范要求。

下部结构在设防地震作用计算下，结构楼层内最大弹性层间位移角应符合《隔标》第4.7.3条的要求。由表2-11可知，*X*向、*Y*向下部结构弹性层间位移角小于1/500，满足规范要求。

隔震结构弹性层间位移角　　表 2-11

| 层号 | *X*向层间位移角 | *Y*向层间位移角 | 限值 |
|---|---|---|---|
| 7 | 1/3493 | 1/4496 | 1/400 |
| 6 | 1/965 | 1/1151 | |
| 5 | 1/748 | 1/828 | |
| 4 | 1/672 | 1/673 | |
| 3 | 1/576 | 1/543 | |
| 2 | 1/576 | 1/558 | — |
| 1 | 1/5072 | 1/5121 | 1/500 |

## 2.6 隔震结构大震弹塑性时程分析

### 2.6.1 模型基本信息

本工程大震弹塑性分析模型由YJK转SAUSG-PI得到，见图2-6，其中梁、柱为框架线单元，楼板按弹性板考虑，隔震支座本构采用二折线模型。模型中混凝土柱、梁均采用杆系非线性单元模拟，墙板构件采用弹塑性分层壳单元模拟。结构质量采用1.0*D*恒荷载＋0.5*L*活荷载组合。

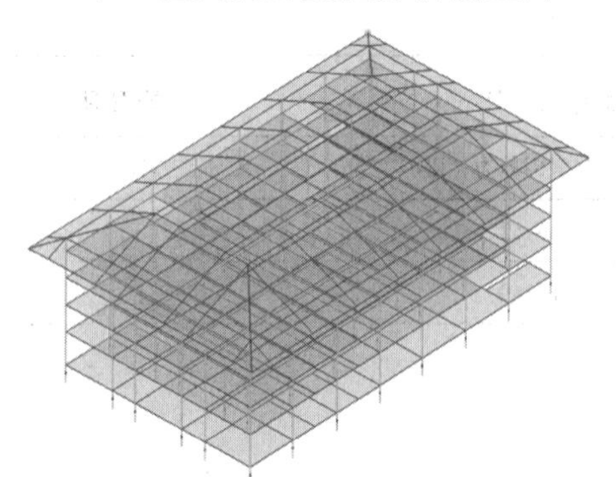

图2-6　SAUSAGE弹塑性分析结构模型

### 2.6.2 地震动参数

地震作用下的弹塑性分析按大震考虑，即50年超越概率为2%的罕遇地震。地震动直接采用地面加速度时程的方式输入到模型基座上，根据《抗

规》第 5.1.2 条、《隔标》第 4.1.4 条的要求，地震动记录经过调幅，使得加速度峰值 PGA 达到 500cm/s$^2$，本次时程动力分析共进行七组地震动记录的模拟，分别为：

天然波 1（TH063TG045，A1 为主方向波，A2 为次方向波）

天然波 2（TH078TG045，B1 为主方向波，B2 为次方向波）

天然波 3（TH077TG045，C1 为主方向波，C2 为次方向波）

天然波 4（TH065TG045，D1 为主方向波，D2 为次方向波）

天然波 5（TH013TG045，E1 为主方向波，E2 为次方向波）

人工波 1（RH2TG045，F1 为主方向波，F2 为次方向波）

人工波 2（RH4TG045，G1 为主方向波，G2 为次方向波）

正交水平方向和竖向的地震动记录按 1∶0.85∶0.65 进行三维输入，地震动记录信息如表 2-12 所示，地震波加速度时程曲线见图 2-7，地震波主、次方向反应谱与规范反应谱比较见图 2-8。

地震动记录信息　　表 2-12

| 地震波 | 名称 | 主方向与$x$角度（°） | PGA | $x$ | $y$ | $z$ |
|---|---|---|---|---|---|---|
| 天然波 1 | $x$主方向 | 0 | 500 | A1-100% | A2-85% | A1-65% |
| | $y$主方向 | 90 | 500 | A2-85% | A1-100% | A1-65% |
| 天然波 2 | $x$主方向 | 0 | 500 | B1-100% | B2-85% | B1-65% |
| | $y$主方向 | 90 | 500 | B2-85% | B1-100% | B1-65% |
| 天然波 3 | $x$主方向 | 0 | 500 | C1-100% | C2-85% | C1-65% |
| | $y$主方向 | 90 | 500 | C2-85% | C1-100% | C1-65% |
| 天然波 4 | $x$主方向 | 0 | 500 | D1-100% | D2-85% | D1-65% |
| | $y$主方向 | 90 | 500 | D2-85% | D1-100% | D1-65% |
| 天然波 5 | $x$主方向 | 0 | 500 | E1-100% | E2-85% | E1-65% |
| | $y$主方向 | 90 | 500 | E2-85% | E1-100% | E1-65% |
| 人工波 1 | $x$主方向 | 0 | 500 | F1-100% | F2-85% | F1-65% |
| | $y$主方向 | 90 | 500 | F2-85% | F1-100% | F1-65% |
| 人工波 2 | $x$主方向 | 0 | 500 | G1-100% | G2-85% | G1-65% |
| | $y$主方向 | 90 | 500 | G2-85% | G1-100% | G1-65% |

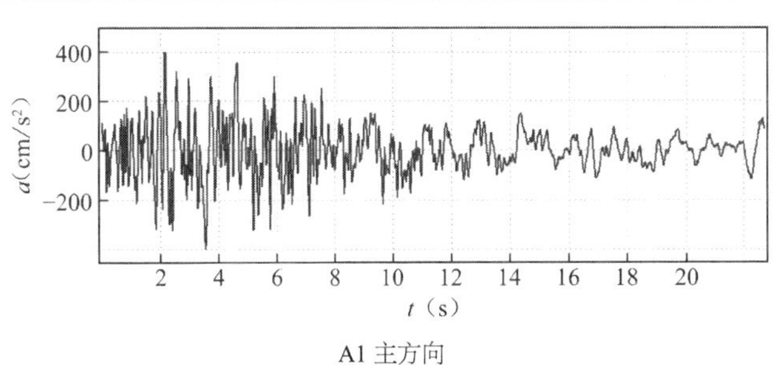


A1 主方向

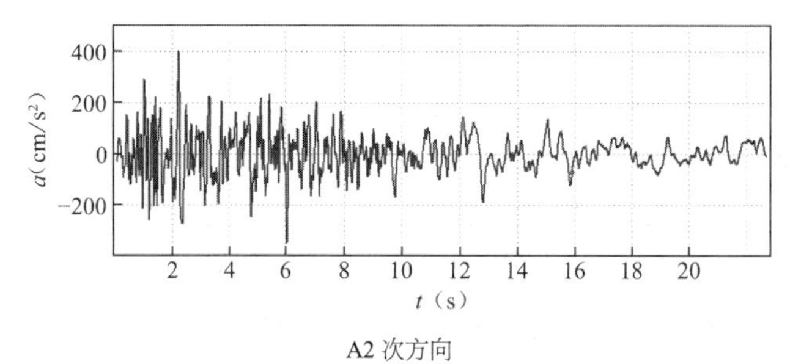


A2 次方向

天然波 1　地震波加速度时程曲线

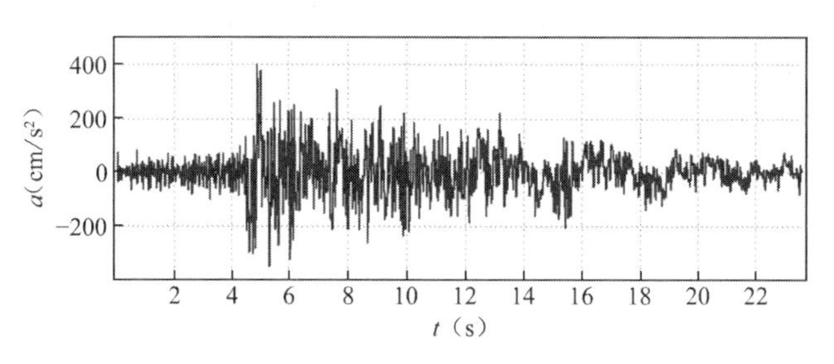


B1 主方向

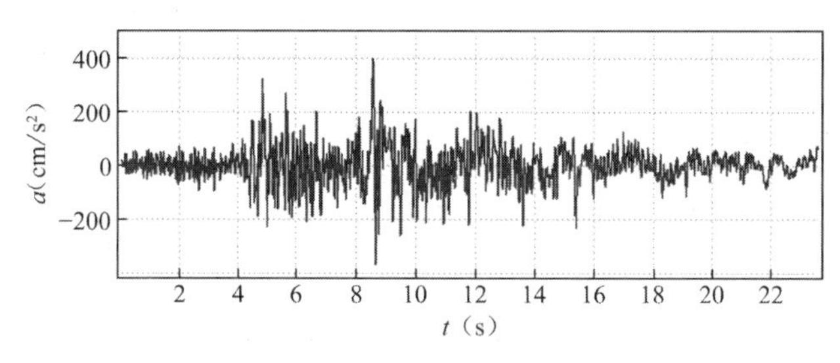


B2 次方向

天然波 2　地震波加速度时程曲线

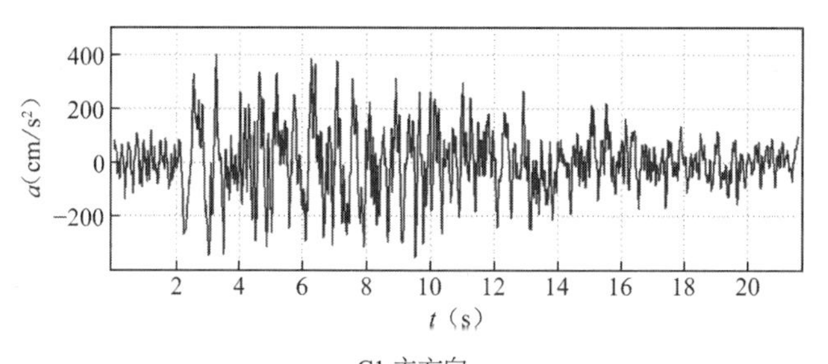


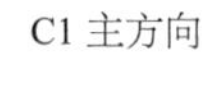


C1 主方向

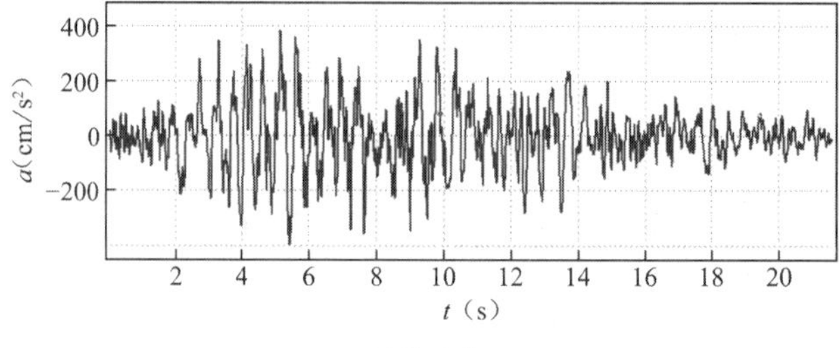


C2 次方向

天然波 3　地震波加速度时程曲线

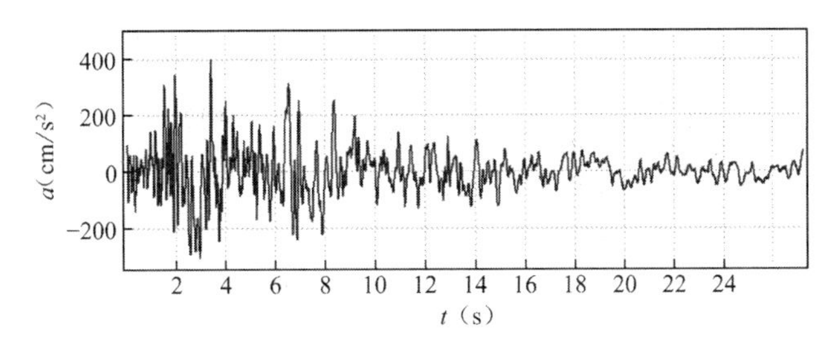


D1 主方向

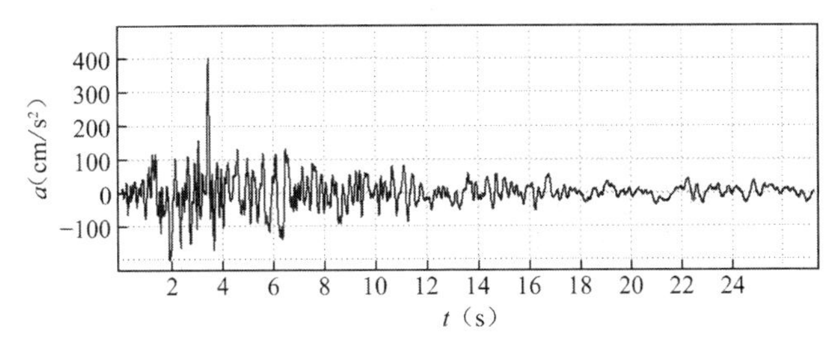


D2 次方向

天然波 4　地震波加速度时程曲线

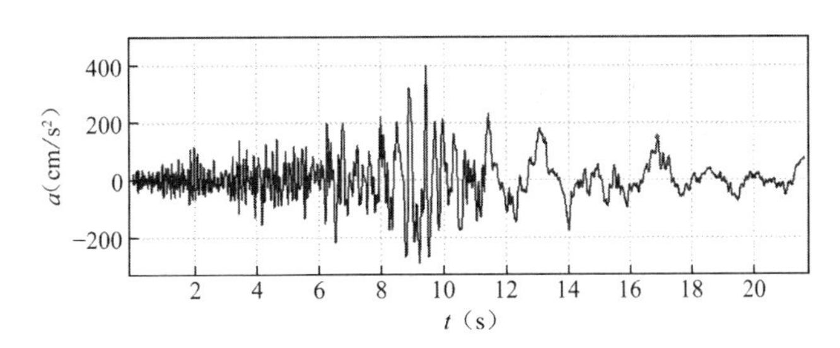


E1 主方向

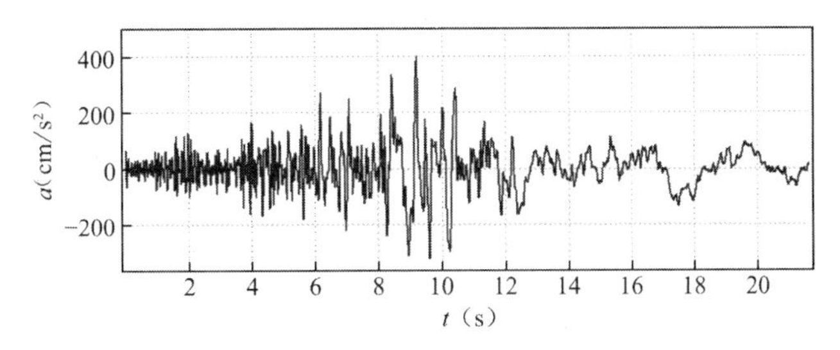


E2 次方向

天然波 5　地震波加速度时程曲线

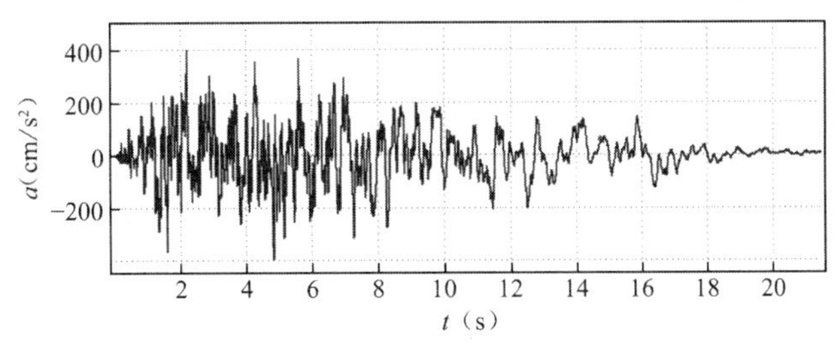


F1 主方向

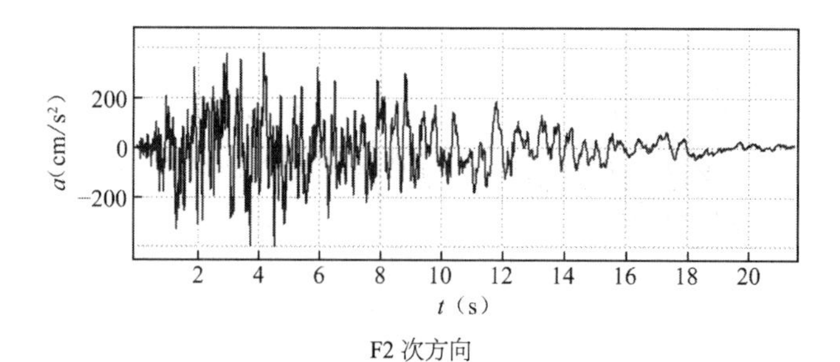


F2 次方向

人工波 1　地震波加速度时程曲线

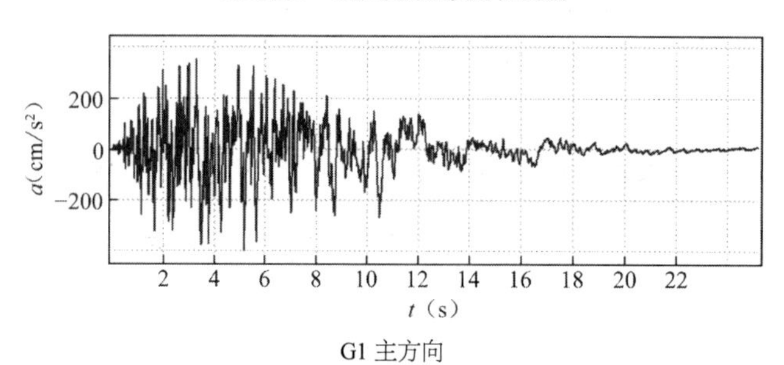


G1 主方向

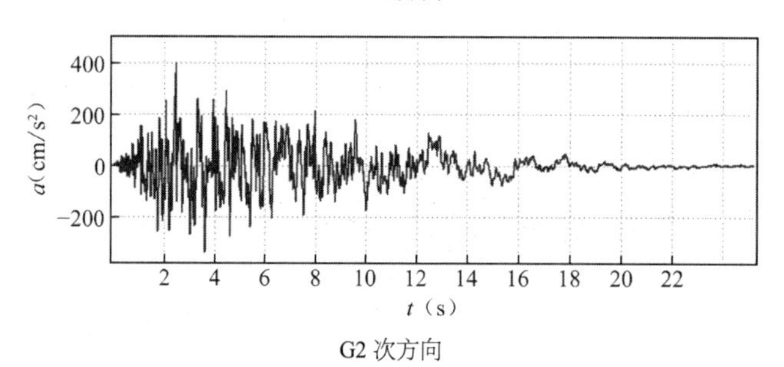


G2 次方向

人工波 2　地震波加速度时程曲线

图 2-7　地震波加速度时程曲线

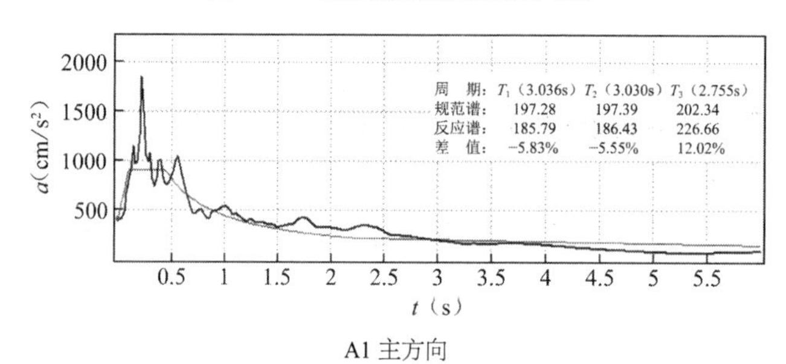


A1 主方向

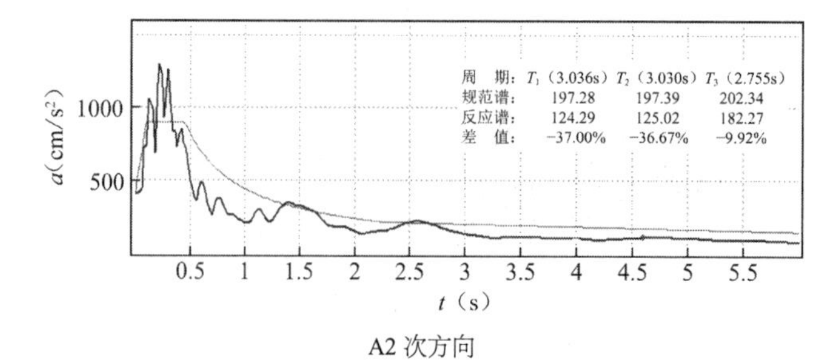


A2 次方向

天然波 1　地震波反应谱曲线

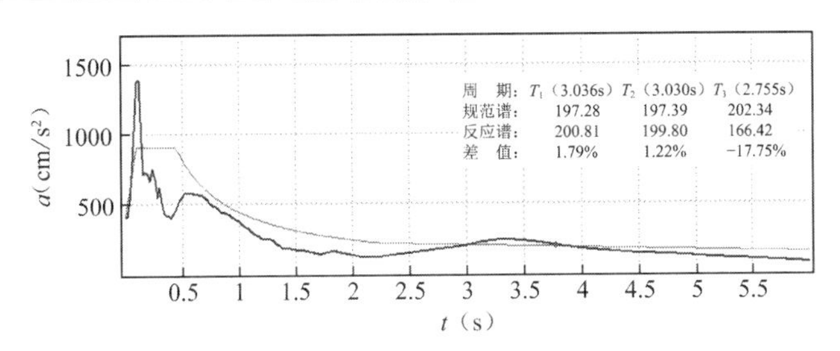


B1 主方向

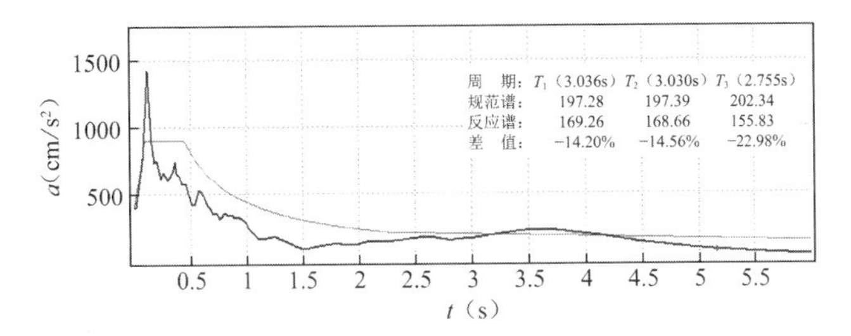


B2 次方向

天然波 2　地震波反应谱曲线

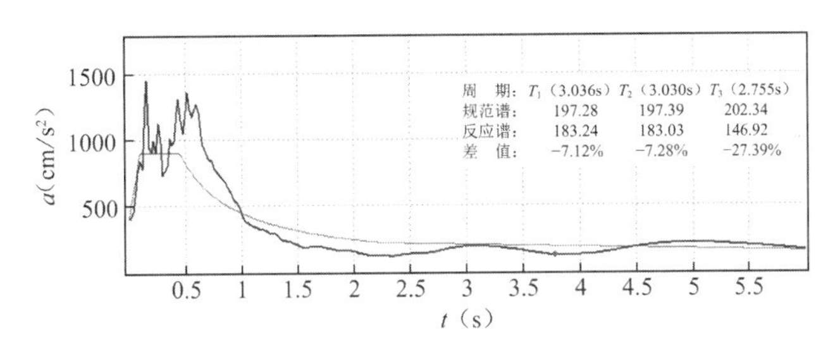


C1 主方向

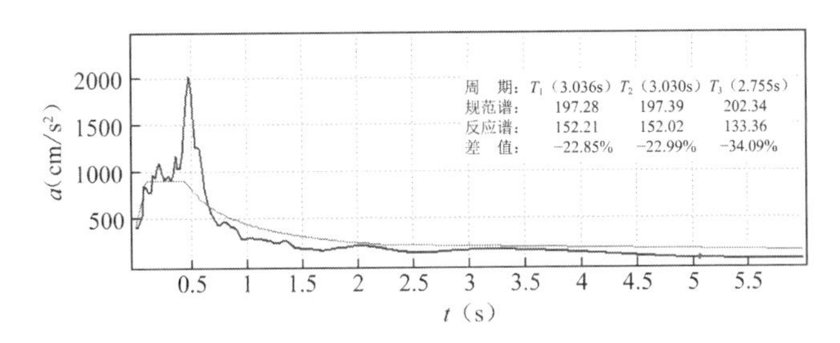


C2 次方向

天然波 3　地震波反应谱曲线

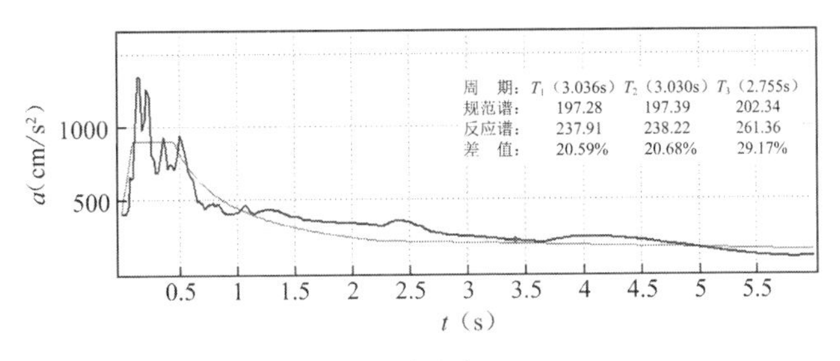


D1 主方向

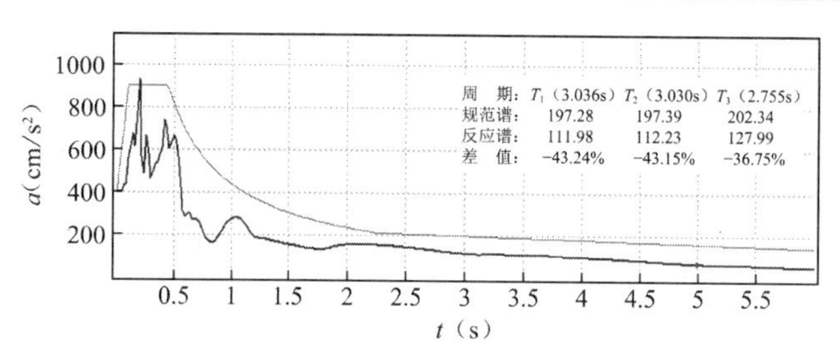


D2 次方向

天然波 4 地震波反应谱曲线

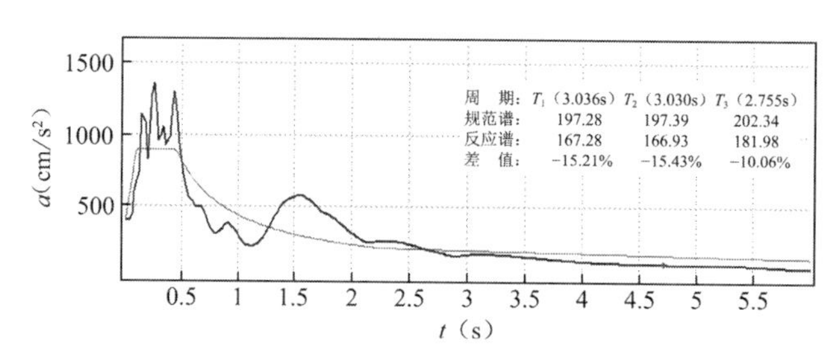


E1 主方向

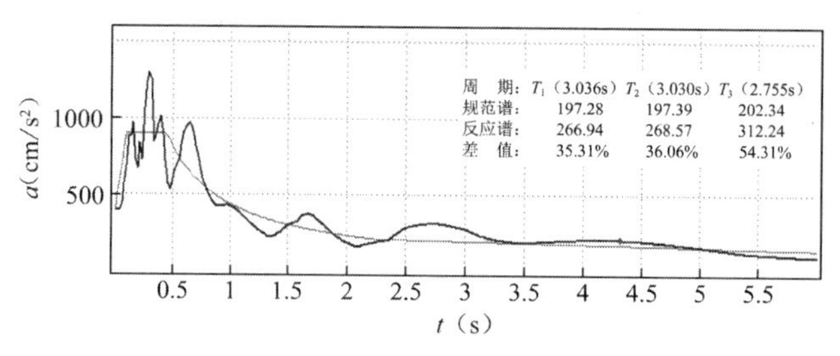


E2 次方向

天然波 5 地震波反应谱曲线

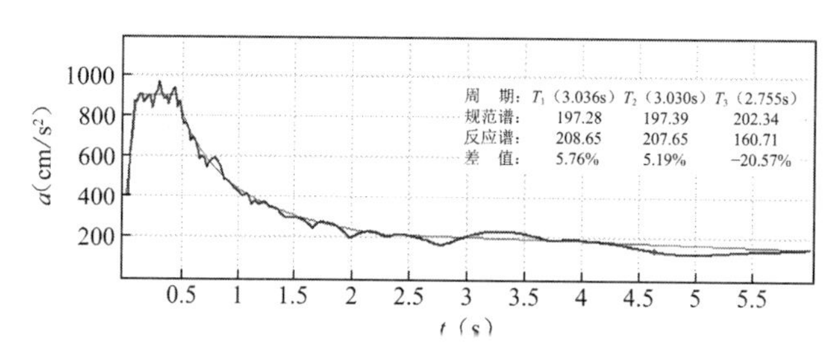


F1 主方向

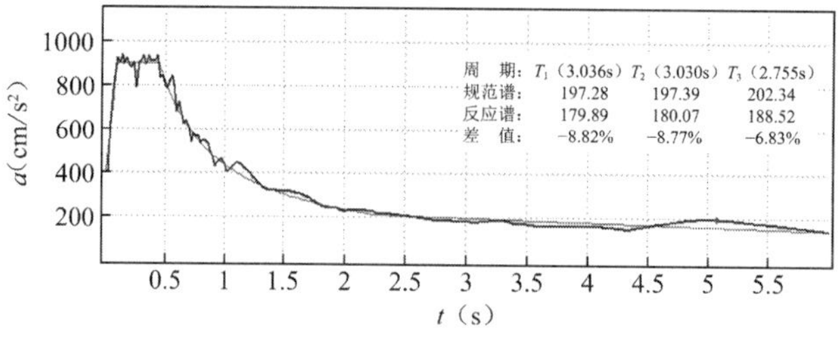


F2 次方向

人工波 1 地震波反应谱曲线

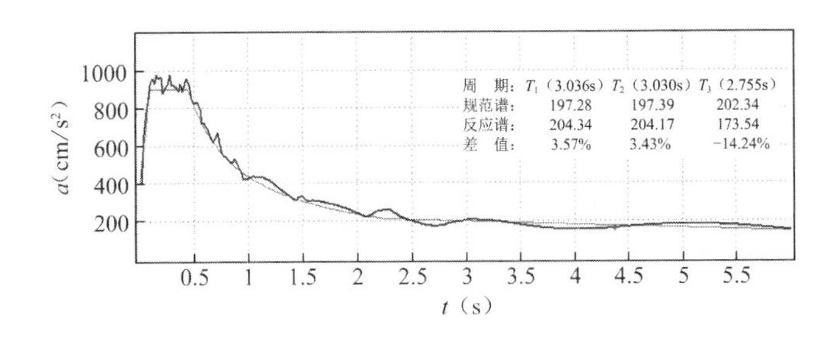


G1 主方向

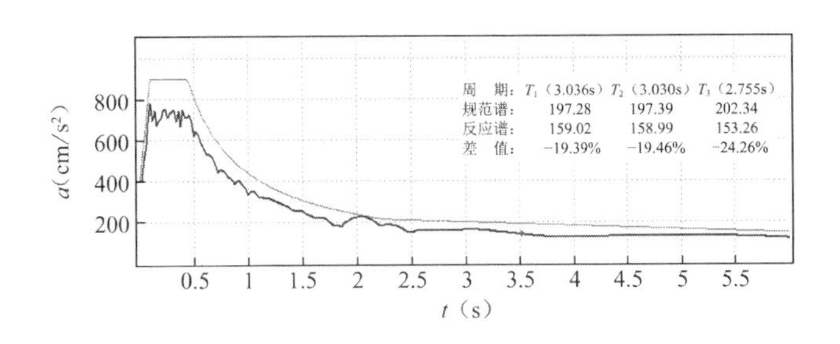


G2 次方向

人工波 2　地震波反应谱曲线

图 2-8　地震波反应谱与规范反应谱比较

由图 2-8 可知，七条地震波主方向反应谱与规范反应谱在结构主要周期点位置相差值基本在 20%以内（个别地震波个别方向超过 20%），所选的地震波可以较好地反映结构的地震反应。

### 2.6.3　分析结果

1）弹性模型验证

为验证 SAUSAGE 弹塑性分析模型的可靠性，将 SAUSAGE 模型计算所得的结构质量、周期、振型和 YJK 模型进行对比。具体分别见表 2-13、表 2-14 及图 2-9。

**结构质量对比（t）**　　　　表 2-13

| YJK | SAUSAGE | 差值（%） |
| --- | --- | --- |
| 17242 | 18181 | 5.16 |

**结构周期对比（前 3 阶）（s）**　　　　表 2-14

| 振型 | YJK | SAUSAGE | 差值（%） |
| --- | --- | --- | --- |
| 1 | 3.067 | 3.036 | 1.01 |
| 2 | 3.065 | 3.030 | 1.14 |
| 3 | 2.853 | 2.755 | 3.43 |

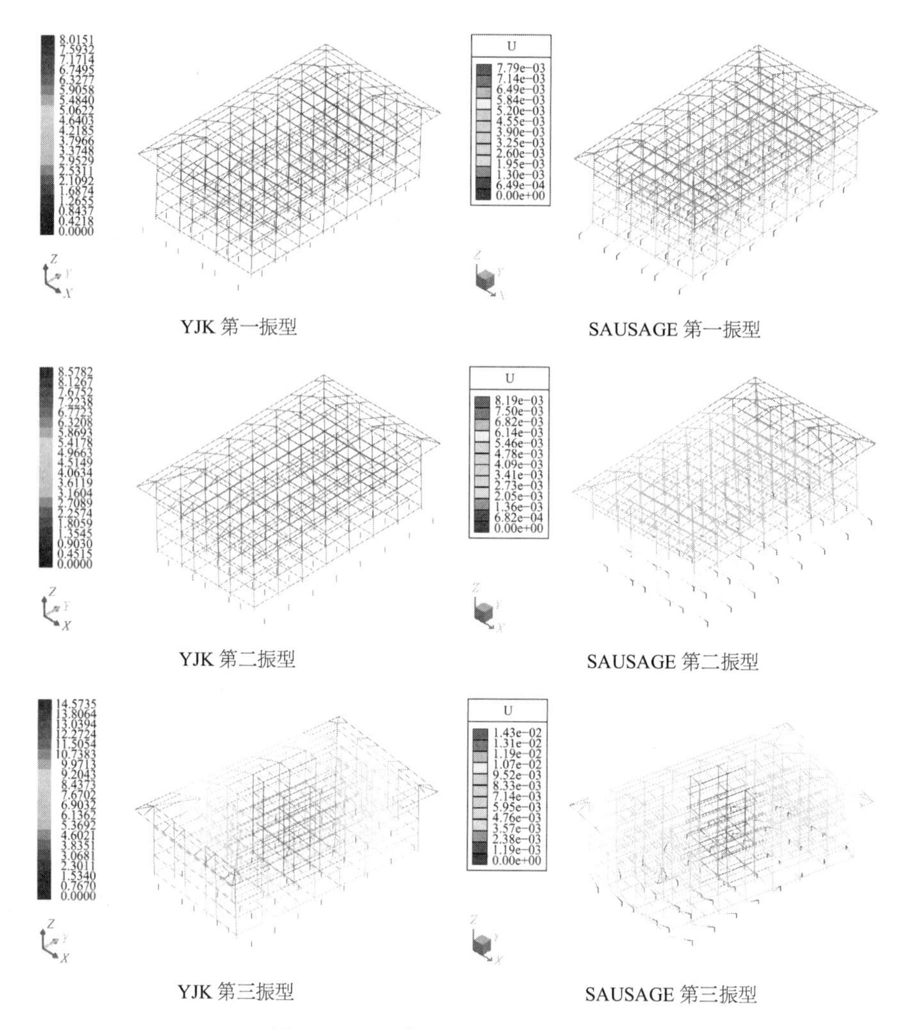


图 2-9　YJK 与 SAUSAGE 振型对比

综上可知，SAUSAGE 与 YJK 弹性模型质量与基本动力特性基本一致，造成误差的原因主要是两个软件的质量统计规则、是否计入钢筋贡献以及楼板刚性假定不同等，因此可以认为采用的 SAUSAGE 弹塑性模型是可靠的。

2）结构弹塑性层间位移角

大震弹塑性时程分析所得结构层间位移角平均值见表 2-15，*X*向最大层间位移角为 1/201（第 1 层），*Y*向最大层间位移角为 1/161（第 1 层），均满足《隔标》第 4.5.2 条要求小于 1/100 的规定，也满足《导则》第 4.3.1 条要求小于 1/150 的规定。满足“大震不倒”的抗震性能目标要求（第 1 层为隔震层）。

**大震弹塑性层间位移角平均值**　　**表 2-15**

| 层号 | *X*向层间位移角 | *Y*向层间位移角 | 限值 |
|---|---|---|---|
| 7 | 1/421 | 1/526 | |
| 6 | 1/332 | 1/363 | 1/150 |
| 5 | 1/277 | 1/284 | |

续表

| 层号 | X向层间位移角 | Y向层间位移角 | 限值 |
|---|---|---|---|
| 4 | 1/240 | 1/225 | 1/150 |
| 3 | 1/201 | 1/175 | |
| 2 | 1/175 | 1/161 | |
| 1 | 1/2447 | 1/2539 | |

3）结构弹塑性最大楼面水平加速度

大震弹塑性时程分析所得结构弹塑性最大楼面水平加速度平均值见表 2-16，X向最大楼面水平加速度为 0.292g（第 7 层），Y向最大楼面水平加速度为 0.296g（第 7 层），均满足《导则》第 4.1.1 条要求小于 0.7g的规定。

大震最大楼面水平加速度平均值　　表 2-16

| 层号 | X向最大楼面水平加速度（g） | Y向最大楼面水平加速度（g） | 限值（g） |
|---|---|---|---|
| 7 | 0.292 | 0.296 | 0.70 |
| 6 | 0.289 | 0.292 | |
| 5 | 0.277 | 0.278 | |
| 4 | 0.260 | 0.261 | |
| 3 | 0.237 | 0.238 | |
| 2 | 0.201 | 0.200 | |
| 1 | 0.00218 | 0.00220 | |

中震弹塑性时程分析所得结构弹塑性最大楼面水平加速度平均值见表 2-17，X向最大楼面水平加速度为 0.167g（第 7 层），Y向最大楼面水平加速度为 0.170g（第 7 层），均满足《导则》第 4.1.1 条要求小于 0.35g的规定。

中震最大楼面水平加速度平均值　　表 2-17

| 层号 | X向最大楼面水平加速（g） | Y向最大楼面水平加速度（g） | 限值（g） |
|---|---|---|---|
| 7 | 0.167 | 0.170 | 0.35 |
| 6 | 0.163 | 0.165 | |
| 5 | 0.149 | 0.149 | |
| 4 | 0.132 | 0.133 | |
| 3 | 0.114 | 0.115 | |
| 2 | 0.0906 | 0.0909 | |
| 1 | 0.000263 | 0.000256 | |

### 2.6.4　隔震支座验算

通过隔震结构大震弹塑性分析得到的隔震支座内力和变形，进行隔震支座验算，结果见图 2-10。结果表明，隔震支座在大震下性能满足规范要求。

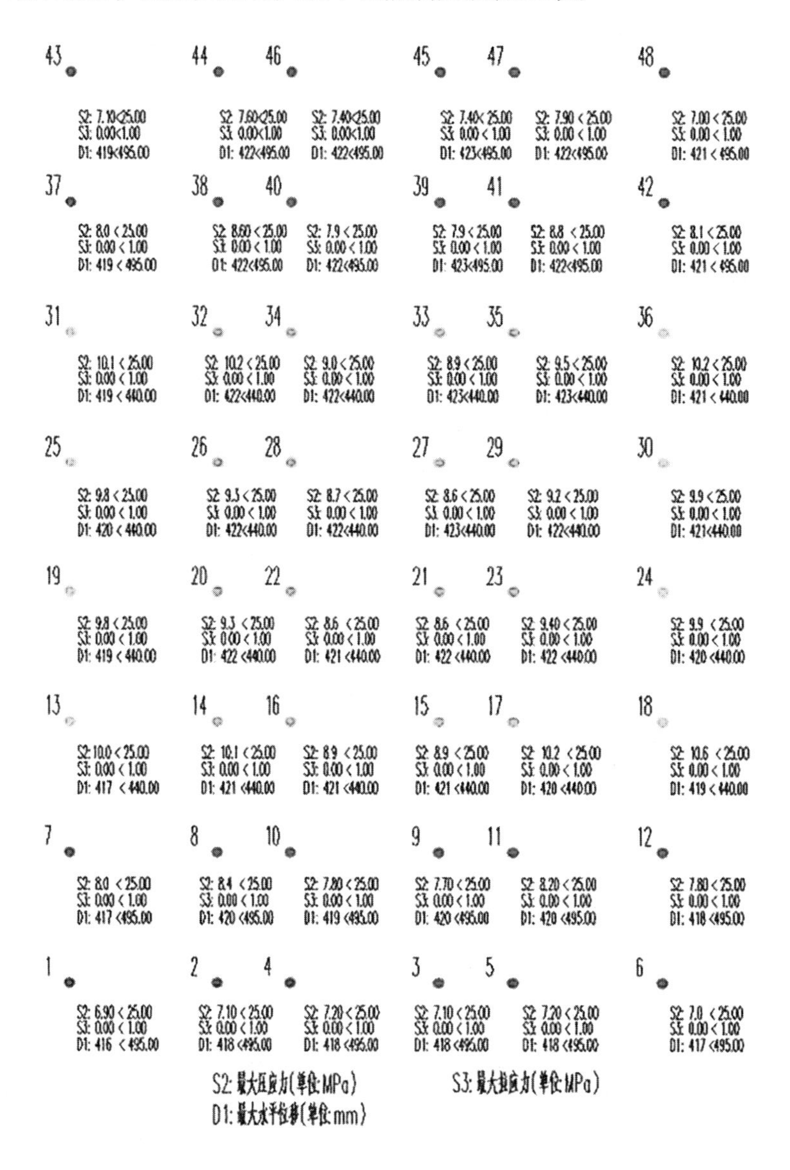


图 2-10　大震弹塑性分析法隔震支座验算结果

### 2.6.5　隔震结构整体抗倾覆验算

通过隔震结构大震弹塑性分析得到的结构整体倾覆力矩与抗倾覆力矩，由表 2-18 可知，二者比值满足《隔标》第 4.6.9 条的要求，抗倾覆力矩与倾覆力矩之比大于 1.1。

**大震下抗倾覆验算**　　　　表 2-18

| 方向 | 抗倾覆力矩（kN · m）<br>① | 倾覆力矩（kN · m）<br>② | 比值<br>①/② |
|---|---|---|---|
| *X* | 4966930.50 | 313047 | 15.87 > 1.1 |
| *Y* | 2853929.50 | 314028 | 9.09 > 1.1 |

## 2.7　上部结构设计

1）隔震层以上结构的隔震措施

应符合《隔标》第 5.4 节的相关规定。

2）隔震层顶部楼盖宜符合下列要求

（1）隔震层顶板应有足够的刚度，当采用整体式混凝土结构时，板厚不应小于 160mm。

（2）隔震层顶部楼盖的刚度和承载力宜大于一般楼面的刚度和承载力。

（3）与隔震支座相连的支墩、支柱及相连构件应计算抗冲切和局部承压，构造上应加密箍筋。

## 2.8　下部结构及基础设计

对于没有地下室的建筑，需要增加一层作为隔震层，这一层梁底到地面的净高不应小于 800mm，这一要求主要是为了便于日后的隔震层维护和检修，这样这一层的层高至少为“800mm + 梁高”。隔震支座上下支墩最小截面尺寸：$b = h =$ 支座直径 + 200mm，并满足以下要求：

《隔标》第 4.7.2 条规定：隔震层支墩、支柱及相连构件应采用在罕遇地震下隔震支座底部的竖向力、水平力和弯矩进行承载力验算，且应按抗剪弹性、抗弯不屈服考虑，宜按本标准附录 C 的式(C. 0.1)进行验算。

罕遇地震下隔震支座最大剪力和最大轴力采用七条地震波弹塑性时程分析的平均值。以反应谱法为准，时程分析法用以复核。

罕遇地震下隔震支座水平位移见图 2-10。

地基基础的抗震验算和地基处理按本地区设防地震设防烈度进行。

## 2.9　隔震层的连接构造措施

1）隔震支座的上下连接

隔震支座的上下连接板与上下结构分别采用螺栓连接，该螺栓考虑可拆换性的外插入螺栓连接方案。

所有连接螺栓，均按 8 度（0.20g）罕遇地震作用下产生的水平剪力、弯矩和可能出现的拉力进行强度验算，计算方法见《隔标》附录 C。

2）上部结构与周边的隔离措施

隔震层以上的上部结构与下部结构或室外地面之间设置完全贯通的水平隔离缝，水平隔离缝高度不宜小于 20mm，并应采用柔性材料填塞，进行密封处理。上部结构与周围固定物之间设置完全贯通的竖向隔离缝以避免罕遇地震作用下可能的阻挡和碰撞，隔离缝宽度不应小于隔震支座在罕遇地震作用下最大水平位移的 1.2 倍，且不应小于 300mm，本项目最大水平位移为 385mm，采用缝宽 600mm。

3）楼梯的隔离措施

穿越隔震层的楼梯在隔震层设水平隔离缝，缝宽 20mm。

4）上部结构与室外连接的建筑节点处理

出入口、踏步、台阶、室外散水等建筑节点应进行柔性处理，原则是不阻挡上部结构在地震时的水平摆动，水平隔离缝宽为 20mm，竖向隔离缝宽应不小于 400mm。

5）管线处理

穿越隔震层的管线及其处理方案：

（1）电线：在隔震层处留足多余的长度。

（2）上水管、消防管、下水管：穿越隔震层处设置柔性段，采用立管的方式；柔性段的类型、材料根据管道的用途由单体设计确定，应能保证发生规定的位移。当管道穿越隔震支座标高时，应保证管道及附件与结构的最小距离不小于 400mm，分别固定于上部结构及基础的管道之间必须保持不小于 400mm 的距离，当管道有法兰、阀件、支吊架等附属物时，间距按附属物外边缘计算。

（3）热水管、燃气管：可参考（2）中管道的做法。

（4）避雷线：当利用结构钢筋作避雷线时，应在隔震支座的上下连接板之间用铜丝连接，当专设避雷线时，应在隔震层处留足多余的长度。

6）构造做法

本工程隔震层构造做法参考《建筑隔震构造详图》22G610-1，保证建筑、结构及机电专业相关构造做法不影响上部结构的有效滑动，并保证建筑震后使用功能快速恢复。

## 2.10 隔震支座的施工安装验收和维护

1）施工安装

（1）支座安装前应对隔震支座进行抽样检测，抽样检测合格率为 100%。

（2）隔震支座的支墩（或柱），其顶面水平度误差不宜大于 3‰；在隔震支座安装后，隔震支座顶面的水平度误差不宜大于 8‰。

（3）隔震支座中心的平面位置与设计位置的偏差不应大于 5.0mm。

（4）隔震支座中心的标高与设计标高的偏差不应大于 5.0mm。

（5）同一支墩上的隔震支座的顶面高差不宜大于 5.0mm。

（6）隔震支座连接板和外露连接螺栓应采取防锈保护措施。

（7）在隔震支座安装阶段，应对支墩（或柱）顶面、隔震支座顶面的水平度、隔震支座中心的平面位置和标高进行观测并记录。

（8）在工程施工阶段，对隔震支座宜有临时覆盖保护措施。

2）施工测量

（1）在工程施工阶段，应对隔震支座的竖向变形做观测并记录。

（2）在工程施工阶段，应对上部结构、隔震层部件与周围固定物的脱开距离进行检查。

3）橡胶隔震支座产品质量要求

（1）产品生产商需提供不低于本项目所用支座规格型号的第三方合法机构出具的型式检验报告原件，其中的参数以接近本项目设计参数为宜。

（2）隔震橡胶支座必须严格选用 100%合格产品，每个产品有独立的产品编号，提供由第三方专业检测机构出具的检测报告，水平极限变形能力的检查数量应按照《建筑隔震工程施工及验收规范》JGJ 360—2015 要求执行，现场见证取样及抽检数量符合现行规范、规程的相关要求。

（3）建筑橡胶隔震产品各相关检验报告的检测内容及检测方式具体详见国家标准《橡胶支座　第 3 部分：建筑隔震橡胶支座》GB 20688.3—2006 以及《橡胶支座　第 1 部分：隔震橡胶支座试验方法》GB 20688.1—2007。

4）工程验收

隔震工程验收应满足《建筑隔震工程施工及验收规范》JGJ 360—2015 的相关要求。

隔震结构的验收除应符合现行有关施工及验收规范外，尚应提交如下文件：

（1）隔震层部件供货企业的确保产品质量认证；

（2）隔震层部件的出厂合格证书；

（3）隔震层部件的产品性能出厂检验报告；

（4）隐蔽工程验收记录；

（5）预埋件及隔震层部件的施工安装记录；

（6）隔震结构施工全过程中隔震支座竖向变形观测记录；

（7）隔震结构施工安装记录（含上部结构与周围固定物脱开距离的检测结果）。

5）隔震层维护

（1）应制订和执行对隔震支座进行检查和维护的计划。

（2）应定期观察隔震支座的变形及外观。

（3）应经常检查是否存在可能限制上部结构位移的临时放置的障碍物。

（4）隔震层部件的改装、修理或加固，应在有经验的工程技术人员指导下进行。

## 2.11　施工现场照片

图 2-11　下支墩钢筋绑扎

图 2-12　橡胶支座安装

图 2-13　橡胶支座配合黏滞阻尼器安装

图 2-14　隔震层空间及管线安装

第3章

# 西安国际港务区陆港第七小学教学楼隔震分析

## 3.1 工程概况

西安国际港务区陆港第七小学校项目，位于港务区灞渭大道以东，林翠路以北，建筑总面积为36277m²，地上建筑面积为26462m²，地下建筑面积为9815m²。主要包含教学楼、风雨操场、地下室及看台和门房四部分（图3-1）。

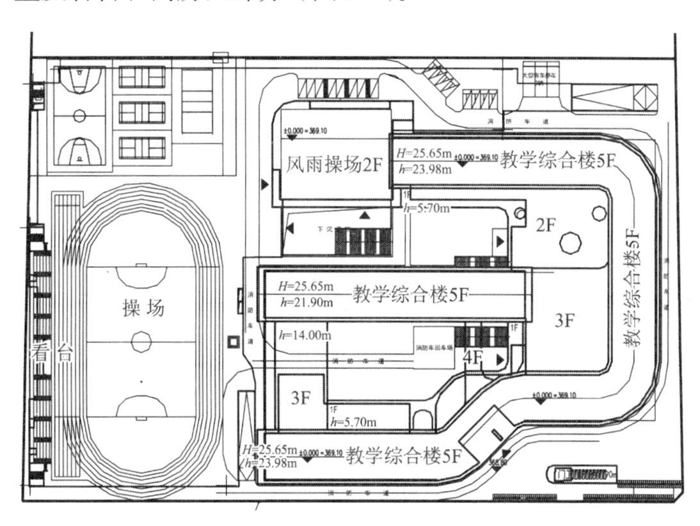


图3-1　建筑总平面图

教学楼无地下室，地上5层，建筑高度23.95m；风雨操场，地下1层，地上2层，建筑高度9.6m；地下室部分地下1层，地上局部设置看台；门房1层，建筑高度3.6m。

本工程平面尺寸为114.4m×96.6m，结构总高为21.4m。其中隔震层层高2.8m，1～5层层高分别是5.4m、4.0m、4.0m、4.0m、4.0m。结构形式为框架结构，隔震层设置在基础处（图3-2）。处于发震断层5km以内，地震作用增大系数取为1.25。

## 3.2 设计依据

1）有关本项目的审批文件，建筑、设备工种提供的资料及要求

2）现行设计规范、规程、标准

（1）《工程结构可靠性设计统一标准》GB 50153—2008

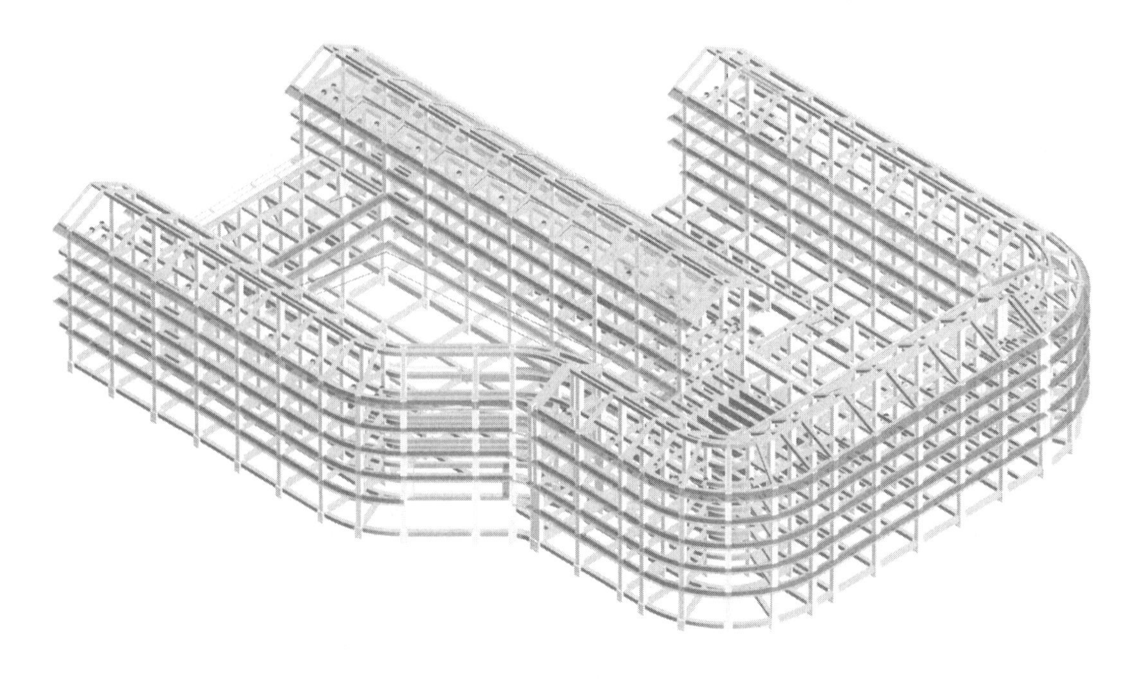

图 3-2　结构模型轴测图

（2）《建筑工程抗震设防分类标准》GB 50223—2008

（3）《建筑结构可靠性设计统一标准》GB 50068—2018

（4）《建筑抗震设计规范》GB 50011—2010（2016 年版）

（5）《建筑结构荷载规范》GB 50009—2012

（6）《混凝土结构设计规范》GB 50010—2010（2015 年版）

（7）《建筑与市政工程抗震通用规范》GB 55002—2021

（8）《工程结构通用规范》GB 55001—2021

（9）《建筑隔震设计标准》GB/T 51408—2021

（10）《建筑摩擦摆隔震支座》GB/T 37358—2019

（11）《建筑隔震构造详图》22G610-1

（12）《建筑隔震工程施工及验收规范》JGJ 360—2015

（13）《建设工程抗震管理条例》（国务院令第 744 条）

（14）《基于保持建筑正常使用功能的抗震技术导则》

3）主要参考资料

（1）《全国民用建筑工程设计技术措施（结构）》;

（2）《建筑抗震设计手册》（第二版）等;

（3）信息产业部电子综合勘察研究院提供的《西安国际港务区陆港第七小学岩土工程勘察报告》。

4）结构主要计算参数

结构主要计算参数见表 3-1。

结构计算参数　　表 3-1

| 项　目 | 指　标 |
| --- | --- |
| 建筑结构安全等级 | 一级 |
| 设计使用年限 | 50 年 |
| 结构设计基准期 | 50 年 |
| 建筑抗震设防类别 | 重点设防类 |
| 抗震设防烈度 | 8 度（0.2g） |
| 设计地震分组 | 二组 |
| 场地类别 | Ⅲ类 |
| 特征周期 | 0.49s（大震 0.54s） |
| 基本风压 | $0.35kN/m^2$ |
| 基本雪压 | $0.25kN/m^2$ |
| 抗震等级 | 二级（轴压比一级） |
| 地基基础设计等级 | 丙级 |
| 考虑近场影响地震作用增大系数 | 1.25 |
| 底部剪力比 | $< 0.5$ |

## 3.3　隔震设计性能目标与计算程序实现

1）隔震设计性能目标

根据《隔标》和《导则》，学校建筑属于地震时正常使用Ⅱ类建筑，其性能目标参见表 3-2。

地震时正常使用Ⅱ类建筑性能目标　　表 3-2

| 构件类型/控制指标 | 设防地震 | 罕遇地震 |
| --- | --- | --- |
| 关键构件及普通竖向构件 | 基本完好 | 轻度损坏 |
| 普通水平构件 | 轻微损坏 | 中度破坏 |
| 弹塑性层间位移角 | 1/300 | 1/100 |
| 最大楼面水平加速度（g） | 0.45 | — |

关键构件：上下柱墩、隔震层框架梁；普通竖向构件：所有框架柱；普通水平构件：其他框架梁。隔震支座性能目标详见表 3-3。

2）计算程序实现

计算分析分为如下两个阶段：

（1）线弹性分析阶段

在 YJK 4.3.0 中建立结构模型，根据《隔标》第 4.1.3 条，本工程不属于高度大于 60m，不规则的建筑，或隔震层支座、阻尼装置及其他装置组合复杂的隔震建筑。故可仅采用复振型分解反应谱法（隔震层的非线性可按等效线性化的迭代方式考虑）进行线弹性设计，无需与弹性时程分析进行包络设计。在设防地震作用下，对上部结构的承载力和变形、隔震层的承载力和变形进行验算。在罕遇地震作用下，对隔震支座内力进行初步验算。

（2）弹塑性分析阶段

将 YJK 4.3.0 中的结构模型导入 SAUSG-PI 软件，进行弹塑性时程分析。在设防地震作用下，对上部结构和隔震层的层变形和楼面水平加速度进行验算。在罕遇地震作用下，对上部结构的层变形以及隔震层的内力和变形进行验算。

## 3.4 隔震层布置

### 3.4.1 隔震支座布置要求

隔震支座布置按照表 3-3 的要求执行。

隔震支座布置要求　　表 3-3

| 《隔标》条文 | 控制指标 |
|---|---|
| 4.6.2-4 | 隔震层刚心与质心中震下偏心率不宜大于 3% |
| 4.6.6-1 | 大震下隔震支座考虑扭转的水平位移应小于产品水平极限位移的 0.85 倍 |
| 4.6.8 | 隔震层抗风承载力不小于风荷载水平剪力的 1.4 倍 |
| 4.6.9-2 | 上部结构抗倾覆力矩与大震倾覆力矩之比不应小于 1.1 |
| 表 6.2.1-3 | 大震下隔震支座最大竖向压应力不应大于 50MPa |
| 6.2.1-3 | 大震下隔震支座不承受竖向拉应力 |

本工程一共布置了 191 个摩擦摆隔震支座，其中低摩擦系数（0.02）110 个，高摩擦系数（0.05）81 个。隔震支座力学性能参数见表 3-4。

隔震支座力学性能参数　　表 3-4

| 类别 | 符号 | 单位 | FPS-2 | FPS-3 | FPS-4 |
|---|---|---|---|---|---|
| 设计荷载 | $P$ | kN | 2000 | 3000 | 4000 |
| 有效面积 | $A$ | $m^2$ | 0.08 | 0.12 | 0.16 |
| 基准面压 | — | MPa | 25 | 25 | 25 |
| 竖向初始刚度 | $K_v$ | kN/mm | 1333 | 2000 | 2667 |
| 水平初始刚度 | $K_p$ | kN/m | 16000 | 24000 | 32000 |
| 等效刚度 | $K_{eff}$ | kN/m | 1027 | 1540 | 2053 |
| 摩擦系数（慢） | $\mu_1$ | — | 0.01 | 0.01 | 0.01 |
| 摩擦系数（快） | $\mu_2$ | — | 0.02 | 0.02 | 0.02 |
| 比率参数 | — | s/m | 20 | 20 | 20 |
| 等效曲率半径 | $R$ | mm | 3000 | 3000 | 3000 |
| 支座总高度 | $H$ | mm | 203 | 232 | 252 |
| 最大水平位移 | $D$ | mm | 400 | 400 | 400 |
| 使用数量 | $N$ | 套 | 7 | 16 | 17 |

续表

| 类别 | 符号 | 单位 | FPS-5 | FPS-6 | FPS-7 |
| --- | --- | --- | --- | --- | --- |
| 设计荷载 | $P$ | kN | 50000 | 6000 | 7000 |
| 有效面积 | $A$ | $m^2$ | 0.20 | 0.24 | 0.28 |
| 基准面压 | — | MPa | 25 | 25 | 25 |
| 竖向初始刚度 | $K_v$ | kN/mm | 3333 | 4000 | 4667 |
| 水平初始刚度 | $K_p$ | kN/m | 40000 | 48000 | 56000 |
| 等效刚度 | $K_{eff}$ | kN/m | 2567 | 3080 | 3593 |
| 摩擦系数（慢） | $\mu_1$ | — | 0.01 | 0.01 | 0.01 |
| 摩擦系数（快） | $\mu_2$ | — | 0.02 | 0.02 | 0.02 |
| 比率参数 | — | s/m | 20 | 20 | 20 |
| 等效曲率半径 | $R$ | mm | 3000 | 3000 | 3000 |
| 支座总高度 | $H$ | mm | 272 | 296 | 311 |
| 最大水平位移 | $D$ | mm | 400 | 400 | 400 |
| 使用数量 | $N$ | 套 | 41 | 16 | 6 |
| 类别 | 符号 | 单位 | FPS-8 | FPS-2H | FPS-3H |
| 设计荷载 | $P$ | kN | 8000 | 2000 | 3000 |
| 有效面积 | $A$ | $m^2$ | 0.32 | 0.08 | 0.12 |
| 基准面压 | — | MPa | 25 | 25 | 25 |
| 竖向初始刚度 | $K_v$ | kN/mm | 5333 | 1333 | 2000 |
| 水平初始刚度 | $K_p$ | kN/m | 64000 | 40000 | 60000 |
| 等效刚度 | $K_{eff}$ | kN/m | 4107 | 1567 | 2350 |
| 摩擦系数（慢） | $\mu_1$ | — | 0.01 | 0.02 | 0.02 |
| 摩擦系数（快） | $\mu_2$ | — | 0.02 | 0.05 | 0.05 |
| 比率参数 | — | s/m | 20 | 40 | 40 |
| 等效曲率半径 | $R$ | mm | 3000 | 3000 | 3000 |
| 支座总高度 | $H$ | mm | 330 | 203 | 232 |
| 最大水平位移 | $D$ | mm | 400 | 400 | 400 |
| 使用数量 | $N$ | 套 | 7 | 6 | 26 |
| 类别 | 符号 | 单位 | FPS-4H | FPS-5H | FPS-6H |
| 设计荷载 | $P$ | kN | 4000 | 5000 | 6000 |
| 有效面积 | $A$ | $m^2$ | 0.16 | 0.20 | 0.24 |
| 基准面压 | — | MPa | 25 | 25 | 25 |
| 竖向初始刚度 | $K_v$ | kN/mm | 2667 | 3333 | 4000 |
| 水平初始刚度 | $K_p$ | kN/m | 80000 | 100000 | 120000 |
| 等效刚度 | $K_{eff}$ | kN/m | 3113 | 3917 | 4700 |
| 摩擦系数（慢） | $\mu_1$ | — | 0.02 | 0.02 | 0.02 |

续表

| 类别 | 符号 | 单位 | FPS-4H | FPS-5H | FPS-6H |
|---|---|---|---|---|---|
| 摩擦系数（快） | $\mu_2$ | — | 0.05 | 0.05 | 0.05 |
| 比率参数 | — | s/m | 40 | 40 | 40 |
| 等效曲率半径 | $R$ | mm | 3000 | 3000 | 3000 |
| 支座总高度 | $H$ | mm | 252 | 272 | 296 |
| 最大水平位移 | $D$ | mm | 400 | 400 | 400 |
| 使用数量 | $N$ | 套 | 20 | 24 | 5 |

### 3.4.2 隔震支座布置情况

隔震支座布置图见图 3-3。

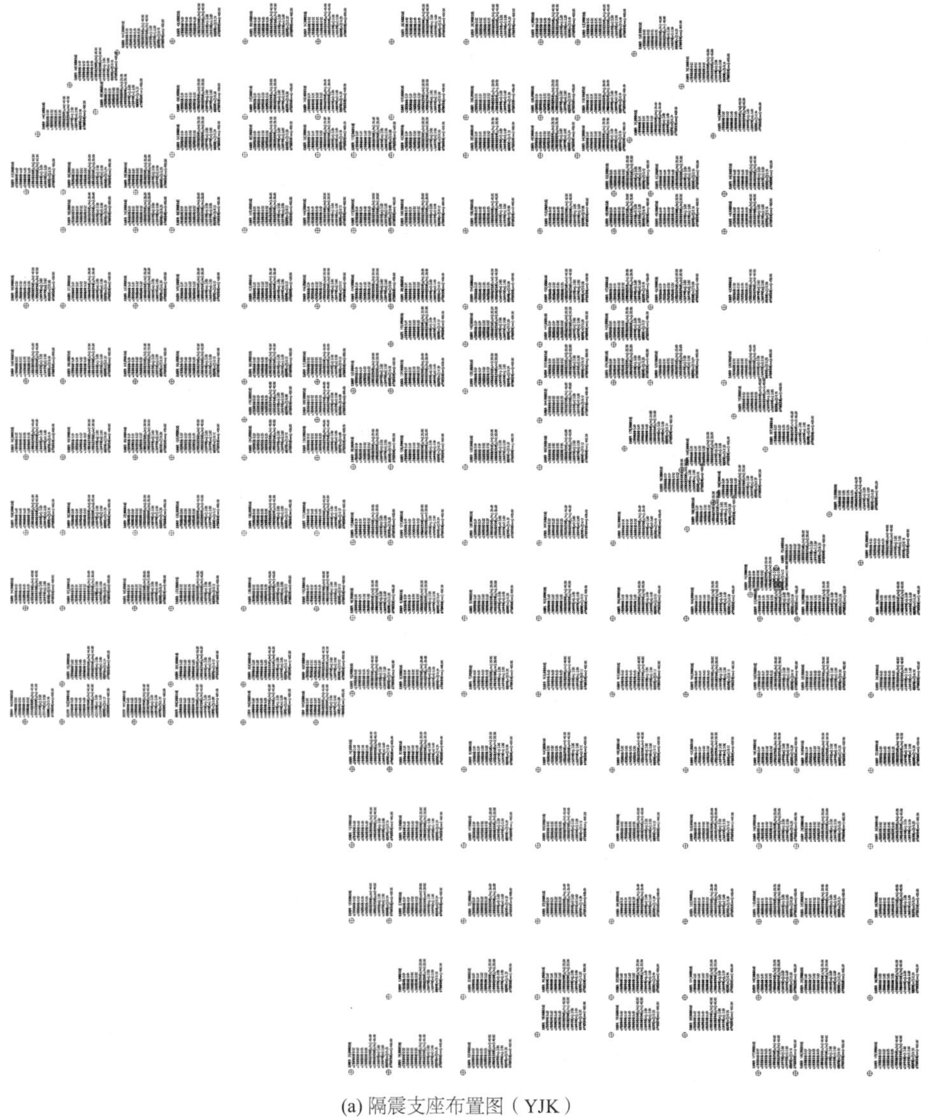

(a) 隔震支座布置图（YJK）

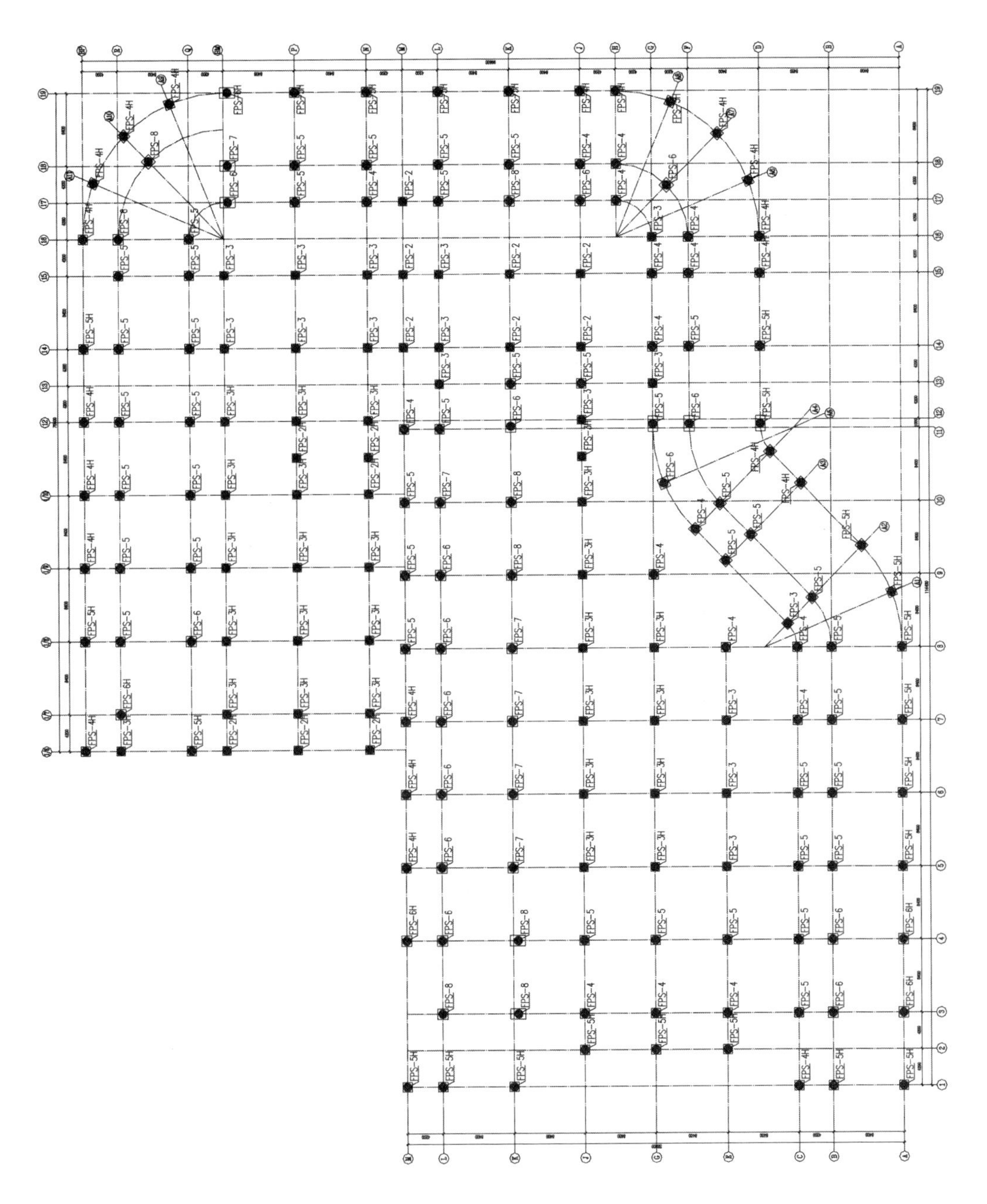

(b) 隔震支座编号布置图

图 3-3　隔震支座布置图

### 3.4.3　隔震层验算

1）隔震支座等效线性化与大震反应谱验算

YJK 软件可按照用户输入的非线性参数进行反应谱迭代计算，得到隔震元件的等效刚度和等效阻尼，再结合复振型分解反应谱法可以对结构进行等效线弹性计算。隔震支座等效线性化迭代计算结果如图 3-4 所示，隔震支座验算结果如图 3-5 所示。

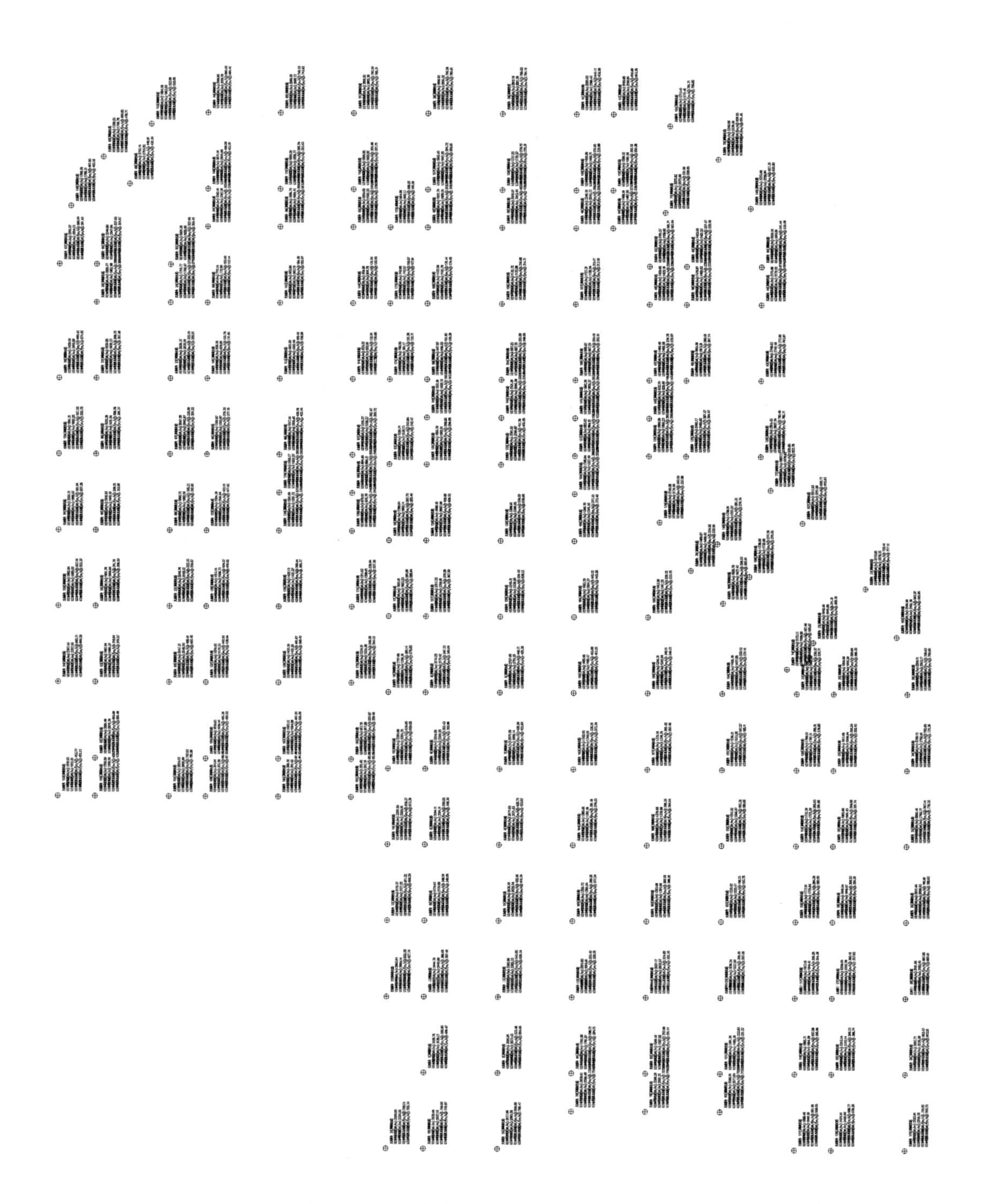

图 3-4　隔震支座等效线性化迭代计算结果

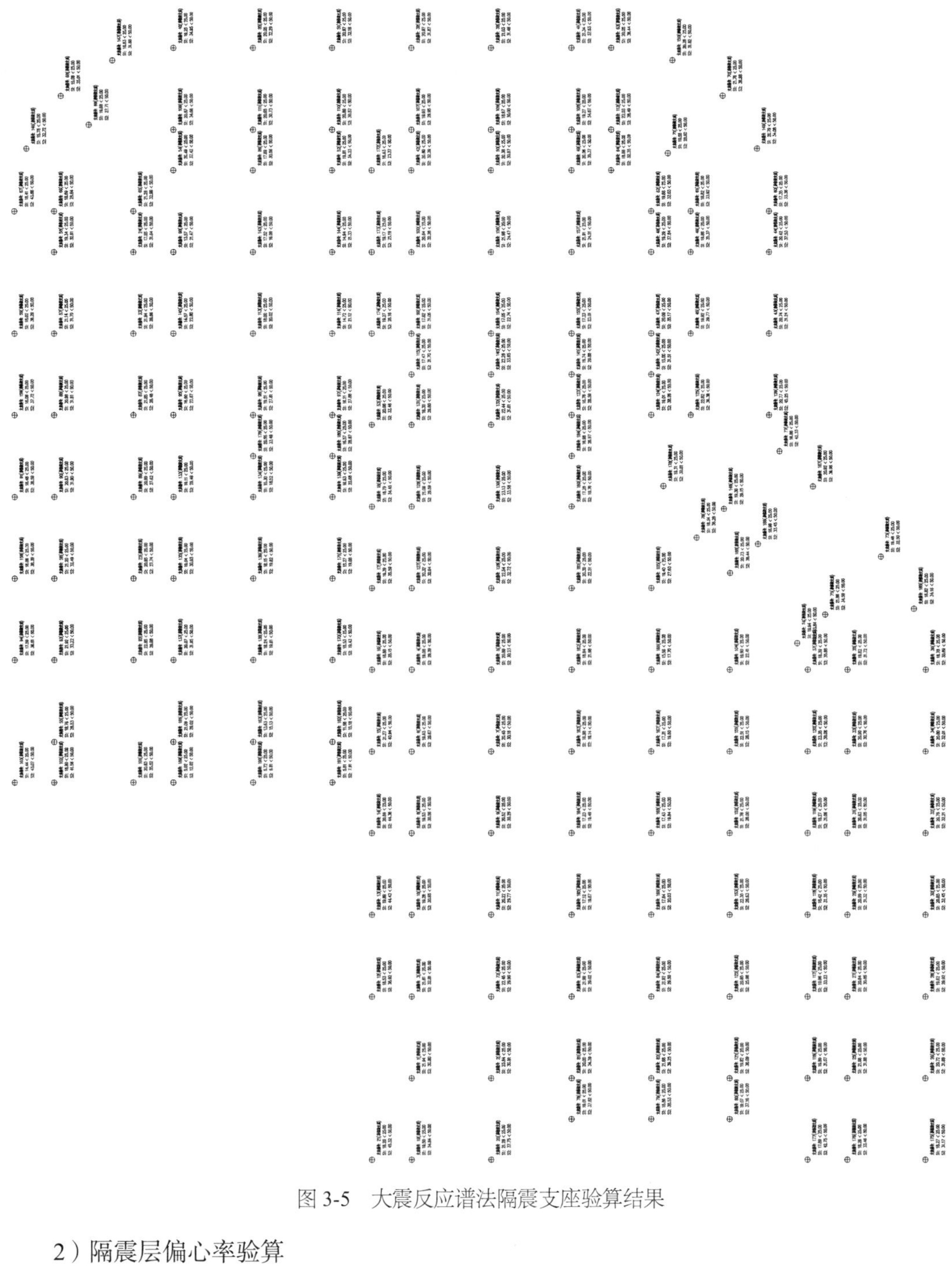

图 3-5　大震反应谱法隔震支座验算结果

2）隔震层偏心率验算

《隔标》第 4.6.2 条第 4 款要求隔震层偏心率不宜大于 3%。本项目在隔震分析时，计算了隔震层的偏心率，计算步骤如下：

（1）重心

$$X_{\mathrm{g}}=\frac{\sum N_{l,i}\cdot X_i}{\sum N_{l,i}},\ \ Y_{\mathrm{g}}=\frac{\sum N_{l,i}\cdot Y_i}{\sum N_{l,i}}$$

（2）刚心

$$X_k = \frac{\sum K_{ey,i} \cdot X_i}{\sum K_{ey,i}},\ Y_k = \frac{\sum K_{ex,i} \cdot Y_i}{\sum K_{ex,i}}$$

（3）偏心距

$$e_x = |Y_g - Y_k|,\ e_y = |X_g - X_k|$$

（4）扭转刚度

$$K_t = \sum\left[K_{ex,i}(Y_i - Y_k)^2 + K_{ey,i}(X_i - X_k)^2\right]$$

（5）弹力半径

$$R_x = \sqrt{\frac{K_t}{\sum K_{ex,i}}},\ R_y = \sqrt{\frac{K_t}{\sum K_{ey,i}}}$$

（6）偏心率

$$\rho_x = \frac{e_y}{R_x},\ \rho_y = \frac{e_x}{R_y}$$

式中：$N_{l,i}$——第$i$个隔震支座承受的长期轴压荷载；

$X_i$、$Y_i$——第$i$个隔震支座中心位置$X$方向和$Y$方向坐标；

$K_{ex,i}$、$K_{ey,i}$——第$i$个隔震支座在隔震层发生位移$\delta$时，$X$方向和$Y$方向的等效刚度。

偏心率计算结果见表 3-5。

**隔震层偏心率** **表 3-5**

| 方向 | 刚心坐标（m） | 质心坐标（m） | 偏心距（m） | 弹力半径（m） | 偏心率（%） | 上限值 | 是否满足 |
|---|---|---|---|---|---|---|---|
| $X$向 | 113.4248 | 113.7860 | 0.0787 | 44.3529 | 0.8145 | 3 | 是 |
| $Y$向 | 91.3680 | 91.4467 | 0.3612 | 44.3281 | 0.1776 | 3 | 是 |

3）隔震层抗风承载力、恢复力及屈重比验算

《抗规》第 12.1.3 条规定，隔震结构风荷载和其他非地震作用的水平荷载标准值产生的总水平力不宜超过结构总重力的 10%。另外，《隔标》第 4.6.8 条规定，隔震层风荷载作用下的水平剪力设计值应小于抗风装置的抗剪承载力。

根据表 3-6 验算结果，抗风设计满足规范要求。

**隔震层抗风承载力** **表 3-6**

| 方向 | 风荷载水平剪力标准值（kN）① | 风荷载水平剪力设计值（kN）② | 抗风承载力设计值（kN）③ | 10%隔震层以上重力（kN）④ | ③－② | ④－① | 是否满足 |
|---|---|---|---|---|---|---|---|
| $X$向 | 1728.54 | 2419.96 | 20609.90 | 66604.51 | ＞0 | ＞0 | 是 |
| $Y$向 | 2073.17 | 2902.44 | 20609.90 | | ＞0 | ＞0 | 是 |

注：风荷载分项系数取为 1.4。

《隔标》第 4.6.1 条第 4 款规定，当隔震层采用隔震支座和阻尼器时，应使隔震层在地震后基本恢复原位，隔震层在罕遇地震作用下的水平最大位移所对应的恢复力，不宜小于隔震层屈服力与摩阻力之和的 1.2 倍。由表 3-7 可知，罕遇地震作用下，结构恢复力验算满足规范要求。屈重比是反映隔震层刚度合理性的指标，3.09%在合理范围之内。

隔震层恢复力及屈重比　　表 3-7

| 方向 | 隔震层屈服力（kN）① | 隔震层恢复力（kN）② | 隔震层以上重力（kN）③ | 屈重比（%）①/③ | ② − ① × 1.32 | 是否满足 |
|---|---|---|---|---|---|---|
| X向 | 20609.90 | 50263.22 | 666045.1 | 3.09 | > 0 | 是 |
| Y向 | 20609.90 | 50263.22 | | 3.09 | > 0 | 是 |

注：1.32 = 1.2 × 1.1（考虑部分摩阻力）。

## 3.5　中震复振型分解反应谱法分析

### 3.5.1　底部剪力比

按《隔标》第 4 章进行设防地震作用下复振型分解反应谱法分析（CCQC），计算隔震结构底部剪力比，确定隔震结构的抗震措施，$\alpha_{max} = 0.5625$（放大 1.25），周期折减系数取 1.0。

中震作用下，隔震结构与非隔震结构的周期对比见表 3-8。由表 3-8 可知，采用隔震技术后，结构的周期明显延长，且满足相关规定要求。计算中震作用下隔震结构与非隔震结构的底部剪力比见表 3-9。*X*、*Y*两个方向的底部剪力比均小于 0.5，根据《隔标》第 6.1.3 条上部结构可按本地区设防烈度降低 1 度确定抗震措施，即框架抗震等级由一级降为二级。

隔震结构与非隔震结构周期对比　　表 3-8

| 振型编号 | 非隔震结构周期（s） | 隔震结构周期（s） | 隔震结构两方向差值（%） |
|---|---|---|---|
| 1 | 0.957 | 2.794 | 0.5 |
| 2 | 0.847 | 2.780 | |
| 3 | 0.834 | 2.739 | — |

隔震结构与非隔震结构底部剪力比　　表 3-9

| 方向 | 非隔震结构底部剪力（kN） | 隔震结构底部剪力（kN） | 底部剪力比 |
|---|---|---|---|
| *X* | 166179 | 55615 | 0.33 |
| *Y* | 132549 | 55707 | 0.42 |

### 3.5.2　楼层最小地震剪力系数

中震作用计算时，隔震结构各楼层对应于地震作用标准值的剪力应符合《隔标》第 4.4.7 条的要求。由表 3-10 可知，*X*向、*Y*向楼层最小地震剪力系数均大于 0.032，满足规范要求。

隔震结构楼层最小地震剪力系数　　表 3-10

| 方向 | 所在楼层 | 最小剪力系数 | 限值 | 是否满足 |
|---|---|---|---|---|
| *X* | 2 | 0.0829 | 0.032 | 满足 |
| *Y* | 2 | 0.0831 | 0.032 | 满足 |

### 3.5.3 上部结构、下部结构变形验算

上部结构在设防地震作用计算下，结构楼层内最大弹性层间位移角应符合《隔标》第 4.5.1 条的要求。由表 3-11 可知，*X*向、*Y*向上部结构弹性层间位移角均小于 1/400，满足规范要求。

下部结构在设防地震作用计算下，结构楼层内最大弹性层间位移角应符合《隔标》第 4.7.3 条的要求。由表 3-11 可知，*X*向、*Y*向下部结构弹性层间位移角小于 1/500，满足规范要求。

隔震结构弹性层间位移角　　表 3-11

| 层号 | *X*向层间位移角 | *Y*向层间位移角 | 限值 |
|---|---|---|---|
| 7 | 1/1834 | 1/948 | 1/400 |
| 6 | 1/1328 | 1/817 | |
| 5 | 1/1028 | 1/748 | |
| 4 | 1/857 | 1/653 | |
| 3 | 1/733 | 1/571 | |
| 2 | 1/750 | 1/539 | — |
| 1 | 1/9999 | 1/9999 | 1/500 |

## 3.6 隔震结构大震弹塑性时程分析

### 3.6.1 模型基本信息

本工程大震弹塑性分析模型由 YJK 转 SAUSG-PI 得到，见图 3-6，其中梁、柱为框架线单元，楼板按弹性板考虑，隔震支座本构采用二折线模型。模型中混凝土柱、梁均采用杆系非线性单元模拟，墙板构件采用弹塑性分层壳单元模拟。结构质量采用 1.0*D*恒荷载 + 0.5*L*活荷载组合。

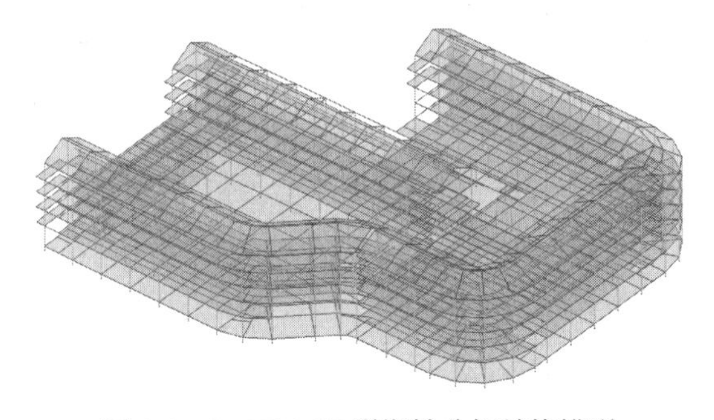

图 3-6　SAUSAGE 弹塑性分析结构模型

### 3.6.2 地震动参数

地震作用下的弹塑性分析按大震考虑，即 50 年超越概率为 2%的罕遇地震。地震动直接采用地面加速度时程的方式输入到模型基座上，根据《抗规》第 5.1.2 条、《隔标》第 4.1.4 条的要求，地震动记录经过调幅，使得加速度峰值 PGA 达到 500cm/s$^2$，本次时程动力分析共进行七组地震动记录的模拟，分别为：

天然波 1（TH027TG055，A1 为主方向波，A2 为次方向波）；

天然波 2（TH042TG055，B1 为主方向波，B2 为次方向波）；

天然波 3（TH048TG055，C1 为主方向波，C2 为次方向波）；

天然波 4（TH087TG055，D1 为主方向波，D2 为次方向波）；

天然波 5（TH052TG055，E1 为主方向波，E2 为次方向波）；

人工波 1（RH2TG055，F1 为主方向波，F2 为次方向波）；

人工波 2（RH3TG055，G1 为主方向波，G2 为次方向波）。

正交水平方向和竖向的地震动记录按 1：0.85：0.65 进行三维输入。地震动记录信息如表 3-12 所示，地震波加速度时程曲线见图 3-7，地震波主、次方向反应谱与规范反应谱比较见图 3-8。

地震动记录信息　　表 3-12

| 地震波 | 名称 | 主方向与x角度（°） | PGA | x | y | z |
|---|---|---|---|---|---|---|
| 天然波 1 | x主方向 | 0 | 500 | A1-100% | A2-85% | A1-65% |
|  | y主方向 | 90 | 500 | A2-85% | A1-100% | A1-65% |
| 天然波 2 | x主方向 | 0 | 500 | B1-100% | B2-85% | B1-65% |
|  | y主方向 | 90 | 500 | B2-85% | B1-100% | B1-65% |
| 天然波 3 | x主方向 | 0 | 500 | C1-100% | C2-85% | C1-65% |
|  | y主方向 | 90 | 500 | C2-85% | C1-100% | C1-65% |
| 天然波 4 | x主方向 | 0 | 500 | D1-100% | D2-85% | D1-65% |
|  | y主方向 | 90 | 500 | D2-85% | D1-100% | D1-65% |
| 天然波 5 | x主方向 | 0 | 500 | E1-100% | E2-85% | E1-65% |
|  | y主方向 | 90 | 500 | E2-85% | E1-100% | E1-65% |
| 人工波 1 | x主方向 | 0 | 500 | F1-100% | F2-85% | F1-65% |
|  | y主方向 | 90 | 500 | F2-85% | F1-100% | F1-65% |
| 人工波 2 | x主方向 | 0 | 500 | G1-100% | G2-85% | G1-65% |
|  | y主方向 | 90 | 500 | G2-85% | G1-100% | G1-65% |

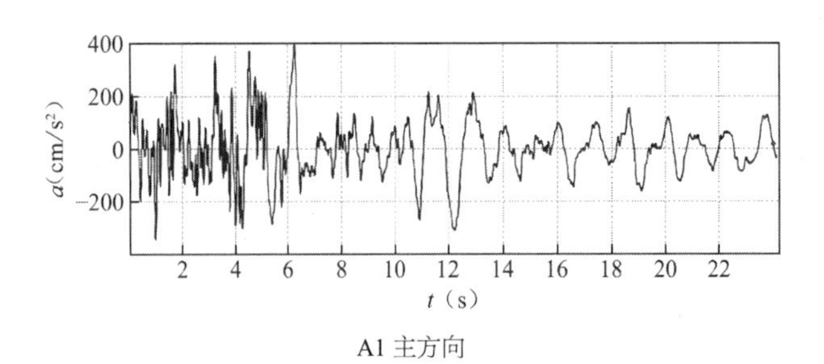


A1 主方向

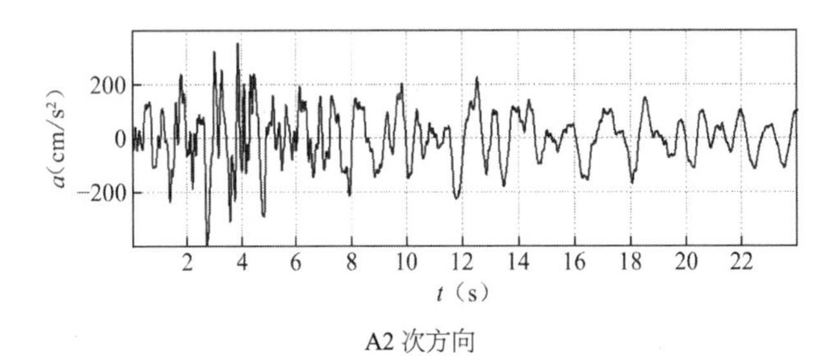


A2 次方向

天然波 1　地震波加速度时程曲线

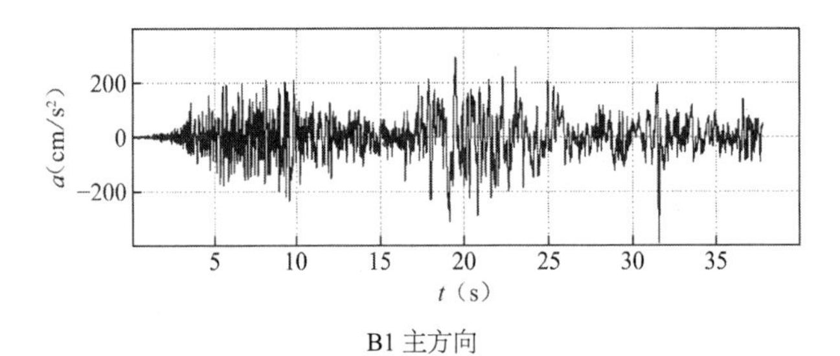


B1 主方向

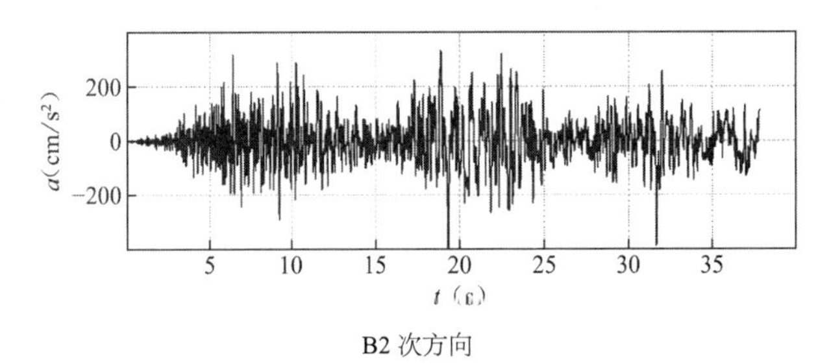


B2 次方向

天然波 2　地震波加速度时程曲线

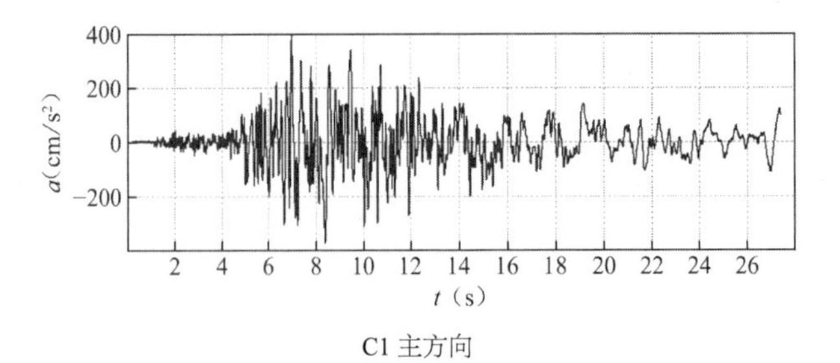


C1 主方向

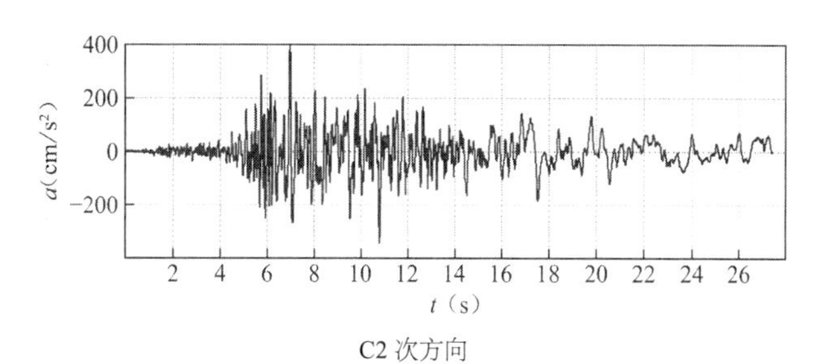


C2 次方向

天然波 3　地震波加速度时程曲线

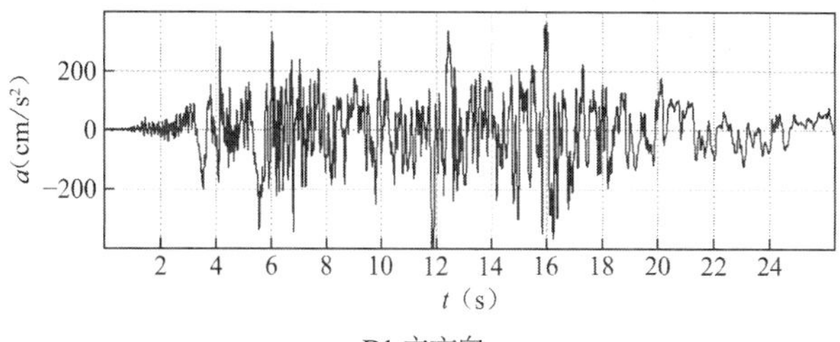


D1 主方向

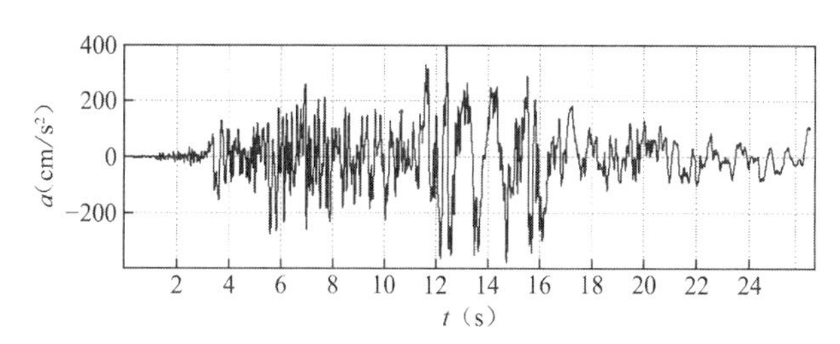


D2 次方向

天然波 4　地震波加速度时程曲线

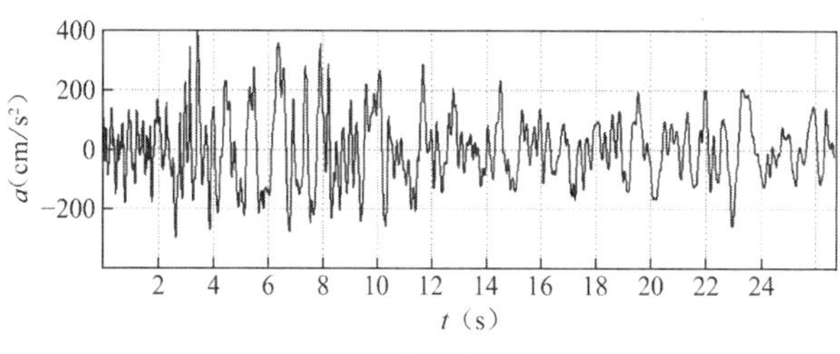


E1 主方向

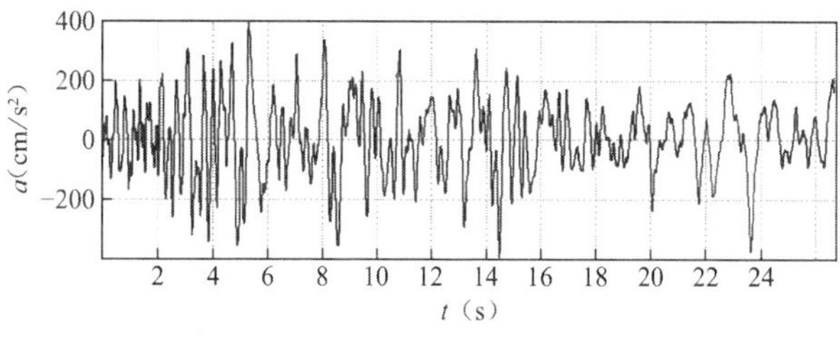


E2 次方向

天然波 5　地震波加速度时程曲线

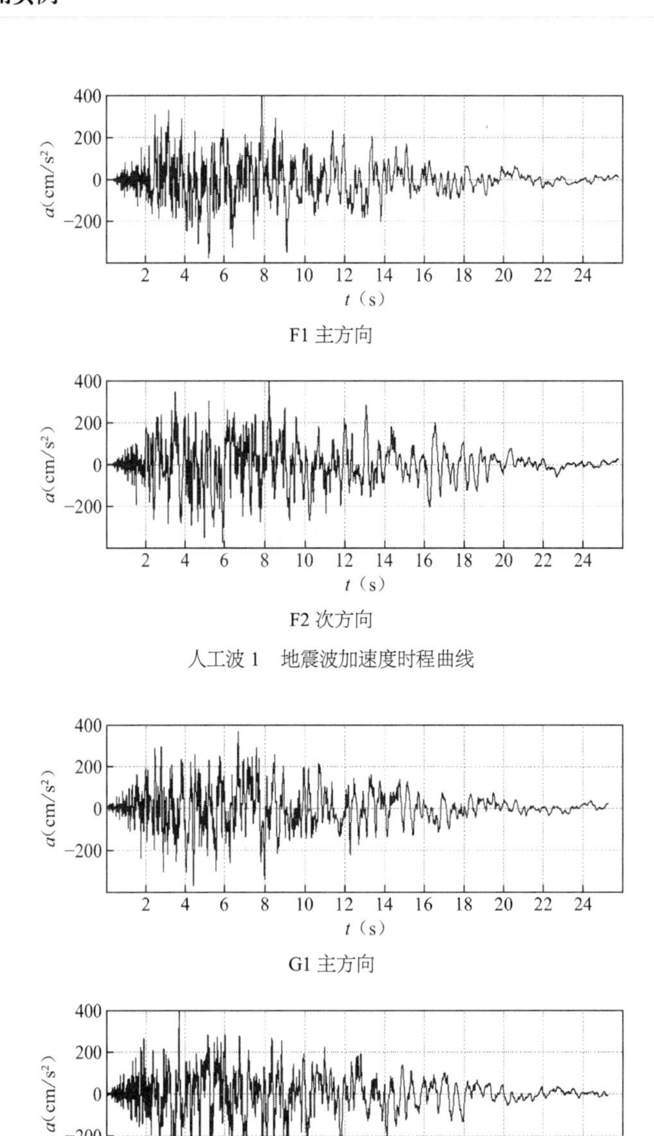

F1 主方向

F2 次方向

人工波 1　地震波加速度时程曲线

G1 主方向

G2 次方向

天然波 2　地震波加速度时程曲线

图 3-7　地震波加速度时程曲线

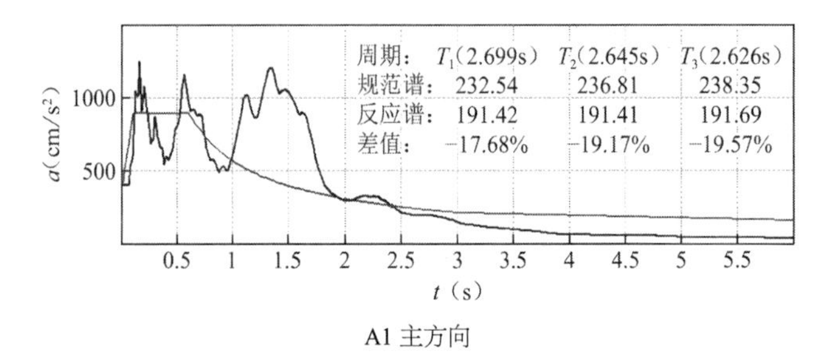


A1 主方向

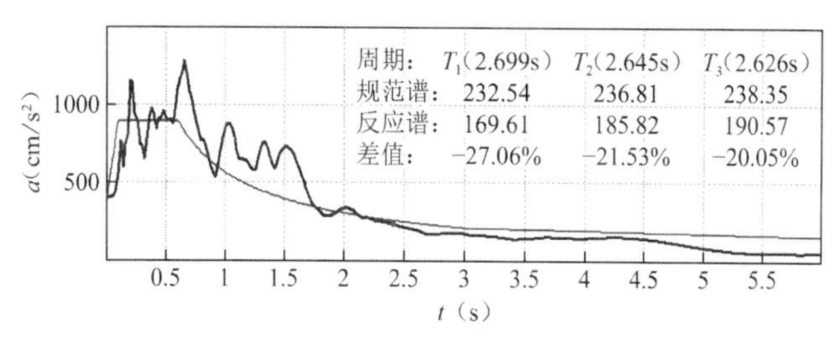


A2 次方向

天然波 1 地震波反应谱曲线

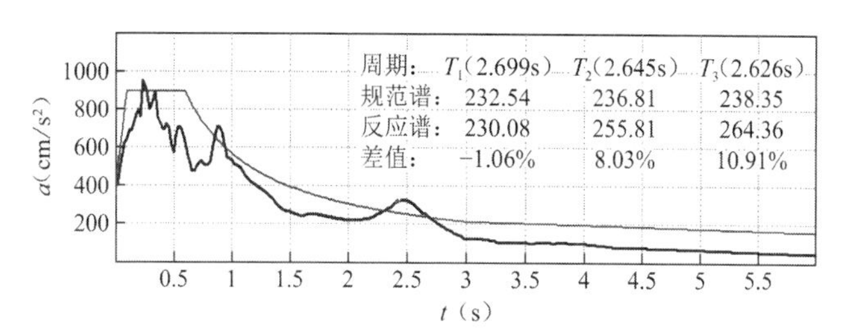


B1 主方向

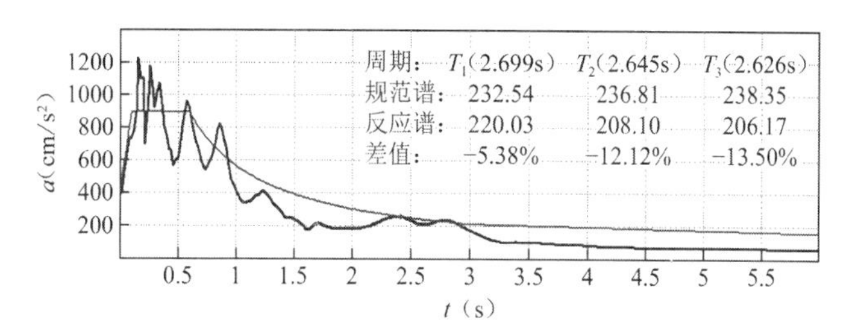


B2 次方向

天然波 2 地震波反应谱曲线

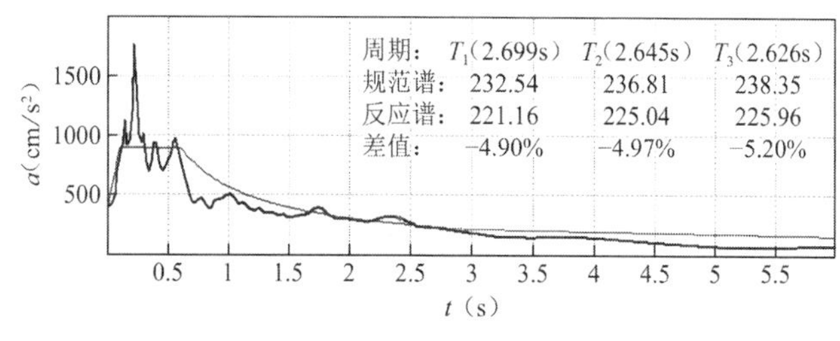


C1 主方向

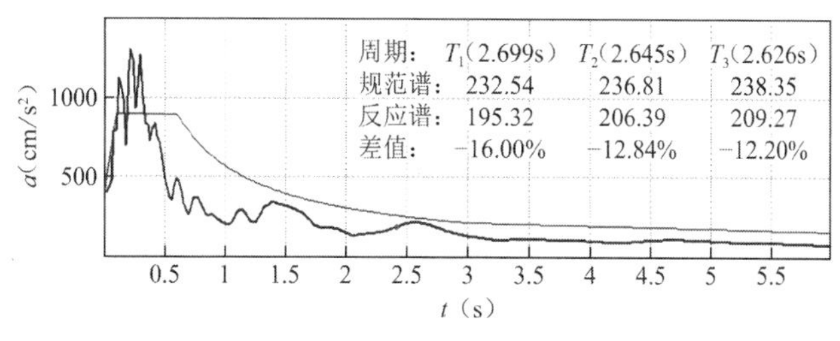


C2 次方向

天然波 3 地震波反应谱曲线

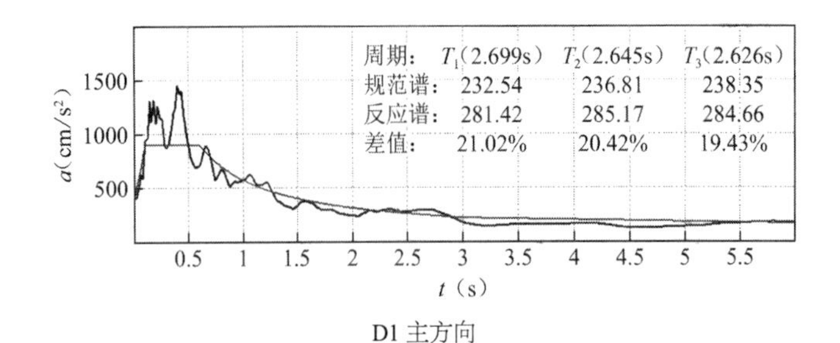


D1 主方向

周期：$T_1$(2.699s) $T_2$(2.645s) $T_3$(2.626s)
规范谱：232.54 236.81 238.35
反应谱：251.94 235.27 229.69
差值：8.34% −0.65% −3.63%

D2 次方向

天然波 4 地震波反应谱曲线

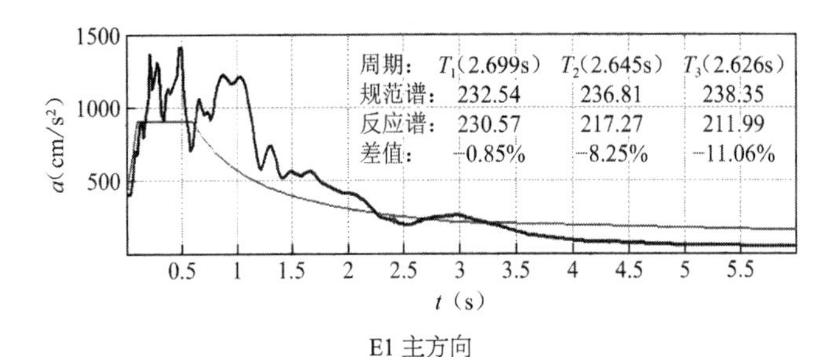


E1 主方向

周期：$T_1$(2.699s) $T_2$(2.645s) $T_3$(2.626s)
规范谱：232.54 236.81 238.35
反应谱：216.63 230.96 235.24
差值：−6.84% −2.47% −1.30%

E2 次方向

天然波 5 地震波反应谱曲线

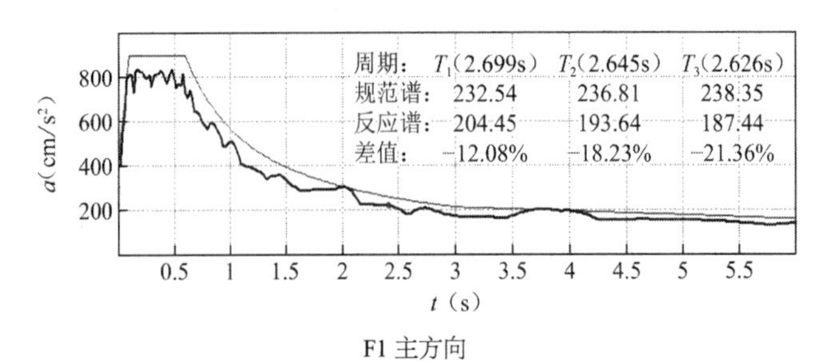


F1 主方向

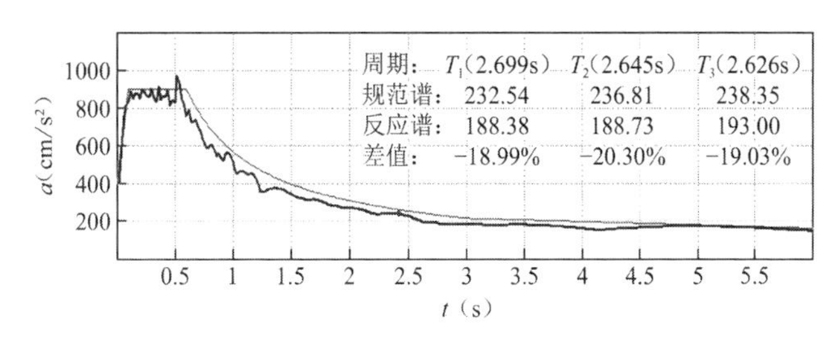


F2 次方向

人工波 1　地震波反应谱曲线

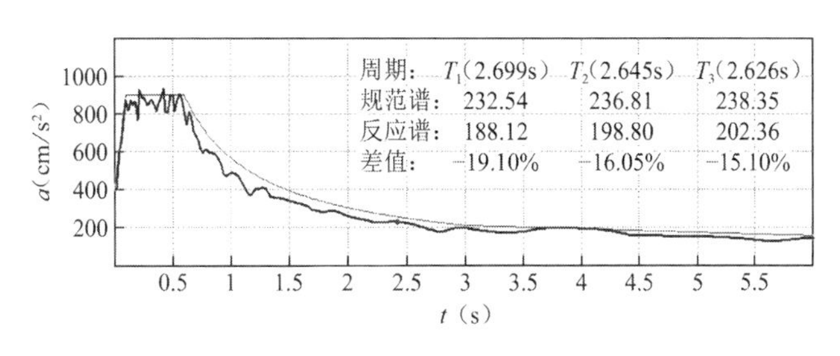


G1 主方向

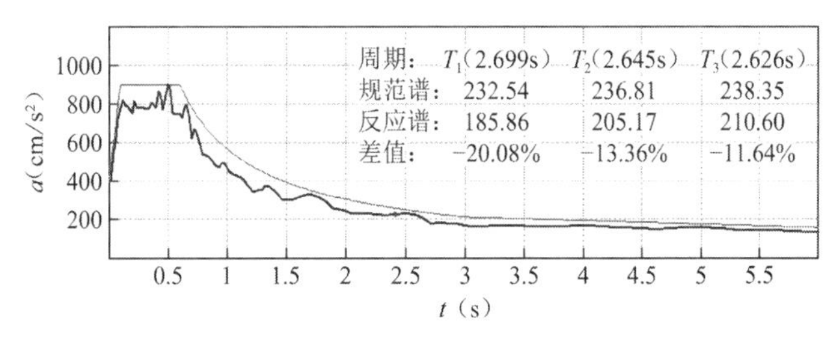


G2 次方向

天然波 2　地震波反应谱曲线

图 3-8　地震波反应谱与规范反应谱比较

由图 3-8 可知，七条地震波主方向反应谱与规范反应谱在结构主要周期点位置相差值基本在 20%以内（个别地震波个别方向超过 20%），所选的地震波可以较好地反映结构的地震反应。

### 3.6.3　分析结果

1）弹性模型验证

为验证 SAUSAGE 弹塑性分析模型的可靠性，将 SAUSAGE 模型计算所得的结构质量、周期、振型和 YJK 模型进行对比。具体见表 3-13、表 3-14 及图 3-9。

结构质量对比（t）　　表 3-13

| YJK | SAUSAGE | 差值（%） |
| --- | --- | --- |
| 66908 | 65022 | 2.90 |

结构周期对比（前 3 阶）(s)　　表 3-14

| 振型 | YJK | SAUSAGE | 差值（%） |
| --- | --- | --- | --- |
| 1 | 2.786 | 2.699 | 3.12 |
| 2 | 2.773 | 2.645 | 4.62 |
| 3 | 2.733 | 2.626 | 3.92 |

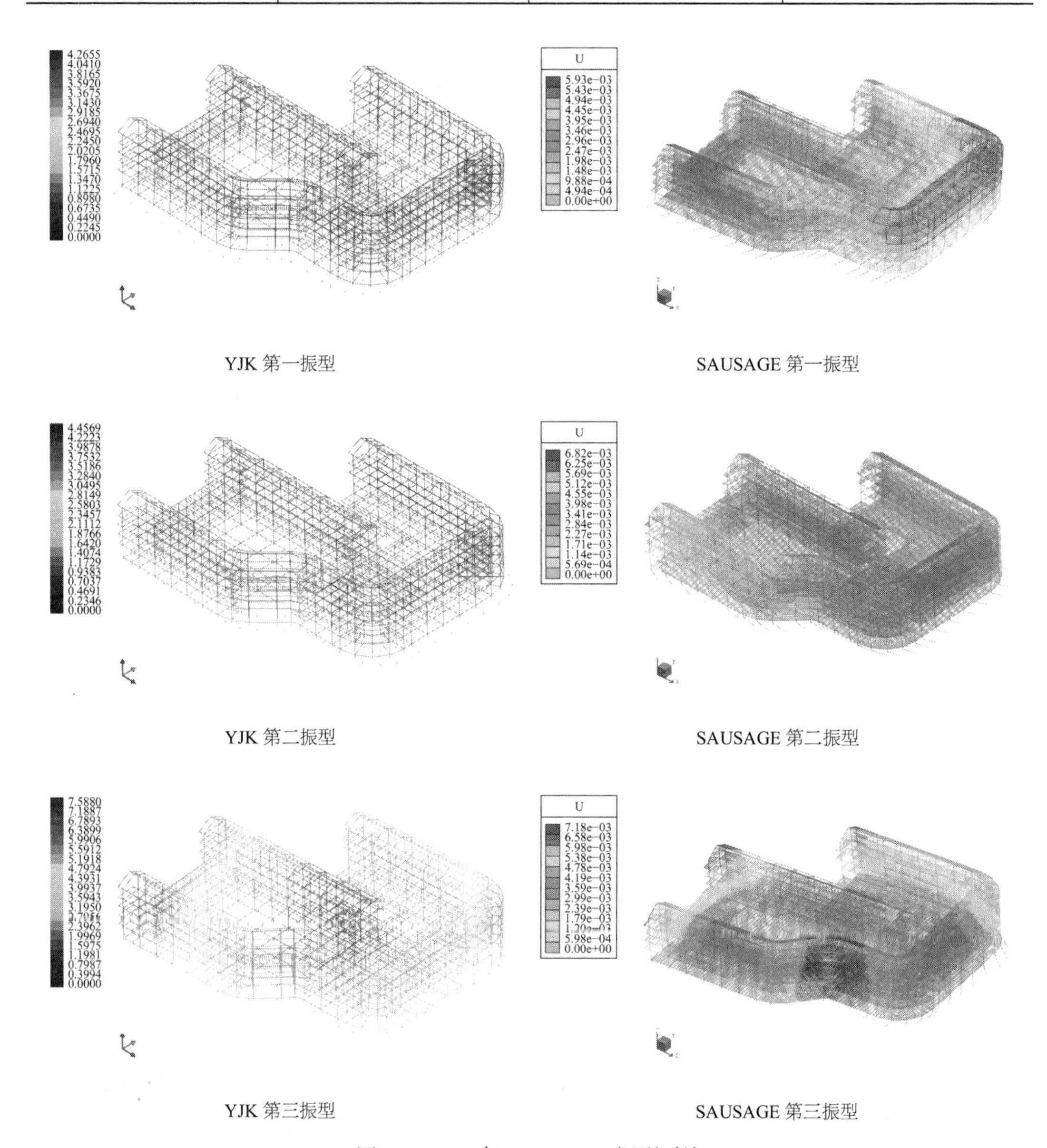


图 3-9　YJK 与 SAUSAGE 振型对比

综上可知，SAUSAGE 与 YJK 弹性模型质量与基本动力特性基本一致，造成误差的原因主要是两个软件的质量统计规则、是否计入钢筋贡献以及楼板刚性假定不同等，因此可以认为采用的 SAUSAGE 弹塑性模型是可靠的。

2）结构弹塑性层间位移角

大震弹塑性时程分析所得结构层间位移角平均值见表 3-15，X向最大层间位移角为1/259（结构第 2 层），Y向最大层间位移角为 1/206（结构第 3 层），均满足《隔标》第 4.5.2 条要求小于 1/100 的规定，也满足《导则》第 4.3.2 条要求小于 1/100 的规定。满足“大震不倒”的抗震性能目标要求。（第 2 层为隔震层）

**大震弹塑性层间位移角平均值**　　表 3-15

| 层号 | X向层间位移角 | Y向层间位移角 | 限值 |
|---|---|---|---|
| 7 | 1/291 | 1/266 | 1/100 |
| 6 | 1/275 | 1/237 | |
| 5 | 1/260 | 1/206 | |
| 4 | 1/259 | 1/219 | |
| 3 | 1/279 | 1/233 | |
| 2 | 1/268 | 1/255 | |
| 1 | — | — | |

3）结构弹塑性最大楼面水平加速度

中震弹塑性时程分析所得结构弹塑性最大楼面水平加速度平均值见表 3-16，X向最大楼面水平加速度为 0.165g（第 7 层），Y向最大楼面水平加速度为 0.185g（第 7 层），均满足《导则》第 4.1.1 条要求小于 0.45g的规定。

**中震最大楼面水平加速度平均值**　　表 3-16

| 层号 | X向最大楼面水平加速度（g） | Y向最大楼面水平加速度（g） | 限值（g） |
|---|---|---|---|
| 7 | 0.165 | 0.185 | 0.45 |
| 6 | 0.147 | 0.164 | |
| 5 | 0.133 | 0.142 | |
| 4 | 0.120 | 0.124 | |
| 3 | 0.109 | 0.106 | |
| 2 | 0.097 | 0.095 | |
| 1 | 0.097 | 0.094 | |

4）隔震支座验算

通过隔震结构大震弹塑性分析得到的隔震支座内力和变形，进行隔震支座验算，隔震支座布置及编号见图 3-10，计算结果见表 3-17～表 3-19。结果表明，隔震支座在大震下性能满足规范要求。

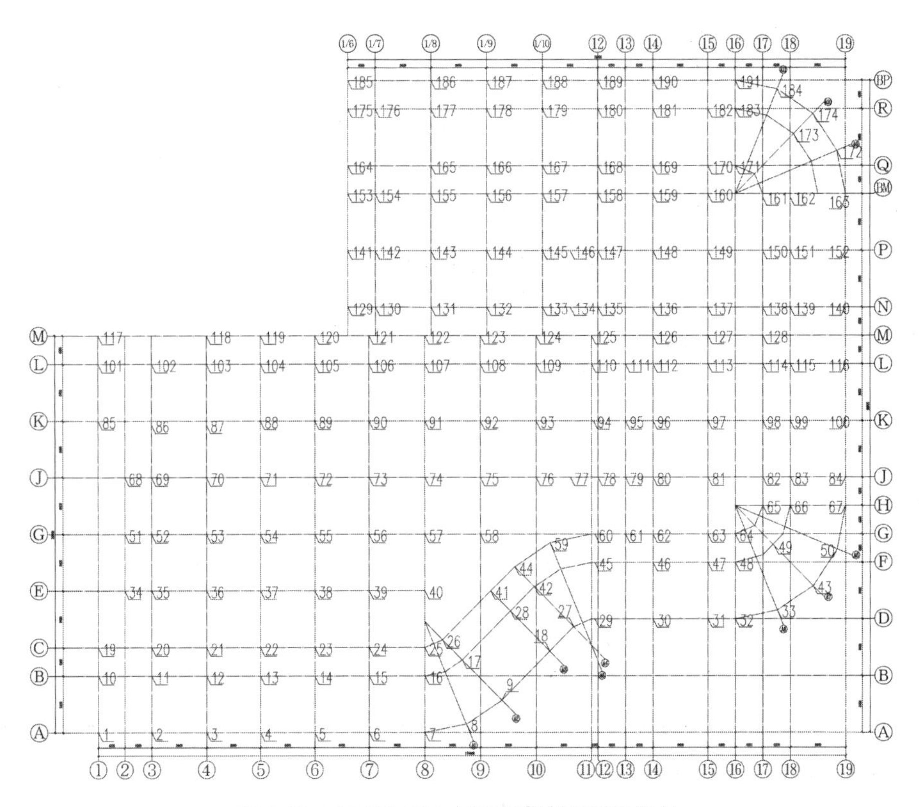

图 3-10　SAUSAGE 中隔震支座布置及编号

**隔震支座最大位移**　　　　**表 3-17**

| 支座编号 | 支座型号 | 罕遇地震水平极限位移（mm） | 上限值（mm） | 是否满足 |
|---|---|---|---|---|
| 1 | 5000-400-0.05 | 301 | 340 | 满足 |
| 2 | 6000-400-0.05 | 302 | 340 | 满足 |
| 3 | 6000-400-0.05 | 302 | 340 | 满足 |
| 4 | 5000-400-0.05 | 303 | 340 | 满足 |
| 5 | 5000-400-0.05 | 303 | 340 | 满足 |
| 6 | 5000-400-0.05 | 304 | 340 | 满足 |
| 7 | 5000-400-0.05 | 304 | 340 | 满足 |
| 8 | 5000-400-0.05 | 304 | 340 | 满足 |
| 9 | 5000-400-0.05 | 305 | 340 | 满足 |
| 10 | 5000-400-0.05 | 302 | 340 | 满足 |
| 11 | 6000-400-0.02 | 303 | 340 | 满足 |
| 12 | 6000-400-0.02 | 303 | 340 | 满足 |
| 13 | 5000-400-0.02 | 304 | 340 | 满足 |
| 14 | 5000-400-0.02 | 304 | 340 | 满足 |
| 15 | 5000-400-0.02 | 304 | 340 | 满足 |

续表

| 支座编号 | 支座型号 | 罕遇地震水平极限位移（mm） | 上限值（mm） | 是否满足 |
|---|---|---|---|---|
| 16 | 5000-400-0.02 | 305 | 340 | 满足 |
| 17 | 5000-400-0.02 | 305 | 340 | 满足 |
| 18 | 4000-400-0.05 | 305 | 340 | 满足 |
| 19 | 4000-400-0.05 | 301 | 340 | 满足 |
| 20 | 5000-400-0.02 | 303 | 340 | 满足 |
| 21 | 5000-400-0.02 | 303 | 340 | 满足 |
| 22 | 5000-400-0.02 | 304 | 340 | 满足 |
| 23 | 5000-400-0.02 | 304 | 340 | 满足 |
| 24 | 4000-400-0.02 | 305 | 340 | 满足 |
| 25 | 4000-400-0.02 | 305 | 340 | 满足 |
| 26 | 3000-400-0.02 | 305 | 340 | 满足 |
| 27 | 4000-400-0.05 | 306 | 340 | 满足 |
| 28 | 5000-400-0.02 | 306 | 340 | 满足 |
| 29 | 5000-400-0.05 | 305 | 340 | 满足 |
| 30 | 5000-400-0.05 | 306 | 340 | 满足 |
| 31 | 4000-400-0.05 | 306 | 340 | 满足 |
| 32 | 4000-400-0.05 | 307 | 340 | 满足 |
| 33 | 4000-400-0.05 | 307 | 340 | 满足 |
| 34 | 5000-400-0.05 | 302 | 340 | 满足 |
| 35 | 4000-400-0.02 | 303 | 340 | 满足 |
| 36 | 5000-400-0.02 | 304 | 340 | 满足 |
| 37 | 3000-400-0.02 | 304 | 340 | 满足 |
| 38 | 3000-400-0.02 | 305 | 340 | 满足 |
| 39 | 3000-400-0.02 | 305 | 340 | 满足 |
| 40 | 4000-400-0.02 | 306 | 340 | 满足 |
| 41 | 5000-400-0.02 | 305 | 340 | 满足 |
| 42 | 5000-400-0.02 | 306 | 340 | 满足 |
| 43 | 4000-400-0.05 | 307 | 340 | 满足 |
| 44 | 4000-400-0.02 | 306 | 340 | 满足 |
| 45 | 6000-400-0.02 | 305 | 340 | 满足 |
| 46 | 5000-400-0.02 | 307 | 340 | 满足 |
| 47 | 4000-400-0.02 | 307 | 340 | 满足 |
| 48 | 4000-400-0.02 | 308 | 340 | 满足 |
| 49 | 6000-400-0.02 | 308 | 340 | 满足 |
| 50 | 5000-400-0.05 | 307 | 340 | 满足 |

续表

| 支座编号 | 支座型号 | 罕遇地震水平极限位移（mm） | 上限值（mm） | 是否满足 |
|---|---|---|---|---|
| 51 | 5000-400-0.05 | 303 | 340 | 满足 |
| 52 | 4000-400-0.02 | 304 | 340 | 满足 |
| 53 | 5000-400-0.02 | 304 | 340 | 满足 |
| 54 | 3000-400-0.05 | 305 | 340 | 满足 |
| 55 | 3000-400-0.05 | 305 | 340 | 满足 |
| 56 | 3000-400-0.05 | 306 | 340 | 满足 |
| 57 | 3000-400-0.05 | 306 | 340 | 满足 |
| 58 | 4000-400-0.02 | 306 | 340 | 满足 |
| 59 | 6000-400-0.02 | 307 | 340 | 满足 |
| 60 | 5000-400-0.02 | 306 | 340 | 满足 |
| 61 | 3000-400-0.02 | 307 | 340 | 满足 |
| 62 | 4000-400-0.02 | 307 | 340 | 满足 |
| 63 | 4000-400-0.02 | 307 | 340 | 满足 |
| 64 | 3000-400-0.02 | 308 | 340 | 满足 |
| 65 | 4000-400-0.02 | 308 | 340 | 满足 |
| 66 | 4000-400-0.02 | 308 | 340 | 满足 |
| 67 | 4000-400-0.05 | 308 | 340 | 满足 |
| 68 | 5000-400-0.05 | 302 | 340 | 满足 |
| 69 | 4000-400-0.02 | 304 | 340 | 满足 |
| 70 | 5000-400-0.02 | 304 | 340 | 满足 |
| 71 | 3000-400-0.05 | 305 | 340 | 满足 |
| 72 | 3000-400-0.05 | 306 | 340 | 满足 |
| 73 | 3000-400-0.05 | 306 | 340 | 满足 |
| 74 | 3000-400-0.05 | 307 | 340 | 满足 |
| 75 | 3000-400-0.05 | 307 | 340 | 满足 |
| 76 | 3000-400-0.05 | 307 | 340 | 满足 |
| 77 | 3000-400-0.05 | 306 | 340 | 满足 |
| 78 | 3000-400-0.02 | 307 | 340 | 满足 |
| 79 | 5000-400-0.02 | 306 | 340 | 满足 |
| 80 | 2000-400-0.02 | 309 | 340 | 满足 |
| 81 | 2000-400-0.02 | 309 | 340 | 满足 |
| 82 | 6000-400-0.02 | 307 | 340 | 满足 |
| 83 | 4000-400-0.02 | 308 | 340 | 满足 |
| 84 | 4000-400-0.05 | 308 | 340 | 满足 |
| 85 | 5000-400-0.05 | 302 | 340 | 满足 |

续表

| 支座编号 | 支座型号 | 罕遇地震水平极限位移（mm） | 上限值（mm） | 是否满足 |
|---|---|---|---|---|
| 86 | 8000-400-0.02 | 302 | 340 | 满足 |
| 87 | 8000-400-0.02 | 302 | 340 | 满足 |
| 88 | 7000-400-0.02 | 304 | 340 | 满足 |
| 89 | 7000-400-0.02 | 304 | 340 | 满足 |
| 90 | 7000-400-0.02 | 304 | 340 | 满足 |
| 91 | 7000-400-0.02 | 305 | 340 | 满足 |
| 92 | 8000-400-0.02 | 305 | 340 | 满足 |
| 93 | 8000-400-0.02 | 306 | 340 | 满足 |
| 94 | 6000-400-0.02 | 306 | 340 | 满足 |
| 95 | 5000-400-0.02 | 306 | 340 | 满足 |
| 96 | 2000-400-0.02 | 309 | 340 | 满足 |
| 97 | 2000-400-0.02 | 309 | 340 | 满足 |
| 98 | 8000-400-0.02 | 306 | 340 | 满足 |
| 99 | 5000-400-0.02 | 308 | 340 | 满足 |
| 100 | 5000-400-0.05 | 307 | 340 | 满足 |
| 101 | 5000-400-0.05 | 302 | 340 | 满足 |
| 102 | 8000-400-0.02 | 302 | 340 | 满足 |
| 103 | 6000-400-0.02 | 303 | 340 | 满足 |
| 104 | 6000-400-0.02 | 303 | 340 | 满足 |
| 105 | 6000-400-0.02 | 304 | 340 | 满足 |
| 106 | 6000-400-0.02 | 304 | 340 | 满足 |
| 107 | 6000-400-0.02 | 305 | 340 | 满足 |
| 108 | 6000-400-0.02 | 305 | 340 | 满足 |
| 109 | 7000-400-0.02 | 305 | 340 | 满足 |
| 110 | 5000-400-0.02 | 306 | 340 | 满足 |
| 111 | 3000-400-0.02 | 306 | 340 | 满足 |
| 112 | 3000-400-0.02 | 307 | 340 | 满足 |
| 113 | 3000-400-0.02 | 307 | 340 | 满足 |
| 114 | 5000-400-0.02 | 307 | 340 | 满足 |
| 115 | 5000-400-0.02 | 308 | 340 | 满足 |
| 116 | 5000-400-0.05 | 307 | 340 | 满足 |
| 117 | 5000-400-0.05 | 302 | 340 | 满足 |
| 118 | 6000-400-0.05 | 303 | 340 | 满足 |
| 119 | 4000-400-0.05 | 304 | 340 | 满足 |
| 120 | 4000-400-0.05 | 304 | 340 | 满足 |

续表

| 支座编号 | 支座型号 | 罕遇地震水平极限位移（mm） | 上限值（mm） | 是否满足 |
|---|---|---|---|---|
| 121 | 4000-400-0.05 | 305 | 340 | 满足 |
| 122 | 5000-400-0.02 | 306 | 340 | 满足 |
| 123 | 5000-400-0.02 | 306 | 340 | 满足 |
| 124 | 5000-400-0.02 | 307 | 340 | 满足 |
| 125 | 4000-400-0.02 | 307 | 340 | 满足 |
| 126 | 2000-400-0.02 | 307 | 340 | 满足 |
| 127 | 2000-400-0.02 | 308 | 340 | 满足 |
| 128 | 2000-400-0.02 | 308 | 340 | 满足 |
| 129 | 2000-400-0.05 | 306 | 340 | 满足 |
| 130 | 3000-400-0.05 | 306 | 340 | 满足 |
| 131 | 3000-400-0.05 | 307 | 340 | 满足 |
| 132 | 3000-400-0.05 | 307 | 340 | 满足 |
| 133 | 2000-400-0.05 | 308 | 340 | 满足 |
| 134 | 2000-400-0.05 | 307 | 340 | 满足 |
| 135 | 3000-400-0.05 | 307 | 340 | 满足 |
| 136 | 3000-400-0.02 | 307 | 340 | 满足 |
| 137 | 3000-400-0.02 | 308 | 340 | 满足 |
| 138 | 4000-400-0.02 | 308 | 340 | 满足 |
| 139 | 5000-400-0.02 | 308 | 340 | 满足 |
| 140 | 5000-400-0.05 | 307 | 340 | 满足 |
| 141 | 2000-400-0.05 | 306 | 340 | 满足 |
| 142 | 3000-400-0.05 | 306 | 340 | 满足 |
| 143 | 3000-400-0.05 | 306 | 340 | 满足 |
| 144 | 3000-400-0.05 | 307 | 340 | 满足 |
| 145 | 3000-400-0.05 | 307 | 340 | 满足 |
| 146 | 2000-400-0.05 | 307 | 340 | 满足 |
| 147 | 3000-400-0.05 | 307 | 340 | 满足 |
| 148 | 3000-400-0.02 | 307 | 340 | 满足 |
| 149 | 3000-400-0.02 | 307 | 340 | 满足 |
| 150 | 5000-400-0.02 | 308 | 340 | 满足 |
| 151 | 5000-400-0.02 | 308 | 340 | 满足 |
| 152 | 5000-400-0.05 | 307 | 340 | 满足 |
| 153 | 2000-400-0.05 | 306 | 340 | 满足 |
| 154 | 3000-400-0.05 | 305 | 340 | 满足 |
| 155 | 3000-400-0.05 | 305 | 340 | 满足 |

续表

| 支座编号 | 支座型号 | 罕遇地震水平极限位移（mm） | 上限值（mm） | 是否满足 |
|---|---|---|---|---|
| 156 | 3000-400-0.05 | 306 | 340 | 满足 |
| 157 | 3000-400-0.05 | 307 | 340 | 满足 |
| 158 | 3000-400-0.05 | 307 | 340 | 满足 |
| 159 | 3000-400-0.02 | 307 | 340 | 满足 |
| 160 | 3000-400-0.02 | 308 | 340 | 满足 |
| 161 | 6000-400-0.02 | 306 | 340 | 满足 |
| 162 | 7000-400-0.02 | 307 | 340 | 满足 |
| 163 | 6000-400-0.05 | 306 | 340 | 满足 |
| 164 | 5000-400-0.05 | 304 | 340 | 满足 |
| 165 | 6000-400-0.02 | 305 | 340 | 满足 |
| 166 | 5000-400-0.02 | 305 | 340 | 满足 |
| 167 | 5000-400-0.02 | 306 | 340 | 满足 |
| 168 | 5000-400-0.02 | 306 | 340 | 满足 |
| 169 | 5000-400-0.02 | 307 | 340 | 满足 |
| 170 | 5000-400-0.02 | 307 | 340 | 满足 |
| 171 | 5000-400-0.02 | 308 | 340 | 满足 |
| 172 | 4000-400-0.05 | 308 | 340 | 满足 |
| 173 | 8000-400-0.02 | 308 | 340 | 满足 |
| 174 | 4000-400-0.05 | 308 | 340 | 满足 |
| 175 | 3000-400-0.05 | 304 | 340 | 满足 |
| 176 | 6000-400-0.05 | 304 | 340 | 满足 |
| 177 | 5000-400-0.02 | 304 | 340 | 满足 |
| 178 | 5000-400-0.02 | 305 | 340 | 满足 |
| 179 | 5000-400-0.02 | 305 | 340 | 满足 |
| 180 | 5000-400-0.02 | 306 | 340 | 满足 |
| 181 | 5000-400-0.02 | 306 | 340 | 满足 |
| 182 | 5000-400-0.02 | 307 | 340 | 满足 |
| 183 | 6000-400-0.02 | 308 | 340 | 满足 |
| 184 | 4000-400-0.05 | 308 | 340 | 满足 |
| 185 | 4000-400-0.05 | 304 | 340 | 满足 |
| 186 | 5000-400-0.05 | 305 | 340 | 满足 |
| 187 | 4000-400-0.05 | 306 | 340 | 满足 |
| 188 | 4000-400-0.05 | 306 | 340 | 满足 |
| 189 | 4000-400-0.05 | 306 | 340 | 满足 |
| 190 | 5000-400-0.05 | 307 | 340 | 满足 |
| 191 | 4000-400-0.05 | 308 | 340 | 满足 |

隔震支座最大压应力 表 3-18

| 支座编号 | 支座型号 | 罕遇地震最大竖向压应力（MPa） | 上限值（MPa） | 是否满足 |
|---|---|---|---|---|
| 1 | 5000-400-0.05 | 26.1 | 50.0 | 满足 |
| 2 | 6000-400-0.05 | 34.2 | 50.0 | 满足 |
| 3 | 6000-400-0.05 | 31.2 | 50.0 | 满足 |
| 4 | 5000-400-0.05 | 32.0 | 50.0 | 满足 |
| 5 | 5000-400-0.05 | 35.8 | 50.0 | 满足 |
| 6 | 5000-400-0.05 | 35.0 | 50.0 | 满足 |
| 7 | 5000-400-0.05 | 28.9 | 50.0 | 满足 |
| 8 | 5000-400-0.05 | 23.8 | 50.0 | 满足 |
| 9 | 5000-400-0.05 | 30.8 | 50.0 | 满足 |
| 10 | 5000-400-0.05 | 28.3 | 50.0 | 满足 |
| 11 | 6000-400-0.02 | 38.1 | 50.0 | 满足 |
| 12 | 6000-400-0.02 | 34.4 | 50.0 | 满足 |
| 13 | 5000-400-0.02 | 34.5 | 50.0 | 满足 |
| 14 | 5000-400-0.02 | 37.2 | 50.0 | 满足 |
| 15 | 5000-400-0.02 | 35.8 | 50.0 | 满足 |
| 16 | 5000-400-0.02 | 34.0 | 50.0 | 满足 |
| 17 | 5000-400-0.02 | 34.4 | 50.0 | 满足 |
| 18 | 4000-400-0.05 | 35.4 | 50.0 | 满足 |
| 19 | 4000-400-0.05 | 31.9 | 50.0 | 满足 |
| 20 | 5000-400-0.02 | 34.8 | 50.0 | 满足 |
| 21 | 5000-400-0.02 | 32.5 | 50.0 | 满足 |
| 22 | 5000-400-0.02 | 31.7 | 50.0 | 满足 |
| 23 | 5000-400-0.02 | 32.7 | 50.0 | 满足 |
| 24 | 4000-400-0.02 | 39.8 | 50.0 | 满足 |
| 25 | 4000-400-0.02 | 31.1 | 50.0 | 满足 |
| 26 | 3000-400-0.02 | 37.4 | 50.0 | 满足 |
| 27 | 4000-400-0.05 | 30.8 | 50.0 | 满足 |
| 28 | 5000-400-0.02 | 31.3 | 50.0 | 满足 |
| 29 | 5000-400-0.05 | 27.6 | 50.0 | 满足 |
| 30 | 5000-400-0.05 | 37.3 | 50.0 | 满足 |
| 31 | 4000-400-0.05 | 32.7 | 50.0 | 满足 |
| 32 | 4000-400-0.05 | 28.5 | 50.0 | 满足 |
| 33 | 4000-400-0.05 | 34.3 | 50.0 | 满足 |
| 34 | 5000-400-0.05 | 29.4 | 50.0 | 满足 |
| 35 | 4000-400-0.02 | 34.9 | 50.0 | 满足 |

续表

| 支座编号 | 支座型号 | 罕遇地震最大竖向压应力（MPa） | 上限值（MPa） | 是否满足 |
|---|---|---|---|---|
| 36 | 5000-400-0.02 | 30.2 | 50.0 | 满足 |
| 37 | 3000-400-0.02 | 34.0 | 50.0 | 满足 |
| 38 | 3000-400-0.02 | 33.4 | 50.0 | 满足 |
| 39 | 3000-400-0.02 | 32.5 | 50.0 | 满足 |
| 40 | 4000-400-0.02 | 25.5 | 50.0 | 满足 |
| 41 | 5000-400-0.02 | 27.8 | 50.0 | 满足 |
| 42 | 5000-400-0.02 | 32.0 | 50.0 | 满足 |
| 43 | 4000-400-0.05 | 35.5 | 50.0 | 满足 |
| 44 | 4000-400-0.02 | 29.3 | 50.0 | 满足 |
| 45 | 6000-400-0.02 | 34.6 | 50.0 | 满足 |
| 46 | 5000-400-0.02 | 36.5 | 50.0 | 满足 |
| 47 | 4000-400-0.02 | 35.9 | 50.0 | 满足 |
| 48 | 4000-400-0.02 | 35.3 | 50.0 | 满足 |
| 49 | 6000-400-0.02 | 32.8 | 50.0 | 满足 |
| 50 | 5000-400-0.05 | 33.9 | 50.0 | 满足 |
| 51 | 5000-400-0.05 | 31.8 | 50.0 | 满足 |
| 52 | 4000-400-0.02 | 37.3 | 50.0 | 满足 |
| 53 | 5000-400-0.02 | 32.2 | 50.0 | 满足 |
| 54 | 3000-400-0.05 | 31.6 | 50.0 | 满足 |
| 55 | 3000-400-0.05 | 31.3 | 50.0 | 满足 |
| 56 | 3000-400-0.05 | 30.7 | 50.0 | 满足 |
| 57 | 3000-400-0.05 | 28.7 | 50.0 | 满足 |
| 58 | 4000-400-0.02 | 28.5 | 50.0 | 满足 |
| 59 | 6000-400-0.02 | 29.9 | 50.0 | 满足 |
| 60 | 5000-400-0.02 | 31.4 | 50.0 | 满足 |
| 61 | 3000-400-0.02 | 25.8 | 50.0 | 满足 |
| 62 | 4000-400-0.02 | 38.6 | 50.0 | 满足 |
| 63 | 4000-400-0.02 | 35.3 | 50.0 | 满足 |
| 64 | 3000-400-0.02 | 35.0 | 50.0 | 满足 |
| 65 | 4000-400-0.02 | 30.5 | 50.0 | 满足 |
| 66 | 4000-400-0.02 | 39.5 | 50.0 | 满足 |
| 67 | 4000-400-0.05 | 31.9 | 50.0 | 满足 |
| 68 | 5000-400-0.05 | 31.1 | 50.0 | 满足 |
| 69 | 4000-400-0.02 | 40.9 | 50.0 | 满足 |
| 70 | 5000-400-0.02 | 34.3 | 50.0 | 满足 |

续表

| 支座编号 | 支座型号 | 罕遇地震最大竖向压应力（MPa） | 上限值（MPa） | 是否满足 |
|---|---|---|---|---|
| 71 | 3000-400-0.05 | 30.9 | 50.0 | 满足 |
| 72 | 3000-400-0.05 | 32.0 | 50.0 | 满足 |
| 73 | 3000-400-0.05 | 31.5 | 50.0 | 满足 |
| 74 | 3000-400-0.05 | 32.1 | 50.0 | 满足 |
| 75 | 3000-400-0.05 | 31.5 | 50.0 | 满足 |
| 76 | 3000-400-0.05 | 27.0 | 50.0 | 满足 |
| 77 | 3000-400-0.05 | 28.3 | 50.0 | 满足 |
| 78 | 3000-400-0.02 | 28.5 | 50.0 | 满足 |
| 79 | 5000-400-0.02 | 32.1 | 50.0 | 满足 |
| 80 | 2000-400-0.02 | 28.7 | 50.0 | 满足 |
| 81 | 2000-400-0.02 | 36.6 | 50.0 | 满足 |
| 82 | 6000-400-0.02 | 31.8 | 50.0 | 满足 |
| 83 | 4000-400-0.02 | 35.1 | 50.0 | 满足 |
| 84 | 4000-400-0.05 | 33.1 | 50.0 | 满足 |
| 85 | 5000-400-0.05 | 31.1 | 50.0 | 满足 |
| 86 | 8000-400-0.02 | 33.7 | 50.0 | 满足 |
| 87 | 8000-400-0.02 | 29.5 | 50.0 | 满足 |
| 88 | 7000-400-0.02 | 28.7 | 50.0 | 满足 |
| 89 | 7000-400-0.02 | 31.6 | 50.0 | 满足 |
| 90 | 7000-400-0.02 | 32.0 | 50.0 | 满足 |
| 91 | 7000-400-0.02 | 29.0 | 50.0 | 满足 |
| 92 | 8000-400-0.02 | 27.1 | 50.0 | 满足 |
| 93 | 8000-400-0.02 | 32.2 | 50.0 | 满足 |
| 94 | 6000-400-0.02 | 30.6 | 50.0 | 满足 |
| 95 | 5000-400-0.02 | 36.7 | 50.0 | 满足 |
| 96 | 2000-400-0.02 | 27.7 | 50.0 | 满足 |
| 97 | 2000-400-0.02 | 38.9 | 50.0 | 满足 |
| 98 | 8000-400-0.02 | 30.0 | 50.0 | 满足 |
| 99 | 5000-400-0.02 | 34.1 | 50.0 | 满足 |
| 100 | 5000-400-0.05 | 36.0 | 50.0 | 满足 |
| 101 | 5000-400-0.05 | 28.2 | 50.0 | 满足 |
| 102 | 8000-400-0.02 | 33.2 | 50.0 | 满足 |
| 103 | 6000-400-0.02 | 30.9 | 50.0 | 满足 |
| 104 | 6000-400-0.02 | 28.9 | 50.0 | 满足 |
| 105 | 6000-400-0.02 | 33.3 | 50.0 | 满足 |

续表

| 支座编号 | 支座型号 | 罕遇地震最大竖向压应力（MPa） | 上限值（MPa） | 是否满足 |
| --- | --- | --- | --- | --- |
| 106 | 6000-400-0.02 | 33.1 | 50.0 | 满足 |
| 107 | 6000-400-0.02 | 28.9 | 50.0 | 满足 |
| 108 | 6000-400-0.02 | 31.1 | 50.0 | 满足 |
| 109 | 7000-400-0.02 | 31.5 | 50.0 | 满足 |
| 110 | 5000-400-0.02 | 30.0 | 50.0 | 满足 |
| 111 | 3000-400-0.02 | 28.8 | 50.0 | 满足 |
| 112 | 3000-400-0.02 | 32.3 | 50.0 | 满足 |
| 113 | 3000-400-0.02 | 38.8 | 50.0 | 满足 |
| 114 | 5000-400-0.02 | 32.3 | 50.0 | 满足 |
| 115 | 5000-400-0.02 | 34.6 | 50.0 | 满足 |
| 116 | 5000-400-0.05 | 33.6 | 50.0 | 满足 |
| 117 | 5000-400-0.05 | 29.5 | 50.0 | 满足 |
| 118 | 6000-400-0.05 | 26.1 | 50.0 | 满足 |
| 119 | 4000-400-0.05 | 32.1 | 50.0 | 满足 |
| 120 | 4000-400-0.05 | 33.4 | 50.0 | 满足 |
| 121 | 4000-400-0.05 | 34.0 | 50.0 | 满足 |
| 122 | 5000-400-0.02 | 28.5 | 50.0 | 满足 |
| 123 | 5000-400-0.02 | 28.8 | 50.0 | 满足 |
| 124 | 5000-400-0.02 | 29.8 | 50.0 | 满足 |
| 125 | 4000-400-0.02 | 32.9 | 50.0 | 满足 |
| 126 | 2000-400-0.02 | 38.6 | 50.0 | 满足 |
| 127 | 2000-400-0.02 | 39.9 | 50.0 | 满足 |
| 128 | 2000-400-0.02 | 29.3 | 50.0 | 满足 |
| 129 | 2000-400-0.05 | 9.3 | 50.0 | 满足 |
| 130 | 3000-400-0.05 | 19.8 | 50.0 | 满足 |
| 131 | 3000-400-0.05 | 27.2 | 50.0 | 满足 |
| 132 | 3000-400-0.05 | 26.9 | 50.0 | 满足 |
| 133 | 2000-400-0.05 | 28.4 | 50.0 | 满足 |
| 134 | 2000-400-0.05 | 31.1 | 50.0 | 满足 |
| 135 | 3000-400-0.05 | 27.5 | 50.0 | 满足 |
| 136 | 3000-400-0.02 | 25.8 | 50.0 | 满足 |
| 137 | 3000-400-0.02 | 26.3 | 50.0 | 满足 |
| 138 | 4000-400-0.02 | 35.1 | 50.0 | 满足 |
| 139 | 5000-400-0.02 | 35.8 | 50.0 | 满足 |
| 140 | 5000-400-0.05 | 33.2 | 50.0 | 满足 |

续表

| 支座编号 | 支座型号 | 罕遇地震最大竖向压应力（MPa） | 上限值（MPa） | 是否满足 |
|---|---|---|---|---|
| 141 | 2000-400-0.05 | 11.6 | 50.0 | 满足 |
| 142 | 3000-400-0.05 | 23.7 | 50.0 | 满足 |
| 143 | 3000-400-0.05 | 37.5 | 50.0 | 满足 |
| 144 | 3000-400-0.05 | 37.3 | 50.0 | 满足 |
| 145 | 3000-400-0.05 | 25.9 | 50.0 | 满足 |
| 146 | 2000-400-0.05 | 29.5 | 50.0 | 满足 |
| 147 | 3000-400-0.05 | 31.0 | 50.0 | 满足 |
| 148 | 3000-400-0.02 | 30.4 | 50.0 | 满足 |
| 149 | 3000-400-0.02 | 31.3 | 50.0 | 满足 |
| 150 | 5000-400-0.02 | 31.3 | 50.0 | 满足 |
| 151 | 5000-400-0.02 | 36.7 | 50.0 | 满足 |
| 152 | 5000-400-0.05 | 35.0 | 50.0 | 满足 |
| 153 | 2000-400-0.05 | 9.6 | 50.0 | 满足 |
| 154 | 3000-400-0.05 | 32.6 | 50.0 | 满足 |
| 155 | 3000-400-0.05 | 34.8 | 50.0 | 满足 |
| 156 | 3000-400-0.05 | 34.4 | 50.0 | 满足 |
| 157 | 3000-400-0.05 | 32.8 | 50.0 | 满足 |
| 158 | 3000-400-0.05 | 27.2 | 50.0 | 满足 |
| 159 | 3000-400-0.02 | 25.0 | 50.0 | 满足 |
| 160 | 3000-400-0.02 | 25.1 | 50.0 | 满足 |
| 161 | 6000-400-0.02 | 32.6 | 50.0 | 满足 |
| 162 | 7000-400-0.02 | 34.3 | 50.0 | 满足 |
| 163 | 6000-400-0.05 | 28.8 | 50.0 | 满足 |
| 164 | 5000-400-0.05 | 29.2 | 50.0 | 满足 |
| 165 | 6000-400-0.02 | 30.9 | 50.0 | 满足 |
| 166 | 5000-400-0.02 | 32.2 | 50.0 | 满足 |
| 167 | 5000-400-0.02 | 33.7 | 50.0 | 满足 |
| 168 | 5000-400-0.02 | 34.7 | 50.0 | 满足 |
| 169 | 5000-400-0.02 | 34.6 | 50.0 | 满足 |
| 170 | 5000-400-0.02 | 27.7 | 50.0 | 满足 |
| 171 | 5000-400-0.02 | 35.7 | 50.0 | 满足 |
| 172 | 4000-400-0.05 | 29.0 | 50.0 | 满足 |
| 173 | 8000-400-0.02 | 32.8 | 50.0 | 满足 |
| 174 | 4000-400-0.05 | 26.4 | 50.0 | 满足 |
| 175 | 3000-400-0.05 | 32.6 | 50.0 | 满足 |

续表

| 支座编号 | 支座型号 | 罕遇地震最大竖向压应力（MPa） | 上限值（MPa） | 是否满足 |
|---|---|---|---|---|
| 176 | 6000-400-0.05 | 29.0 | 50.0 | 满足 |
| 177 | 5000-400-0.02 | 34.8 | 50.0 | 满足 |
| 178 | 5000-400-0.02 | 36.4 | 50.0 | 满足 |
| 179 | 5000-400-0.02 | 36.7 | 50.0 | 满足 |
| 180 | 5000-400-0.02 | 36.8 | 50.0 | 满足 |
| 181 | 5000-400-0.02 | 36.2 | 50.0 | 满足 |
| 182 | 5000-400-0.02 | 33.7 | 50.0 | 满足 |
| 183 | 6000-400-0.02 | 30.5 | 50.0 | 满足 |
| 184 | 4000-400-0.05 | 29.4 | 50.0 | 满足 |
| 185 | 4000-400-0.05 | 28.1 | 50.0 | 满足 |
| 186 | 5000-400-0.05 | 29.2 | 50.0 | 满足 |
| 187 | 4000-400-0.05 | 32.1 | 50.0 | 满足 |
| 188 | 4000-400-0.05 | 34.1 | 50.0 | 满足 |
| 189 | 4000-400-0.05 | 31.1 | 50.0 | 满足 |
| 190 | 5000-400-0.05 | 28.4 | 50.0 | 满足 |
| 191 | 4000-400-0.05 | 31.3 | 50.0 | 满足 |

隔震支座最大拉应力　　表 3-19

| 支座编号 | 支座型号 | 罕遇地震最大竖向拉应力（MPa） | 上限值（MPa） | 是否满足 |
|---|---|---|---|---|
| 1 | 5000-400-0.05 | 0.0 | 0.0 | 满足 |
| 2 | 6000-400-0.05 | 0.0 | 0.0 | 满足 |
| 3 | 6000-400-0.05 | 0.0 | 0.0 | 满足 |
| 4 | 5000-400-0.05 | 0.0 | 0.0 | 满足 |
| 5 | 5000-400-0.05 | 0.0 | 0.0 | 满足 |
| 6 | 5000-400-0.05 | 0.0 | 0.0 | 满足 |
| 7 | 5000-400-0.05 | 0.0 | 0.0 | 满足 |
| 8 | 5000-400-0.05 | 0.0 | 0.0 | 满足 |
| 9 | 5000-400-0.05 | 0.0 | 0.0 | 满足 |
| 10 | 5000-400-0.05 | 0.0 | 0.0 | 满足 |
| 11 | 6000-400-0.02 | 0.0 | 0.0 | 满足 |
| 12 | 6000-400-0.02 | 0.0 | 0.0 | 满足 |
| 13 | 5000-400-0.02 | 0.0 | 0.0 | 满足 |
| 14 | 5000-400-0.02 | 0.0 | 0.0 | 满足 |
| 15 | 5000-400-0.02 | 0.0 | 0.0 | 满足 |
| 16 | 5000-400-0.02 | 0.0 | 0.0 | 满足 |

续表

| 支座编号 | 支座型号 | 罕遇地震最大竖向拉应力（MPa） | 上限值（MPa） | 是否满足 |
|---|---|---|---|---|
| 17 | 5000-400-0.02 | 0.0 | 0.0 | 满足 |
| 18 | 4000-400-0.05 | 0.0 | 0.0 | 满足 |
| 19 | 4000-400-0.05 | 0.0 | 0.0 | 满足 |
| 20 | 5000-400-0.02 | 0.0 | 0.0 | 满足 |
| 21 | 5000-400-0.02 | 0.0 | 0.0 | 满足 |
| 22 | 5000-400-0.02 | 0.0 | 0.0 | 满足 |
| 23 | 5000-400-0.02 | 0.0 | 0.0 | 满足 |
| 24 | 4000-400-0.02 | 0.0 | 0.0 | 满足 |
| 25 | 4000-400-0.02 | 0.0 | 0.0 | 满足 |
| 26 | 3000-400-0.02 | 0.0 | 0.0 | 满足 |
| 27 | 4000-400-0.05 | 0.0 | 0.0 | 满足 |
| 28 | 5000-400-0.02 | 0.0 | 0.0 | 满足 |
| 29 | 5000-400-0.05 | 0.0 | 0.0 | 满足 |
| 30 | 5000-400-0.05 | 0.0 | 0.0 | 满足 |
| 31 | 4000-400-0.05 | 0.0 | 0.0 | 满足 |
| 32 | 4000-400-0.05 | 0.0 | 0.0 | 满足 |
| 33 | 4000-400-0.05 | 0.0 | 0.0 | 满足 |
| 34 | 5000-400-0.05 | 0.0 | 0.0 | 满足 |
| 35 | 4000-400-0.02 | 0.0 | 0.0 | 满足 |
| 36 | 5000-400-0.02 | 0.0 | 0.0 | 满足 |
| 37 | 3000-400-0.02 | 0.0 | 0.0 | 满足 |
| 38 | 3000-400-0.02 | 0.0 | 0.0 | 满足 |
| 39 | 3000-400-0.02 | 0.0 | 0.0 | 满足 |
| 40 | 4000-400-0.02 | 0.0 | 0.0 | 满足 |
| 41 | 5000-400-0.02 | 0.0 | 0.0 | 满足 |
| 42 | 5000-400-0.02 | 0.0 | 0.0 | 满足 |
| 43 | 4000-400-0.05 | 0.0 | 0.0 | 满足 |
| 44 | 4000-400-0.02 | 0.0 | 0.0 | 满足 |
| 45 | 6000-400-0.02 | 0.0 | 0.0 | 满足 |
| 46 | 5000-400-0.02 | 0.0 | 0.0 | 满足 |
| 47 | 4000-400-0.02 | 0.0 | 0.0 | 满足 |
| 48 | 4000-400-0.02 | 0.0 | 0.0 | 满足 |
| 49 | 6000-400-0.02 | 0.0 | 0.0 | 满足 |
| 50 | 5000-400-0.05 | 0.0 | 0.0 | 满足 |
| 51 | 5000-400-0.05 | 0.0 | 0.0 | 满足 |

续表

| 支座编号 | 支座型号 | 罕遇地震最大竖向拉应力（MPa） | 上限值（MPa） | 是否满足 |
|---|---|---|---|---|
| 52 | 4000-400-0.02 | 0.0 | 0.0 | 满足 |
| 53 | 5000-400-0.02 | 0.0 | 0.0 | 满足 |
| 54 | 3000-400-0.05 | 0.0 | 0.0 | 满足 |
| 55 | 3000-400-0.05 | 0.0 | 0.0 | 满足 |
| 56 | 3000-400-0.05 | 0.0 | 0.0 | 满足 |
| 57 | 3000-400-0.05 | 0.0 | 0.0 | 满足 |
| 58 | 4000-400-0.02 | 0.0 | 0.0 | 满足 |
| 59 | 6000-400-0.02 | 0.0 | 0.0 | 满足 |
| 60 | 5000-400-0.02 | 0.0 | 0.0 | 满足 |
| 61 | 3000-400-0.02 | 0.0 | 0.0 | 满足 |
| 62 | 4000-400-0.02 | 0.0 | 0.0 | 满足 |
| 63 | 4000-400-0.02 | 0.0 | 0.0 | 满足 |
| 64 | 3000-400-0.02 | 0.0 | 0.0 | 满足 |
| 65 | 4000-400-0.02 | 0.0 | 0.0 | 满足 |
| 66 | 4000-400-0.02 | 0.0 | 0.0 | 满足 |
| 67 | 4000-400-0.05 | 0.0 | 0.0 | 满足 |
| 68 | 5000-400-0.05 | 0.0 | 0.0 | 满足 |
| 69 | 4000-400-0.02 | 0.0 | 0.0 | 满足 |
| 70 | 5000-400-0.02 | 0.0 | 0.0 | 满足 |
| 71 | 3000-400-0.05 | 0.0 | 0.0 | 满足 |
| 72 | 3000-400-0.05 | 0.0 | 0.0 | 满足 |
| 73 | 3000-400-0.05 | 0.0 | 0.0 | 满足 |
| 74 | 3000-400-0.05 | 0.0 | 0.0 | 满足 |
| 75 | 3000-400-0.05 | 0.0 | 0.0 | 满足 |
| 76 | 3000-400-0.05 | 0.0 | 0.0 | 满足 |
| 77 | 3000-400-0.05 | 0.0 | 0.0 | 满足 |
| 78 | 3000-400-0.02 | 0.0 | 0.0 | 满足 |
| 79 | 5000-400-0.02 | 0.0 | 0.0 | 满足 |
| 80 | 2000-400-0.02 | 0.0 | 0.0 | 满足 |
| 81 | 2000-400-0.02 | 0.0 | 0.0 | 满足 |
| 82 | 6000-400-0.02 | 0.0 | 0.0 | 满足 |
| 83 | 4000-400-0.02 | 0.0 | 0.0 | 满足 |
| 84 | 4000-400-0.05 | 0.0 | 0.0 | 满足 |
| 85 | 5000-400-0.05 | 0.0 | 0.0 | 满足 |
| 86 | 8000-400-0.02 | 0.0 | 0.0 | 满足 |

续表

| 支座编号 | 支座型号 | 罕遇地震最大竖向拉应力（MPa） | 上限值（MPa） | 是否满足 |
|---|---|---|---|---|
| 87 | 8000-400-0.02 | 0.0 | 0.0 | 满足 |
| 88 | 7000-400-0.02 | 0.0 | 0.0 | 满足 |
| 89 | 7000-400-0.02 | 0.0 | 0.0 | 满足 |
| 90 | 7000-400-0.02 | 0.0 | 0.0 | 满足 |
| 91 | 7000-400-0.02 | 0.0 | 0.0 | 满足 |
| 92 | 8000-400-0.02 | 0.0 | 0.0 | 满足 |
| 93 | 8000-400-0.02 | 0.0 | 0.0 | 满足 |
| 94 | 6000-400-0.02 | 0.0 | 0.0 | 满足 |
| 95 | 5000-400-0.02 | 0.0 | 0.0 | 满足 |
| 96 | 2000-400-0.02 | 0.0 | 0.0 | 满足 |
| 97 | 2000-400-0.02 | 0.0 | 0.0 | 满足 |
| 98 | 8000-400-0.02 | 0.0 | 0.0 | 满足 |
| 99 | 5000-400-0.02 | 0.0 | 0.0 | 满足 |
| 100 | 5000-400-0.05 | 0.0 | 0.0 | 满足 |
| 101 | 5000-400-0.05 | 0.0 | 0.0 | 满足 |
| 102 | 8000-400-0.02 | 0.0 | 0.0 | 满足 |
| 103 | 6000-400-0.02 | 0.0 | 0.0 | 满足 |
| 104 | 6000-400-0.02 | 0.0 | 0.0 | 满足 |
| 105 | 6000-400-0.02 | 0.0 | 0.0 | 满足 |
| 106 | 6000-400-0.02 | 0.0 | 0.0 | 满足 |
| 107 | 6000-400-0.02 | 0.0 | 0.0 | 满足 |
| 108 | 6000-400-0.02 | 0.0 | 0.0 | 满足 |
| 109 | 7000-400-0.02 | 0.0 | 0.0 | 满足 |
| 110 | 5000-400-0.02 | 0.0 | 0.0 | 满足 |
| 111 | 3000-400-0.02 | 0.0 | 0.0 | 满足 |
| 112 | 3000-400-0.02 | 0.0 | 0.0 | 满足 |
| 113 | 3000-400-0.02 | 0.0 | 0.0 | 满足 |
| 114 | 5000-400-0.02 | 0.0 | 0.0 | 满足 |
| 115 | 5000-400-0.02 | 0.0 | 0.0 | 满足 |
| 116 | 5000-400-0.05 | 0.0 | 0.0 | 满足 |
| 117 | 5000-400-0.05 | 0.0 | 0.0 | 满足 |
| 118 | 6000-400-0.05 | 0.0 | 0.0 | 满足 |
| 119 | 4000-400-0.05 | 0.0 | 0.0 | 满足 |
| 120 | 4000-400-0.05 | 0.0 | 0.0 | 满足 |
| 121 | 4000-400-0.05 | 0.0 | 0.0 | 满足 |

续表

| 支座编号 | 支座型号 | 罕遇地震最大竖向拉应力（MPa） | 上限值（MPa） | 是否满足 |
|---|---|---|---|---|
| 122 | 5000-400-0.02 | 0.0 | 0.0 | 满足 |
| 123 | 5000-400-0.02 | 0.0 | 0.0 | 满足 |
| 124 | 5000-400-0.02 | 0.0 | 0.0 | 满足 |
| 125 | 4000-400-0.02 | 0.0 | 0.0 | 满足 |
| 126 | 2000-400-0.02 | 0.0 | 0.0 | 满足 |
| 127 | 2000-400-0.02 | 0.0 | 0.0 | 满足 |
| 128 | 2000-400-0.02 | 0.0 | 0.0 | 满足 |
| 129 | 2000-400-0.05 | 0.0 | 0.0 | 满足 |
| 130 | 3000-400-0.05 | 0.0 | 0.0 | 满足 |
| 131 | 3000-400-0.05 | 0.0 | 0.0 | 满足 |
| 132 | 3000-400-0.05 | 0.0 | 0.0 | 满足 |
| 133 | 2000-400-0.05 | 0.0 | 0.0 | 满足 |
| 134 | 2000-400-0.05 | 0.0 | 0.0 | 满足 |
| 135 | 3000-400-0.05 | 0.0 | 0.0 | 满足 |
| 136 | 3000-400-0.02 | 0.0 | 0.0 | 满足 |
| 137 | 3000-400-0.02 | 0.0 | 0.0 | 满足 |
| 138 | 4000-400-0.02 | 0.0 | 0.0 | 满足 |
| 139 | 5000-400-0.02 | 0.0 | 0.0 | 满足 |
| 140 | 5000-400-0.05 | 0.0 | 0.0 | 满足 |
| 141 | 2000-400-0.05 | 0.0 | 0.0 | 满足 |
| 142 | 3000-400-0.05 | 0.0 | 0.0 | 满足 |
| 143 | 3000-400-0.05 | 0.0 | 0.0 | 满足 |
| 144 | 3000-400-0.05 | 0.0 | 0.0 | 满足 |
| 145 | 3000-400-0.05 | 0.0 | 0.0 | 满足 |
| 146 | 2000-400-0.05 | 0.0 | 0.0 | 满足 |
| 147 | 3000-400-0.05 | 0.0 | 0.0 | 满足 |
| 148 | 3000-400-0.02 | 0.0 | 0.0 | 满足 |
| 149 | 3000-400-0.02 | 0.0 | 0.0 | 满足 |
| 150 | 5000-400-0.02 | 0.0 | 0.0 | 满足 |
| 151 | 5000-400-0.02 | 0.0 | 0.0 | 满足 |
| 152 | 5000-400-0.05 | 0.0 | 0.0 | 满足 |
| 153 | 2000-400-0.05 | 0.0 | 0.0 | 满足 |
| 154 | 3000-400-0.05 | 0.0 | 0.0 | 满足 |
| 155 | 3000-400-0.05 | 0.0 | 0.0 | 满足 |
| 156 | 3000-400-0.05 | 0.0 | 0.0 | 满足 |

续表

| 支座编号 | 支座型号 | 罕遇地震最大竖向拉应力（MPa） | 上限值（MPa） | 是否满足 |
|---|---|---|---|---|
| 157 | 3000-400-0.05 | 0.0 | 0.0 | 满足 |
| 158 | 3000-400-0.05 | 0.0 | 0.0 | 满足 |
| 159 | 3000-400-0.02 | 0.0 | 0.0 | 满足 |
| 160 | 3000-400-0.02 | 0.0 | 0.0 | 满足 |
| 161 | 6000-400-0.02 | 0.0 | 0.0 | 满足 |
| 162 | 7000-400-0.02 | 0.0 | 0.0 | 满足 |
| 163 | 6000-400-0.05 | 0.0 | 0.0 | 满足 |
| 164 | 5000-400-0.05 | 0.0 | 0.0 | 满足 |
| 165 | 6000-400-0.02 | 0.0 | 0.0 | 满足 |
| 166 | 5000-400-0.02 | 0.0 | 0.0 | 满足 |
| 167 | 5000-400-0.02 | 0.0 | 0.0 | 满足 |
| 168 | 5000-400-0.02 | 0.0 | 0.0 | 满足 |
| 169 | 5000-400-0.02 | 0.0 | 0.0 | 满足 |
| 170 | 5000-400-0.02 | 0.0 | 0.0 | 满足 |
| 171 | 5000-400-0.02 | 0.0 | 0.0 | 满足 |
| 172 | 4000-400-0.05 | 0.0 | 0.0 | 满足 |
| 173 | 8000-400-0.02 | 0.0 | 0.0 | 满足 |
| 174 | 4000-400-0.05 | 0.0 | 0.0 | 满足 |
| 175 | 3000-400-0.05 | 0.0 | 0.0 | 满足 |
| 176 | 6000-400-0.05 | 0.0 | 0.0 | 满足 |
| 177 | 5000-400-0.02 | 0.0 | 0.0 | 满足 |
| 178 | 5000-400-0.02 | 0.0 | 0.0 | 满足 |
| 179 | 5000-400-0.02 | 0.0 | 0.0 | 满足 |
| 180 | 5000-400-0.02 | 0.0 | 0.0 | 满足 |
| 181 | 5000-400-0.02 | 0.0 | 0.0 | 满足 |
| 182 | 5000-400-0.02 | 0.0 | 0.0 | 满足 |
| 183 | 6000-400-0.02 | 0.0 | 0.0 | 满足 |
| 184 | 4000-400-0.05 | 0.0 | 0.0 | 满足 |
| 185 | 4000-400-0.05 | 0.0 | 0.0 | 满足 |
| 186 | 5000-400-0.05 | 0.0 | 0.0 | 满足 |
| 187 | 4000-400-0.05 | 0.0 | 0.0 | 满足 |
| 188 | 4000-400-0.05 | 0.0 | 0.0 | 满足 |
| 189 | 4000-400-0.05 | 0.0 | 0.0 | 满足 |
| 190 | 5000-400-0.05 | 0.0 | 0.0 | 满足 |
| 191 | 4000-400-0.05 | 0.0 | 0.0 | 满足 |

隔震支座受拉百分比为 0.0%。

5）隔震结构整体抗倾覆验算

通过隔震结构大震弹塑性分析得到的结构整体倾覆力矩与抗倾覆力矩，由表 3-20 可知，二者比值满足《隔标》第 4.6.9 条的要求，抗倾覆力矩与倾覆力矩之比大于 1.1。

大震下抗倾覆验算　　表 3-20

| 方向 | 抗倾覆力矩（kN · m）<br>① | 倾覆力矩（kN · m）<br>② | 比值<br>①/② |
|---|---|---|---|
| $X$ | 35599200 | 818708 | 43.48 > 1.1 |
| $Y$ | 31414100 | 807820 | 38.89 > 1.1 |

## 3.7　上部结构设计

1）隔震层以上结构的隔震措施

应符合《隔标》第 5.4 节的相关规定。

2）隔震层顶部楼盖宜符合下列要求

（1）隔震层顶部楼盖的刚度和承载力宜大于一般楼面的刚度和承载力，隔震层顶板应有足够的刚度，当采用整体式混凝土结构时，板厚不应小于 160mm，本工程隔震层顶最小板厚采用 180mm。

（2）隔震支座与建筑结构之间的连接件，应能传递罕遇地震下隔震支座产生的最大水平剪力和弯矩，遵循强连接、弱构件原则。

（3）与隔震支座相连的支墩、支柱及相连构件根据《隔标》及《抗规》应按罕遇地震计算，达到抗剪弹性、抗弯不屈服，构造上应加密箍筋。

## 3.8　下部结构及基础设计

本工程未设置地下室，底部需要增加一层作为隔震层，这一层梁底到地面的净高不应小于 800mm，这一要求主要是为了便于日后的隔震层维护和检修，这样这一层的层高至少为“800mm + 梁高”，项目隔震层地面标高−1.800m，隔震层现场施工完成后情况详见图 3-11。

整体概况

局部详图

图 3-11　无地下室隔震层现场施工图

隔震支座上下支墩最小截面尺寸：$b = h =$ 支座直径 + 200mm，并满足以下要求：

《隔标》第 4.7.2 条规定：隔震层支墩、支柱及相连构件应采用在罕遇地震下隔震支座底部的竖向力、水平力和弯矩进行承载力验算，且应按抗剪弹性、抗弯不屈服考虑，宜按本标准附录 C 的式(C. 0.1)进行验算。

对于摩擦摆支座的连接计算，需要根据《建筑摩擦摆隔震支座》GB/T 37358—2019 附录 A 进行，回复力$F$作为连接板抗剪承载力进行计算，摩擦摆由于自身特性对连接部位基本不会产生附加弯矩。回复力计算公式中，竖向力$P$取 2 倍支座设计承载力，与罕遇地震与重力荷载代表值下压应力比值相对应。将计算出的回复力作为连接板螺栓和锚筋抗剪复核使用。

罕遇地震下隔震支墩设计以反应谱法为准，时程分析法用以复核，时程分析采用七条地震波弹塑性时程分析的平均值。

根据《隔标》第 4.7.2 条及《抗规》第 12.2.9 条第 2 款，对于无地下室隔震结构的地基基础的抗震验算和地基处理，综合考虑后按本地区罕遇地震设防烈度进行。

## 3.9 隔震层的连接构造措施

1）隔震支座的上下连接

隔震支座的上下连接板与上下结构分别采用螺栓连接，该螺栓考虑可拆换性的外插入螺栓连接方案。摩擦摆支座与上下支墩的连接及现场安装如图 3-12 所示。

与下支墩连接

与上支墩连接

图 3-12　摩擦摆支座现场连接构造

所有连接螺栓，均按 8 度（0.20g）罕遇地震作用下产生的水平剪力、弯矩和可能出现的拉力进行强度验算。

2）上部结构与周边的隔离措施

隔震层以上的上部结构与下部结构或室外地面之间设置完全贯通的水平隔离缝，水平隔离缝高度不宜小于 20mm，并应采用柔性材料填塞，进行密封处理。上部结构与周围固定物之间设置完全贯通的竖向隔离缝以避免罕遇地震作用下可能的阻挡和碰撞，隔离缝宽度不应小于隔震支座在罕遇地震作用下最大水平位移的 1.2 倍，且不应小于 300mm，本项目最大水平位移为 308mm，采用缝宽 600mm。

3）楼梯的隔离措施

穿越隔震层的楼梯在隔震层设水平隔离缝，缝宽20mm。

4）上部结构与室外连接的建筑节点处理

出入口、踏步、台阶、室外散水等建筑节点应进行柔性处理，原则是不阻挡上部结构在地震时的水平摆动，水平隔离缝宽为20mm，竖向隔离缝宽应不小于400mm。

5）管线处理

穿越隔震层的管线及其处理方案如下。

（1）电线：在隔震层处留足多余的长度。

（2）上水管、消防管、下水管：穿越隔震层处设置柔性段，采用立管的方式；柔性段的类型、材料根据管道的用途由单体设计确定，应能保证发生规定的位移。当管道穿越隔震支座标高时，应保证管道及附件与结构的最小距离不小于400mm，分别固定于上部结构及基础的管道之间必须保持不小于400mm的距离，当管道有法兰、阀件、支吊架等附属物时，间距按附属物外边缘计算。

（3）热水管、燃气管：可参考（2）中管道的做法。

（4）避雷线：当利用结构钢筋作避雷线时，应在隔震支座的上下连接板之间用铜丝连接，当专设避雷线时，应在隔震层处留足多余的长度。

6）构造做法

本工程隔震层构造做法参考《建筑隔震构造详图》22G610-1，保证建筑、结构及机电专业相关构造做法不影响上部结构的有效滑动，并保证建筑震后使用功能快速恢复。

## 3.10　隔震支座的施工安装验收和维护

1）施工安装

（1）支座安装前应对隔震支座进行抽样检测，抽样检测合格率为100%。

（2）隔震支座的支墩（或柱），其顶面水平度误差不宜大于3‰；在隔震支座安装后，隔震支座顶面的水平度误差不宜大于8‰。

（3）隔震支座中心的平面位置与设计位置的偏差不应大于5.0mm。

（4）隔震支座中心的标高与设计标高的偏差不应大于5.0mm。

（5）同一支墩上的隔震支座的顶面高差不宜大于5.0mm。

（6）隔震支座连接板和外露连接螺栓应采取防锈保护措施。

（7）在隔震支座安装阶段，应对支墩（或柱）顶面、隔震支座顶面的水平度、隔震支座中心的平面位置和标高进行观测并记录。

（8）在工程施工阶段，对隔震支座宜有临时覆盖保护措施。

2）施工测量

（1）在工程施工阶段，应对隔震支座的竖向变形做观测并记录。

（2）在工程施工阶段，应对上部结构、隔震层部件与周围固定物的脱开距离进行检查。

3）摩擦摆隔震支座产品质量和检测要求

（1）生产厂家应具有本项目中所有摩擦系数的建筑摩擦摆隔震支座型式检验报告，且应符合《建筑摩擦摆隔震支座》GB/T 37358—2019的相关要求。

（2）依据《条例》第十八条要求，隔震减震装置用于建设工程前，施工单位应当在建设单位或者工程监理单位监督下进行取样，送建设单位委托的具有相应建设工程质量检测资质的机构进行检测。禁止使用不合格的隔震减震装置。工程质量检测机构应当建立建设工程过程数据和结果数据、检测影像资料及检测报告记录与留存制度，对检测数据和检测报告的真实性、准确性负责，不得出具虚假的检测数据和检测报告。

（3）建筑摩擦摆支座产品各相关检验报告的检测内容及检测方式具体详见国家标准《建筑摩擦摆隔震支座》GB/T 37358—2019。

4）工程验收

隔震工程验收应满足《建筑隔震工程施工及验收规范》JGJ 360—2015 的相关要求。

隔震结构的验收除应符合现行有关施工及验收规范外，尚应提交如下文件：

（1）隔震层部件供货企业的确保产品质量认证；

（2）隔震层部件的出厂合格证书；

（3）隔震层部件的产品性能出厂检验报告；

（4）隐蔽工程验收记录；

（5）预埋件及隔震层部件的施工安装记录；

（6）隔震结构施工全过程中隔震支座竖向变形观测记录；

（7）隔震结构施工安装记录（含上部结构与周围固定物脱开距离的检测结果）。

5）隔震层维护

（1）应制订和执行对隔震支座进行检查和维护的计划。

（2）应定期观察隔震支座的变形及外观。

（3）应经常检查是否存在可能限制上部结构位移的临时放置的障碍物。

（4）隔震层部件的改装、修理或加固，应在有经验的工程技术人员指导下进行。

## 第4章 西安国际港务区陆港第五小学综合楼减震分析

### 4.1 减震设计基本情况说明

#### 4.1.1 工程概况

本项目位于西安，建筑用途为学校教学楼。建筑高度为 24m，上部结构为 5 层，结构形式为钢筋混凝土框架结构。总平面布置图见图 4-1。

结构设计参数如下：

结构安全等级：一级，重要性系数为 1.1；

结构设计使用年限：50 年；

建筑物抗震设防分类：重点设防类（乙类）；

建筑物抗震设防：8 度，基本地震加速度 0.2g，地震分组第二组；

建筑场地类别：Ⅱ类；

建筑物抗震等级：框架抗震等级为一级。

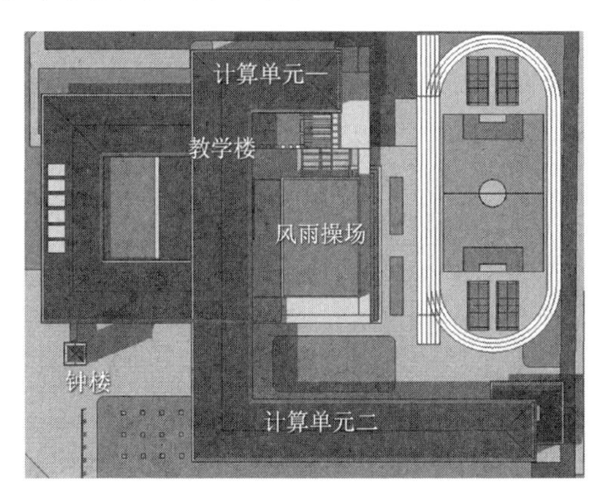


图 4-1 总平面布置图

#### 4.1.2 设计依据

本工程消能减震方案依据：

《建筑抗震设计规范》GB 50011—2010（2016 年版）

《建筑消能减震技术规程》JGJ 297—2013

《建筑消能阻尼器》JG/T 209—2012

《高层建筑混凝土结构技术规程》JGJ 3—2010

《混凝土结构设计规范》GB 50010—2010（2015 年版）
《建筑与市政工程抗震通用规范》GB 55002—2021
《基于保持建筑正常使用功能的抗震技术导则》
（下文中分别简称《抗规》《消规》《阻尼器》《高规》《混规》《抗通规》及《导则》）

### 4.1.3 主楼消能减震方案

本项目主体结构为框架结构，为实现结构设计的合理、经济、安全，根据相关规范规程制定本消能减震方案。教学楼主体由于平面不规则，分为两个结构计算单元。本节重点描述计算单元一在设防地震和罕遇地震下减震结构的动力响应。

根据建筑、结构等实际条件，教学楼的两个计算单元均采用减震方案，拟采用屈曲约束支撑（BRB）+ 黏滞阻尼器（VFD）的形式。黏滞阻尼器采用墙式连接的方式，布置在地上 1～5 层。YJK 三维结构模型见图 4-2。

编号命名规则：阻尼器类型、类型号。

例如：VFD-X-2-1，表示黏滞阻尼器，沿$X$向布置，楼层为 1～2 层之间，位置号为 1。

BRB-2-2，表示屈曲约束支撑，楼层为 1～2 层之间，位置号为 2。

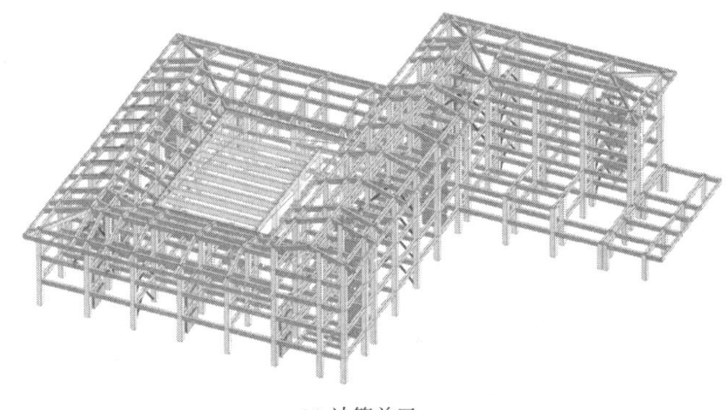

(a) 计算单元一

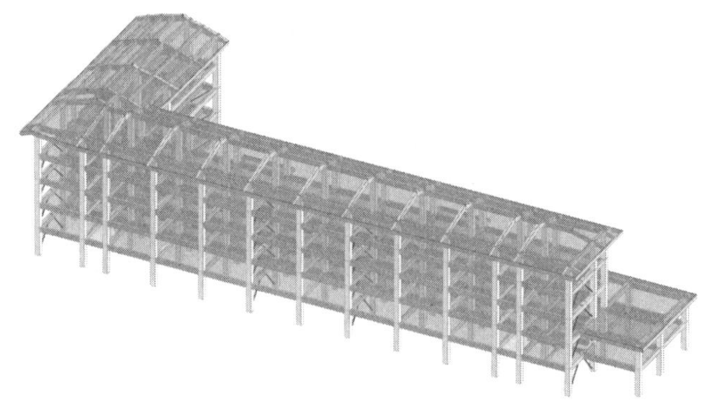

(b) 计算单元二

图 4-2　YJK 三维结构模型

### 4.1.4 消能器的选用

本工程选用黏滞阻尼器减震的理由如下：

黏滞阻尼器属于速度型阻尼器，在设防地震作用下即开始耗能，提供附加阻尼，减小地震作用，起到保护主体结构的作用。局部布置屈曲约束支撑，保证在设防地震下，主体有足够的抗侧刚度。

### 4.1.5　黏滞阻尼器介绍

黏滞阻尼器属于速度型阻尼器，其基本原理是利用阻尼器内硅油的来回运动获得阻尼力，从而耗散地震能量，达到减震的目的。

黏滞阻尼器的内力-位移曲线如图 4-3 所示，本工程的黏滞阻尼器采用墙式连接，其连接示意图如图 4-4 所示。

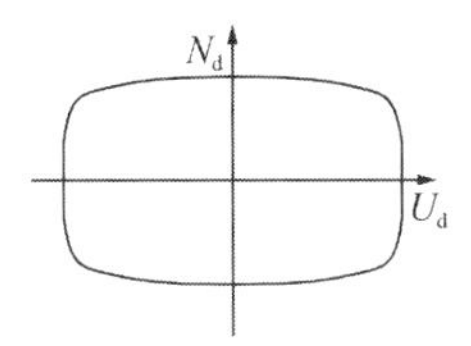


图 4-3　黏滞阻尼器的内力-位移曲线

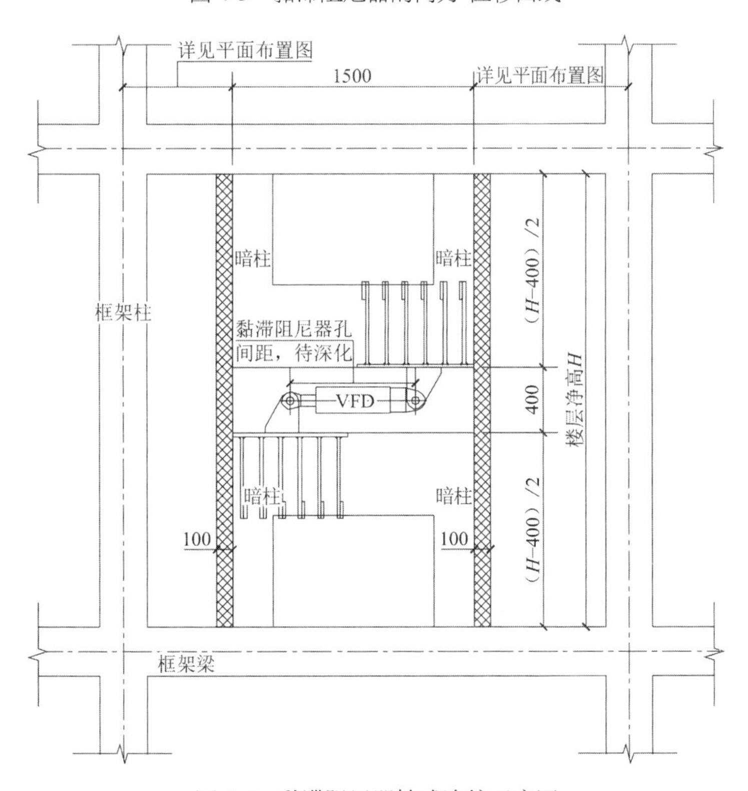


图 4-4　黏滞阻尼器墙式连接示意图

黏滞阻尼器的力学性能可以如下数学公式表达：

$$F_{\mathrm{d}} = C_{\mathrm{v}} V^{\alpha}$$

式中：$C_{\mathrm{v}}$——根据需要设计的阻尼系数［kN/(m/s)$^{\alpha}$］；

$V$——阻尼器活塞相对阻尼器外壳的运动速度（m/s）；

$\alpha$——阻尼指数，根据需要设定，变化范围可为 0.1～1.0。

本工程沿结构的两个主轴方向分别设置黏滞阻尼器，其数量、型号、位置通过多轮时程分析进行优化调整后确定。依据《抗规》以及提供的建筑设计图、结构布置图和设计分析结果，确定在地上 1～4 层适当位置沿结构的两个主轴方向分别设置黏滞阻尼器，从而降低结构的地震反应。各计算单元阻尼器平面布置位置见本章附录。黏滞阻尼器及屈曲约束支撑参数见表 4-1 和表 4-2。

黏滞阻尼器参数　　表 4-1

| 计算单元 | 黏滞阻尼器 | 阻尼系数［kN/(m/s)$^{\alpha}$］ | 阻尼指数α | 设计阻尼力（kN） | 行程（mm） | 数量（个） |
|---|---|---|---|---|---|---|
| 计算单元一 | VFD-1 | 800 | 0.2 | 650 | 40 | 24 |
| 计算单元二 | VFD-1 | 800 | 0.2 | 650 | 40 | 20 |

屈曲约束支撑参数　　表 4-2

| 计算单元 | 屈曲约束支撑 | 芯材牌号 | 等效截面面积（mm$^2$） | 屈服承载力（kN） | 外观 | 数量（个） |
|---|---|---|---|---|---|---|
| 计算单元一 | BRB | Q235 | 15129 | 3500 | 矩形 | 36 |
| 计算单元二 | BRB | Q235 | 15129 | 3500 | 矩形 | 40 |

### 4.1.6　YJK 模型与 SAUSAGE 模型一致性验证

本工程使用 YJK 进行多遇地震下反应谱分析和配筋设计，使用 SAUSAGE 2022.1 版进行罕遇地震弹塑性分析。为保证结构计算结果的正确性，需要对 YJK 和 SAUSAGE 两种软件下结构模型的计算结果进行校核，确保两种软件下结构模型的计算结果具有一致性。SAUSAGE 的三维结构模型如图 4-5 所示。

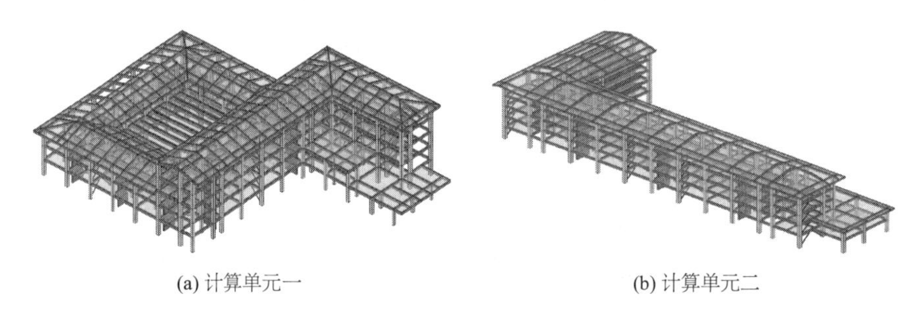

(a) 计算单元一　　(b) 计算单元二

图 4-5　SAUSAGE 的三维结构模型

使用 YJK 和 SAUSAGE 对结构模型进行计算，得到不含地下室的主体质量、周期的对比结果，见表 4-3。

结构模型质量、周期对比　　表 4-3

| | | YJK | SAUSAGE | 差值 |
|---|---|---|---|---|
| 质量（t） | | 21441.67 | 22110.31 | 3.1% |
| 周期（s） | 1 | 0.595 | 0.612 | 2.5% |
| | 2 | 0.566 | 0.588 | 3.5% |
| | 3 | 0.529 | 0.546 | 2.8% |

注：差值 = (|SAUSAGE − YJK|/YJK) × 100%。

由表 4-3 可知，在 YJK 和 SAUSAGE 两种软件下，结构模型的质量、周期差异很小，两种软件下的结构模型基本一致。

## 4.2　SAUSAGE 模型的建立

### 4.2.1　模型概况

1）弹塑性分析方法及软件

（1）分析方法

目前常用的弹塑性分析方法，从分析理论上有静力弹塑性（pushover）和动力弹塑性两类，从数值积分方法上有隐式积分和显式积分两类。本工程弹塑性分析采用基于显式积分的动力弹塑性分析方法，该方法未作任何理论的简化，直接模拟结构在地震力作用下的非线性反应。其具有如下优越性：

①完全的动力时程特性：直接将地震波输入结构进行弹塑性时程分析，可以较好地反映在不同相位差情况下构件的内力分布，尤其是楼板的反复拉压受力状态。

②几何非线性：结构的动力平衡方程建立在结构变形后的几何状态上，“$P$-$\Delta$”效应、非线性屈曲效应等都被精确考虑。

③材料非线性：直接在材料应力-应变本构关系的水平上模拟。

④采用显式积分，可以准确地模拟结构的破坏情况直至倒塌形态。

（2）分析软件

计算软件采用由广州建研数力建筑科技有限公司开发的新一代“GPU + CPU”高性能结构动力弹塑性计算软件 SAUSAGE，它运用一套新的计算方法，可以准确地模拟梁、柱、支撑、剪力墙（混凝土剪力墙和带钢板剪力墙）和楼板等结构构件的非线性性能，使实际结构的大震分析具有计算效率高、模型精细、收敛性好的特点。SAUSAGE 软件经过大量的测试，可用于实际工程在罕遇地震下的性能评估，具有以下特点：

①未作理论上的简化，直接对结构虚功原理导出的动力微分方程求解，求解结果更加准确可靠。

②材料应力-应变层级的精细模型，一维构件采用非线性纤维梁单元，沿截面和长度方向分别积分。二维壳板单元采用非线性分层单元，沿平面内和厚度方向分别积分。特别地，楼板也按二维壳单元模拟。

③高性能求解器：采用 Pardiso 求解器进行竖向施工模拟分析，显式求解器进行大震动力弹塑性分析。

④动力弹塑性分析中的阻尼计算创造性地提出了“拟模态阻尼计算方法”，其合理性优于通常的瑞利阻尼形式。

2）非线性地震反应分析模型

（1）材料模型

①钢材

钢材的动力硬化模型如图 4-6 所示，钢材的非线性材料模型采用双线性随动硬化模型，在循环过程中，无刚度退化，考虑了包辛格效应。钢材的强屈比设定为 1.2，极限应力所对应的极

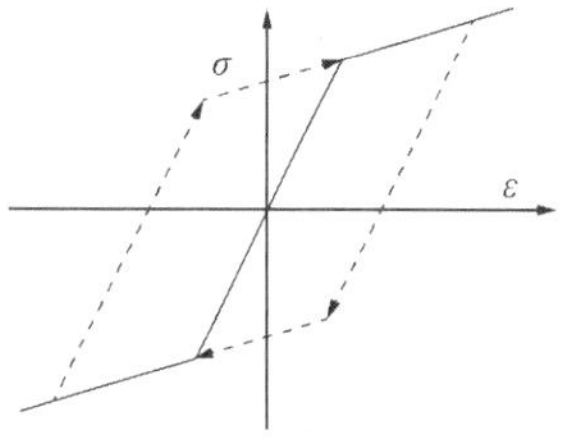

图 4-6　钢材的动力硬化模型

限塑性应变为 0.025。

②混凝土材料

一维混凝土材料模型采用规范指定的单轴本构模型，能反映混凝土滞回、刚度退化和强度退化等特性，其轴心抗压和轴心抗拉强度标准值按《混规》表 4.1.3 采用。

混凝土单轴受拉的应力-应变曲线方程按《混规》附录 C 式(C. 2.3-1)～式(C. 2.3-4)计算。

$$\sigma=(1-d_{\mathrm{t}})E_{\mathrm{c}}\varepsilon \tag{C. 2.3-1}$$

$$d_{\mathrm{t}}=\begin{cases}1-\rho_{\mathrm{t}}(1.2-0.2x^5) & x\leqslant 1\\ 1-\dfrac{\rho_{\mathrm{t}}}{\alpha_{\mathrm{t}}(x-1)^{1.7}+x} & x>1\end{cases} \tag{C. 2.3-2}$$

$$x=\frac{\varepsilon}{\varepsilon_{\mathrm{t,r}}} \tag{C. 2.3-3}$$

$$\rho_{\mathrm{t}}=\frac{f_{\mathrm{t,r}}}{E_{\mathrm{c}}\varepsilon_{\mathrm{t,r}}} \tag{C. 2.3-4}$$

式中：$\alpha_{\mathrm{t}}$、$\varepsilon_{\mathrm{t,r}}$——表 C.2.3 中参数。

混凝土单轴受压的应力-应变曲线方程按《混规》附录 C 式(C. 2.4-1)～式(C. 2.4-5)计算。

$$\sigma=(1-d_{\mathrm{c}})E_{\mathrm{c}}\varepsilon \tag{C. 2.4-1}$$

$$d_{\mathrm{c}}=\begin{cases}1-\dfrac{\rho_{\mathrm{c}}n}{n-1+x^n} & x\leqslant 1\\ 1-\dfrac{\rho_{\mathrm{c}}}{\alpha_{\mathrm{c}}(x-1)^2+x} & x>1\end{cases} \tag{C. 2.4-2}$$

$$\rho_{\mathrm{c}}=\frac{f_{\mathrm{c,r}}}{E_{\mathrm{c}}\varepsilon_{\mathrm{c,r}}} \tag{C. 2.4-3}$$

$$n=\frac{E_{\mathrm{c}}\varepsilon_{\mathrm{c,r}}}{E_{\mathrm{c}}\varepsilon_{\mathrm{c,r}}-f_{\mathrm{c,r}}} \tag{C. 2.4-4}$$

$$x=\frac{\varepsilon}{\varepsilon_{\mathrm{t,r}}} \tag{C. 2.4-5}$$

式中：$\alpha_{\mathrm{c}}$、$\varepsilon_{\mathrm{c,r}}$——表 C.2.4 中参数。

混凝土材料进入塑性状态伴随着刚度的降低。如应力-应变曲线及损伤示意图（图 4-7 及图 4-8）所示，其刚度损伤分别由受拉损伤系数$d_{\mathrm{t}}$和受压损伤系数$d_{\mathrm{c}}$来表达，$d_{\mathrm{t}}$和$d_{\mathrm{c}}$由混凝土材料进入塑性状态的程度决定。

二维混凝土本构模型采用弹塑性损伤模型，该模型能够考虑混凝土材料拉压强度差异、刚度及强度退化以及拉压循环裂缝闭合呈现的刚度恢复等性质。

当荷载从受拉变为受压时，混凝土材料的裂缝闭合，抗压刚度恢复至原有抗压刚度；当荷载从受压变为受拉时，混凝土的抗拉刚度不恢复，如图 4-9 所示。

（2）杆件弹塑性模型

杆件非线性模型采用纤维束模型，如图 4-10 所示，主要用来模拟梁、柱、斜撑和桁架等构件。

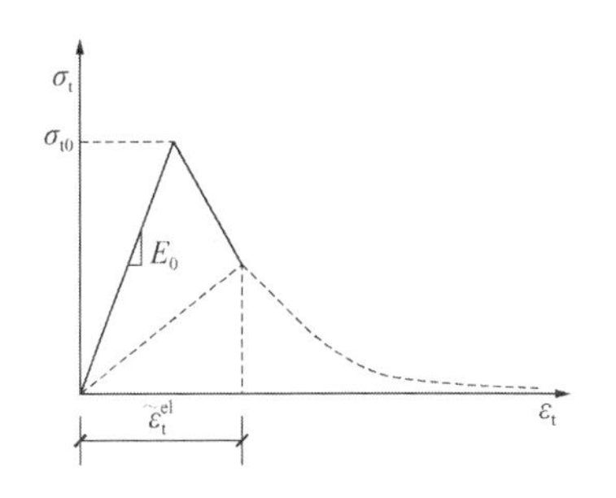


图 4-7　混凝土受拉应力-应变曲线及损伤示意图

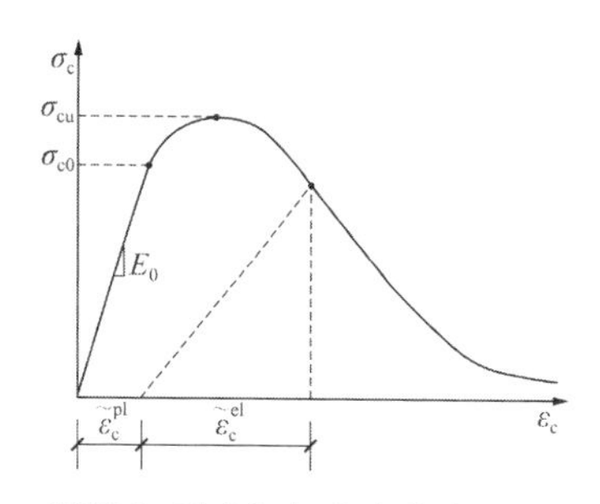


图 4-8　混凝土受压应力-应变曲线及损伤示意图

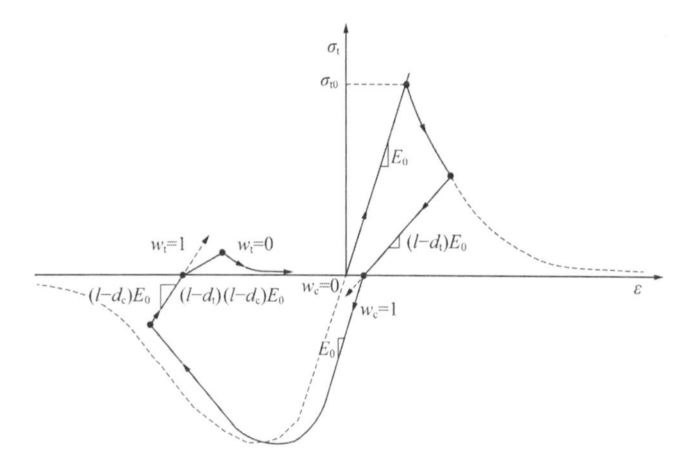


图 4-9　混凝土拉压刚度恢复示意图

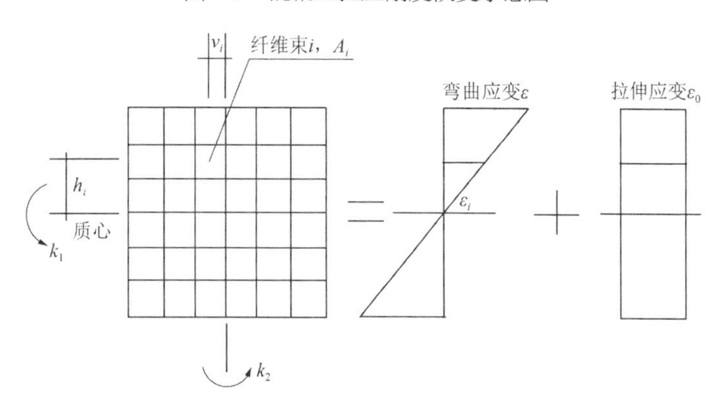


图 4-10　一维纤维束单元

纤维束可以是钢材或者混凝土材料，根据已知的$k_1$、$k_2$和$\varepsilon_0$，可以得到纤维束$i$的应变为：$\varepsilon_i = k_1 \times h_i + \varepsilon_0 + k_2 \times v_i$，其截面弯矩$M$和轴力$N$为：

$$M = \sum_{i=1}^{n} A_i \times h_i \times f(\varepsilon_i)$$

$$N = \sum_{i=1}^{n} A_i \times f(\varepsilon_i)$$

其中$f(\varepsilon_i)$为由前面描述的材料本构关系得到的纤维应力。

应该指出，进入塑性状态后，梁单元的轴力作用，轴向伸缩亦相当明显，不容忽略。

所以，梁和柱均应考虑其弯曲和轴力的耦合效应。

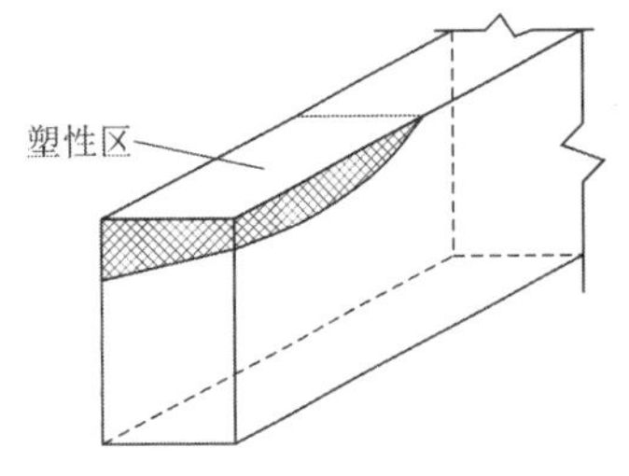

图 4-11　一维单元的塑性区发展示意图

由于采用了纤维塑性区模型而非集中塑性铰模型，杆件刚度由截面内和长度方向动态积分得到，其双向弯压和弯拉的滞回性能可由材料的滞回性来精确表现，如图 4-11 所示，同一截面的纤维逐渐进入塑性，而在长度方向亦是逐渐进入塑性。

除使用纤维塑性区模型外，一维杆件弹塑性单元还具有如下特点：

Timoshenko 梁可剪切变形；

为 C0 单元，转角和位移分别插值。

（3）剪力墙和楼板非线性模型

剪力墙、楼板采用弹塑性分层壳单元，该单元具有如下特点：

可采用弹塑性损伤模型本构关系（Plastic-Damage）；

可叠加 rebar-layer 考虑多层分布钢筋的作用；

适合模拟剪力墙和楼板在大震作用下进入非线性的状态。

（4）整体分析模型

建筑结构有限元分析中为减少计算工作量，通常对楼板采用刚性楼板假定，其实质是通过节点耦合的方法，约束同层内各节点的$X$、$Y$相对距离不变。这一假定在小变形和弹性阶段是可以接受的。但在考虑大变形的弹塑性阶段，尤其是对超高层建筑，其顶点位移多在 1m 以上，结构上部楼板已出现了明显的倾角，此时同层内各节点若仍假定分析开始阶段的$X$、$Y$相对水平距离，将使节点偏离其应在位置，从而导致分析误差。

此外，在非线性过程中，楼板将发生开裂使其平面内刚度下降，对结构的各抗侧力构件刚度分配和剪力传递也将产生一定影响。因此，本工程的非线性分析中不采用刚性楼板假定，把各层楼板均划分为壳单元进行分析。

（5）阻尼模型

结构动力时程分析过程中，阻尼取值对结构动力反应的幅值有比较大的影响。在弹性分析中，通常采用振型阻尼$\xi$来表示阻尼比，而在弹塑性分析中，由于采用直接积分法方程求解，且结构刚度和振型均处于高度变化中，故并不能直接代入振型阻尼。通常的做法是采用瑞利阻尼模拟振型阻尼（图 4-12）。瑞利阻尼分为质量阻尼$\alpha$和刚度阻尼$\beta$两部分，其与振型阻尼的换算关系如下式：

$$[C]=\alpha[M]+\beta[K]$$

$$\xi=\frac{\alpha}{2\omega_1}+\frac{\beta\omega_1}{2}=\frac{\alpha}{2\omega_2}+\frac{\beta\omega_2}{2}$$

式中：$[C]$——结构阻尼矩阵；

$[M]$和$[K]$——结构质量矩阵和刚度矩阵；

$\omega_1$和$\omega_2$——结构的第 1 周期和第 2 周期。

可以看到，瑞利阻尼实际只能保证结构第 1、2 周期的阻尼比等于振型阻尼，其后各周期的阻尼比均高于振型阻尼，且周期越短，阻尼越大。因此，即使是弹性时程分析，采用恒定的瑞利阻尼也将导致动力响应偏小，尤其是高频部分，使结果偏于不安全。

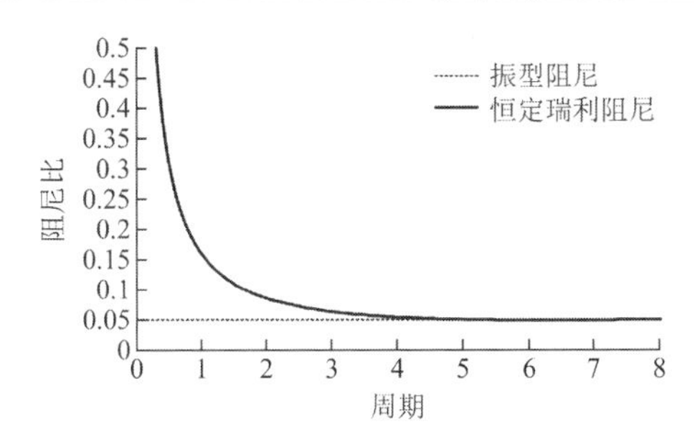


图 4-12　振型阻尼与恒定瑞利阻尼对应结构各周期阻尼比比较

在 SAUSAGE 中，考虑$\alpha$阻尼对结构阻尼考虑不足，提供了另一种阻尼体系——拟模态阻尼体系，其合理性优于通常的瑞利阻尼形式，简介如下：

$$[C]=[\Phi^{\mathrm{T}}]^{-1}[\overline{C}][\Phi]^{-1}=[M][\Phi][\overline{M}]^{-1}[\overline{C}][\overline{M}]^{-1}[\Phi][M]$$

$$[\xi]=[\overline{M}]^{-1}[\overline{C}][\overline{M}]^{-1}=\begin{bmatrix}\dfrac{2\xi_1\omega_1}{M_1} & 0 & \cdots & 0\\ 0 & \dfrac{2\xi_2\omega_2}{M_2} & \cdots & 0\\ \vdots & \vdots & \ddots & \vdots\\ 0 & 0 & \cdots & \dfrac{2\xi_n\omega_n}{M_n}\end{bmatrix}$$

因而完整的时域阻尼矩阵可简化表示为：

$$[C]=[M][\Phi][\xi][\Phi]^{\mathrm{T}}[M]$$

式中：$[\overline{M}]$——广义质量矩阵的逆矩阵；

$[\Phi]$——振型矩阵；

$[C]$——时域阻尼矩阵；

$[\overline{C}]$——广义阻尼矩阵。

可在显式动力时程分析中使用。

3）分析步骤

第一步：施工模拟加载。第二步：地震加载。弹塑性分析时所采用的地震波工况与设计方完全统一，地震波波形及持续时间、频谱特性等数据详见设计方报告。

### 4.2.2　结构抗震性能评价方法

《高规》第 3.11 节结构抗震性能设计，将结构的抗震性能分为五个水准，对应的构件损坏程度则分为“无损坏、轻微损坏、轻度损坏、中度损坏、比较严重损坏”五个级别。

钢构件由于整个截面都是钢材，其塑性变形从截面边缘向内部逐渐发展，基本上可根据边缘纤维的塑性应变大致估计截面内部各点处的应变水平。钢筋混凝土构件截面上的钢筋一般分布在截面的外围，一旦屈服可认为整根钢筋发生全截面屈服。钢构件的塑性应变可同时考察拉应变与压应变，钢筋混凝土构件中的钢筋一般主要考察受拉塑性应变。钢筋混凝土构件除了考察钢筋塑性应变，还要考察混凝土材料的受压损伤情况，其程度以损伤因子表示。剪力墙构件由“多个细分混凝土壳元 + 分层分布钢筋 + 两端约束边

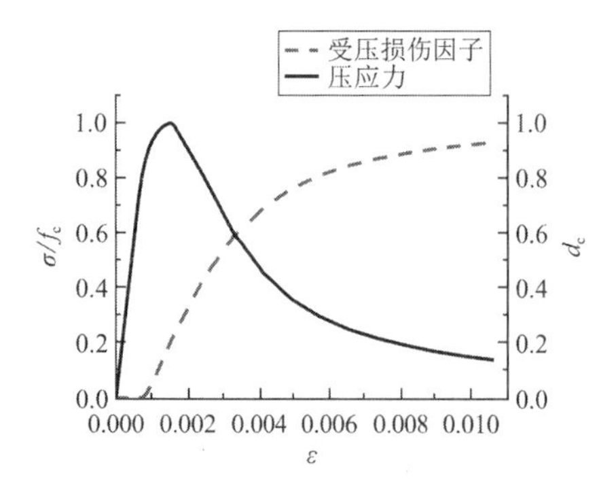


图 4-13 混凝土承载力与受压损伤因子的简化对应关系

缘构件杆元”共同构成，但对整个剪力墙构件而言，如图 4-13 所示，由于墙肢面内一般不满足平截面假定，在边缘混凝土单元出现受压损伤后，构件承载力不会立即下降，其损坏判断标准应有所放宽。考虑到剪力墙的初始轴压比通常为 0.5～0.6，当 50%的横截面受压损伤达到 0.5 时，构件整体抗压和抗剪承载力剩余约 75%，仍可承担重力荷载，因此以剪力墙受压损伤横截面面积作为其严重损坏的主要判断标准。连梁和楼板的损坏程度判别标准与剪力墙类似，楼板以承担竖向荷载为主，且具有双向传力性质，小于半跨宽度范围内的楼板受压损伤达到 0.5 时，尚不至于出现严重损坏而导致垮塌。

在 SAUSAGE 中，构件的损坏主要以混凝土的受压损伤因子、受拉损伤因子及钢材（钢筋）的塑性应变程度作为评定标准，其与上述《高规》中构件的损坏程度对应关系见表 4-4。

**性能评价标准** **表 4-4**

性能评价标准

默认值

性能水平分级数 5

| 序号 | 性能水平 | 颜色 | 梁柱εp/εy | 梁柱Dc | 梁柱Dt | 墙板εp/εy | 墙板Dc | 墙板Dt |
|---|---|---|---|---|---|---|---|---|
| 1 | 无损坏 | | 0 | 0 | 0 | 0 | 0 | 0 |
| 2 | 轻微损坏 | | 0.001 | 0.001 | 0.2 | 0.001 | 0.001 | 0.2 |
| 3 | 轻度损坏 | | 1 | 0.01 | 1 | 1 | 0.01 | 1 |
| 4 | 中度损坏 | | 3 | 0.2 | 1 | 3 | 0.2 | 1 |
| 5 | 重度损坏 | | 6 | 0.6 | 1 | 6 | 0.6 | 1 |

说明：表中数值为单元各性能水平指标下限值，各项指标取不利。

$\varepsilon_p/\varepsilon_y$为钢筋（钢材）塑性应变与屈服应变的比值；$d_c$为混凝土受压损伤系数；$d_t$为混凝土受拉损伤系数；梁柱构件性能等级取单元性能等级最大值；墙板构件性能等级取单元按面积加权平均后的性能等级。

## 4.3 计算单元一设防地震弹塑性时程分析

### 4.3.1 地震波选取

根据《西安国际港务区陆港第五小学岩土工程勘察报告》，本工程位于Ⅱ类场地上，多遇地震特征周期为 0.441s（根据地勘修正），罕遇地震特征周期为 0.49s。时程分析均采用双向地震动输入，次方向地震动峰值加速度取主方向峰值加速度的 0.85 倍，多遇地震、设防地震和罕遇地震的主方向地震动加速度峰值分别取 70cm/s$^2$、200cm/s$^2$ 和 400cm/s$^2$。地震波的主要参数见表 4-5。

各条地震波的主要参数　　表 4-5

| 工况 | 起始时间（s） | 终止时间（s） | 主方向加速度（$cm/s^2$） | 次方向加速度（$cm/s^2$） | 竖直方向加速度（$cm/s^2$） |
| --- | --- | --- | --- | --- | --- |
| TH094TG045_X | 3.7 | 40.2 | 200.0 | 170.0 | 0.0 |
| NahanniCa_X | 0.8 | 18.1 | 200.0 | 170.0 | 0.0 |
| ManjilIra_X | 6.7 | 34.1 | 200.0 | 170.0 | 0.0 |
| SanFernand_X | 5.7 | 20.8 | 200.0 | 170.0 | 0.0 |
| TH080TG045_X | 2.2 | 23.2 | 200.0 | 170.0 | 0.0 |
| RH4TG045_X | 0.0 | 30.0 | 200.0 | 170.0 | 0.0 |
| RH3TG045_X | 0.3 | 17.6 | 200.0 | 170.0 | 0.0 |
| TH094TG045_Y | 3.7 | 40.2 | 200.0 | 170.0 | 0.0 |
| NahanniCa_Y | 0.8 | 18.1 | 200.0 | 170.0 | 0.0 |
| ManjilIra_Y | 6.7 | 34.1 | 200.0 | 170.0 | 0.0 |
| SanFernand_Y | 5.7 | 20.8 | 200.0 | 170.0 | 0.0 |
| TH080TG045_Y | 2.2 | 23.2 | 200.0 | 170.0 | 0.0 |
| RH4TG045_Y | 0.0 | 30.0 | 200.0 | 170.0 | 0.0 |
| RH3TG045_Y | 0.3 | 17.6 | 200.0 | 170.0 | 0.0 |

计算单元一选用 2 条人工波和 5 条天然波进行设防地震下弹塑性时程分析。地震波的时程曲线如图 4-14 所示。

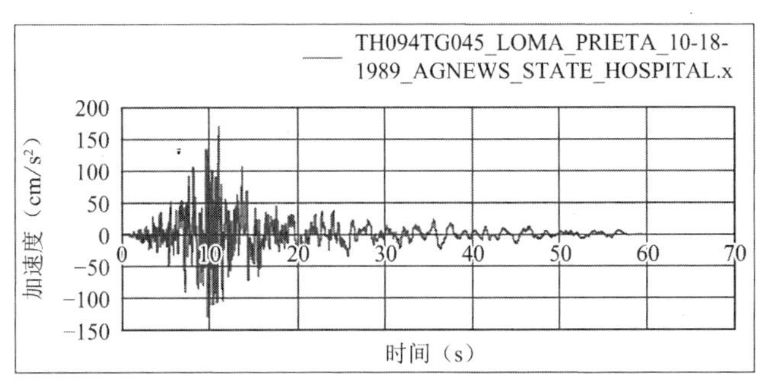


天然波 1　TH094TG045-X

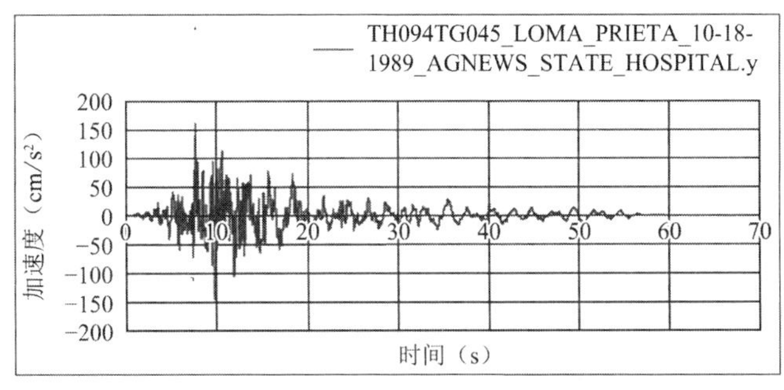


天然波 1　TH094TG045-Y

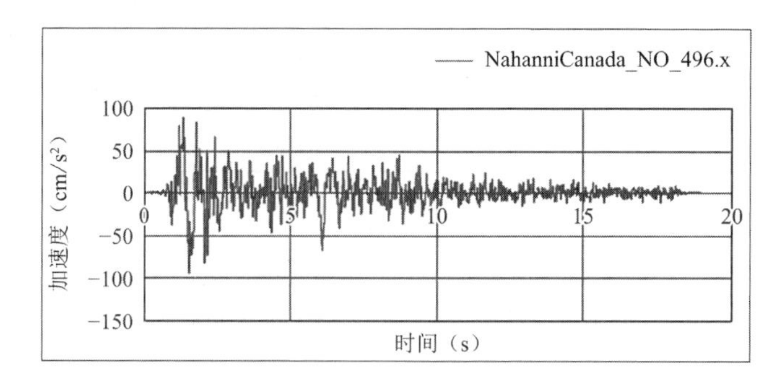


天然波 2　NahanniCa_X

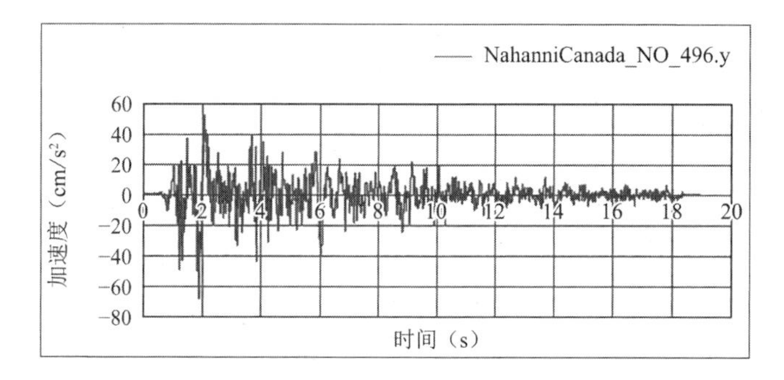


天然波 2　NahanniCa_Y

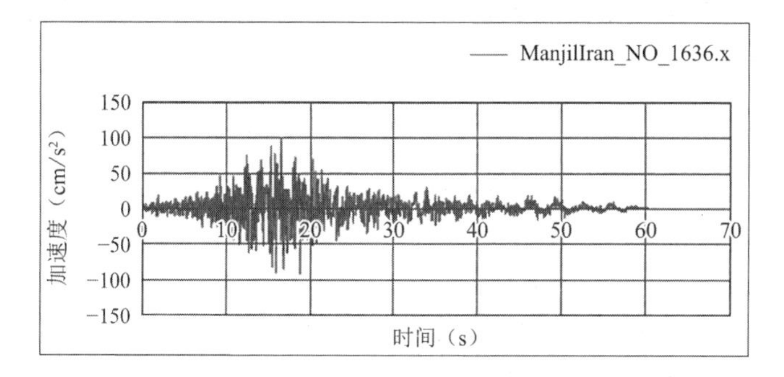


天然波 3　ManjilIra_X

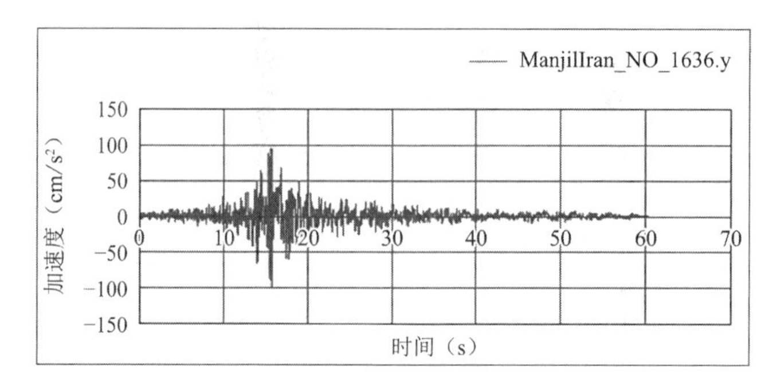


天然波 3　ManjilIra_Y

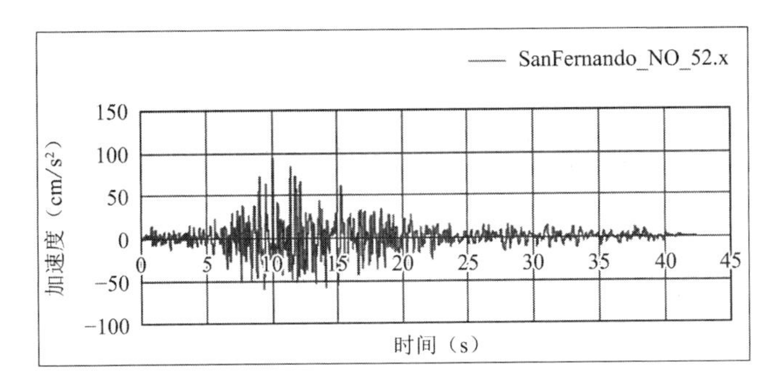


天然波 4　SanFernand_X

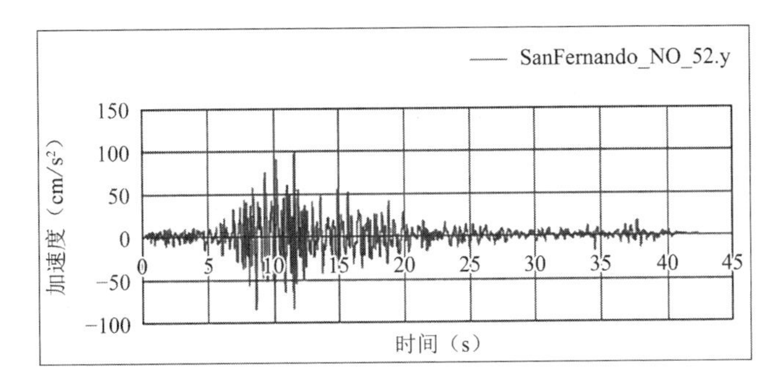


天然波 4　SanFernand_Y

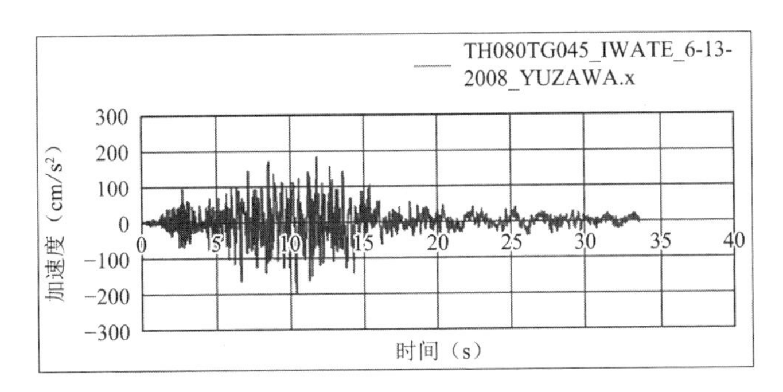


天然波 5　TH080TG045_X

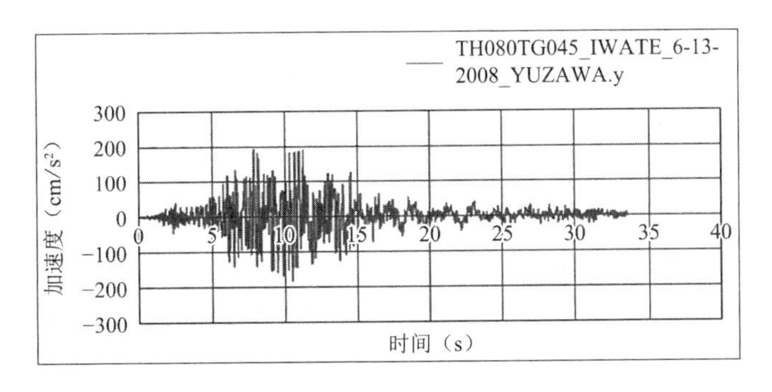


天然波 5　TH080TG045_Y

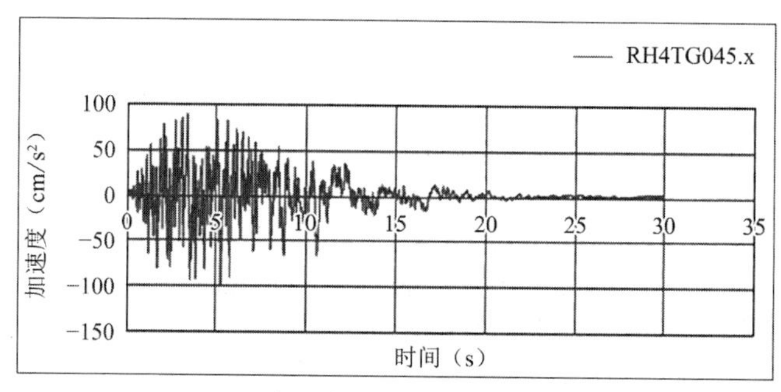


人工波 1　RH4TG045_X

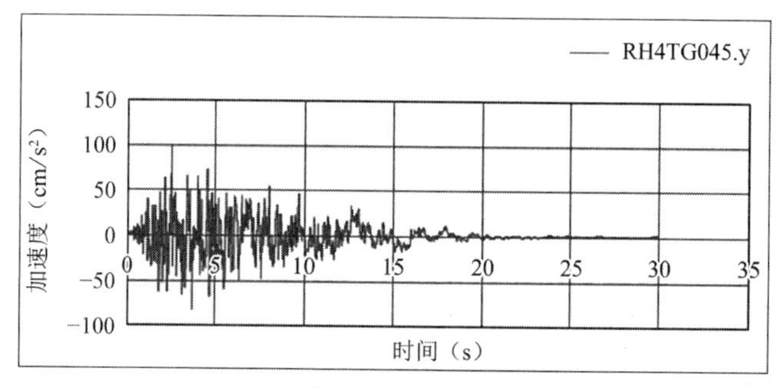


人工波 1　RH4TG045_Y

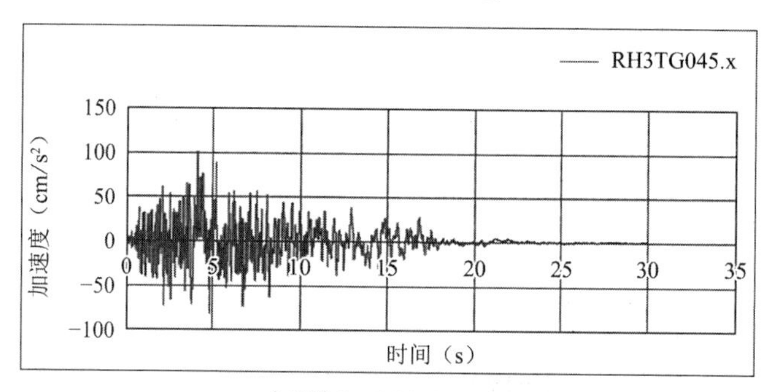


人工波 2　RH3TG045_X

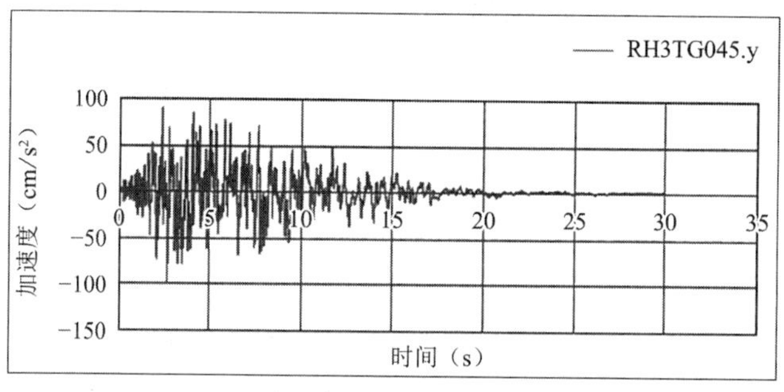


人工波 2　RH3TG045_Y

图 4-14　地震波的时程曲线

七条地震波，考虑两个方向地震作用，在小震作用下，无附加阻尼模型中，SAUSAGE 模型时程分析基底剪力与 YJK 模型反应谱计算的基底剪力对比见表 4-6。可见七条时程波作用下结构底部剪力均在反应谱底部剪力的 65%～135%之间，七条时程波的底部剪力的平均值不小于反应谱底部剪力的 80%，符合规范的选波要求。

SAUSAGE 弹性时程分析基底剪力与 YJK 反应谱（CQC）基底剪力对比　　表 4-6

| 基底剪力 | | CQC | TH094TG045 | NahanniCa | ManjilIra | SanFernand | TH080TG045 | RH4TG045 | RH3TG045 | 均值 |
|---|---|---|---|---|---|---|---|---|---|---|
| 数值 | $V_x$（kN） | 66972 | 46372 | 63604 | 44884 | 52869 | 49293 | 50850 | 49612 | 51069 |
| | $V_y$（kN） | 72779 | 47519 | 62623 | 47963 | 51183 | 58784 | 57234 | 48150 | 53350 |
| 百分比（与 CQC 比值） | | 100.00% | 69.24% | 94.97% | 67.02% | 78.94% | 73.60% | 75.93% | 74.08% | 76.25% |
| | | 100.00% | 65.29% | 86.05% | 65.90% | 70.33% | 80.77% | 78.64% | 66.16% | 73.31% |

## 4.3.2　设防地震弹塑性时程分析结果

1）设防地震下结构层间剪力

计算单元一在七条波设防地震作用下，结构的层间剪力见表 4-7 和表 4-8 及图 4-15 和图 4-16。

设防地震下结构层间剪力（kN）　　表 4-7

| 楼层 | X向 | | | | | | | |
|---|---|---|---|---|---|---|---|---|
| | TH094TG045 | NahanniCa | ManjilIra | SanFernand | TH080TG045 | RH4TG045 | RH3TG045 | 平均值 |
| 1 | 43800.6 | 46860.0 | 31559.8 | 31557.9 | 43766.4 | 39666.8 | 41566.2 | 39825.4 |
| 2 | 36888.5 | 42609.8 | 29353.2 | 29574.7 | 41090.6 | 36215.8 | 32533.0 | 35466.5 |
| 3 | 25377.1 | 32162.3 | 22411.4 | 23705.3 | 32287.1 | 28577.8 | 23467.2 | 26855.5 |
| 4 | 16830.0 | 18201.9 | 13515.2 | 14177.1 | 20070.5 | 15746.1 | 12613.9 | 15879.2 |
| 5 | 12651.8 | 10316.3 | 8695.9 | 8757.5 | 11848.1 | 9718.8 | 8801.8 | 10112.9 |

设防地震下结构层间剪力（kN）　　表 4-8

| 楼层 | Y向 | | | | | | | |
|---|---|---|---|---|---|---|---|---|
| | TH094TG045 | NahanniCa | ManjilIra | SanFernand | TH080TG045 | RH4TG045 | RH3TG045 | 平均值 |
| 1 | 39839.5 | 49964.4 | 34551.8 | 28952.0 | 46191.9 | 39850.1 | 35099.1 | 39207.0 |
| 2 | 33794.6 | 44042.3 | 29715.3 | 28266.2 | 42438.8 | 35562.4 | 29153.7 | 34710.5 |
| 3 | 26801.1 | 32986.9 | 22843.0 | 23717.5 | 33123.5 | 26894.2 | 22084.9 | 26921.6 |
| 4 | 15246.3 | 19260.2 | 15278.4 | 14475.7 | 20229.1 | 16915.1 | 12787.0 | 16313.1 |
| 5 | 9786.1 | 10086.9 | 10070.6 | 8094.2 | 10564.2 | 9442.5 | 7758.6 | 9400.4 |

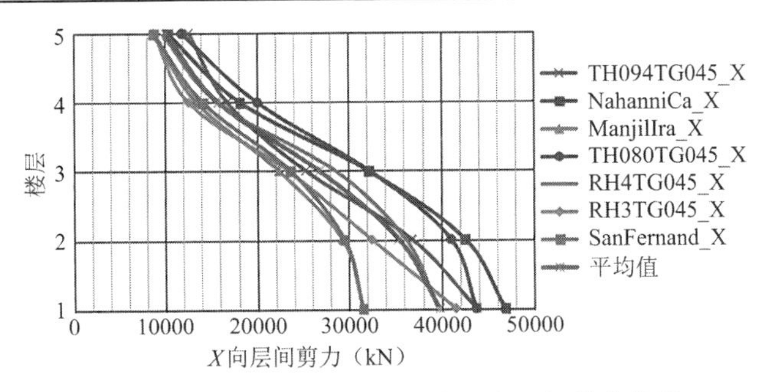


图 4-15　设防地震下结构层间X向层间剪力曲线

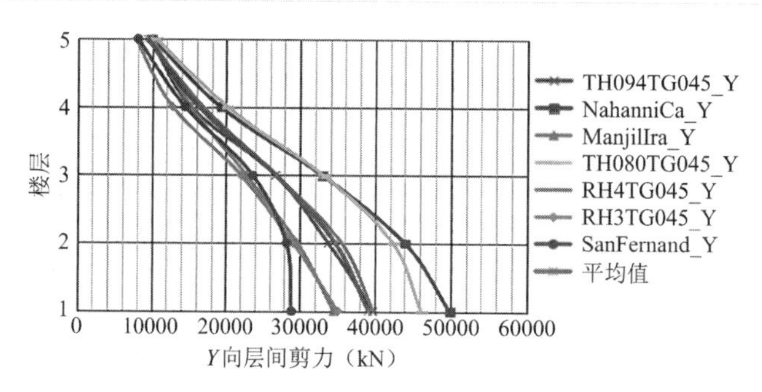


图 4-16　设防地震下结构层间Y向层间剪力曲线

2）设防地震下结构层间位移角

七条波设防地震作用下，减震结构层间位移角见表 4-9，结构层间位移角曲线见图 4-17。由表 4-9 可以看出，结构X方向最大层间位移角为 1/277，均值为 1/333，出现在第 5 层；Y方向最大层间位移角为 1/312，均值为 1/333，出现在第 5 层。层间位移角均小于 1/300，满足《导则》要求。

3）设防地震作用下构件性能评估

根据《导则》，为了保证设防地震下建筑正常使用，实现Ⅱ类建筑结构构件基本完好或轻微损坏，减震部件能正常使用的性能目标，在设防地震下，选取层间位移角较大的一条波（NahanniCa 波），查看梁的性能状态。在地震作用下，混凝土梁纵筋塑性发展系数“钢筋应变/屈服应变”比值$\varepsilon_r/\varepsilon_y$的分布情况见图 4-18。$\varepsilon_r/\varepsilon_y \geqslant 1$ 时表明构件发生轻度损坏（图中显示为深红色）。从计算结果可知，$\varepsilon_r/\varepsilon_y$最大值为 0.89，设防地震作用下全部混凝土梁纵筋未发生屈服，根据《高规》中构件损坏程度定义，结合图 4-18 钢筋应变/屈服应变分布图，无损坏和轻微损坏各占约 50%。所有梁均未发生轻度损伤，满足《导则》表 3.1.3-2Ⅱ类建筑正常使用的性能目标。

**设防地震下减震结构层间位移角**　　表 4-9

| 楼层 | X向 | | | | | | | |
|---|---|---|---|---|---|---|---|---|
| | TH094TG045 | NahanniCa | ManjilIra | SanFernand | TH080TG045 | RH4TG045 | RH3TG045 | 平均值 |
| 6 | 0.0000 | 0.0000 | 0.0000 | 0.0000 | 0.0000 | 0.0000 | 0.0000 | 0.0000 |
| 5 | 0.0028 | 0.0033 | 0.0025 | 0.0034 | 0.0036 | 0.0035 | 0.0028 | 0.0031 |
| 4 | 0.0025 | 0.0033 | 0.0022 | 0.0033 | 0.0036 | 0.0037 | 0.0026 | 0.0030 |
| 3 | 0.0024 | 0.0030 | 0.0020 | 0.0024 | 0.0033 | 0.0031 | 0.0023 | 0.0026 |
| 2 | 0.0030 | 0.0036 | 0.0021 | 0.0022 | 0.0030 | 0.0033 | 0.0020 | 0.0027 |
| 1 | 0.0024 | 0.0026 | 0.0013 | 0.0017 | 0.0019 | 0.0021 | 0.0015 | 0.0019 |
| 楼层 | Y向 | | | | | | | |
| | TH094TG045 | NahanniCa | ManjilIra | SanFernand | TH080TG045 | RH4TG045 | RH3TG045 | 平均值 |
| 6 | 0.0000 | 0.0000 | 0.0000 | 0.0000 | 0.0000 | 0.0000 | 0.0000 | 0.0000 |
| 5 | 0.0036 | 0.0028 | 0.0029 | 0.0028 | 0.0016 | 0.0028 | 0.0027 | 0.0027 |
| 4 | 0.0032 | 0.0024 | 0.0024 | 0.0024 | 0.0017 | 0.0026 | 0.0025 | 0.0024 |
| 3 | 0.0016 | 0.0020 | 0.0018 | 0.0025 | 0.0020 | 0.0017 | 0.0019 | 0.0019 |
| 2 | 0.0022 | 0.0017 | 0.0018 | 0.0027 | 0.0020 | 0.0017 | 0.0021 | 0.0020 |
| 1 | 0.0016 | 0.0015 | 0.0013 | 0.0019 | 0.0013 | 0.0012 | 0.0016 | 0.0015 |

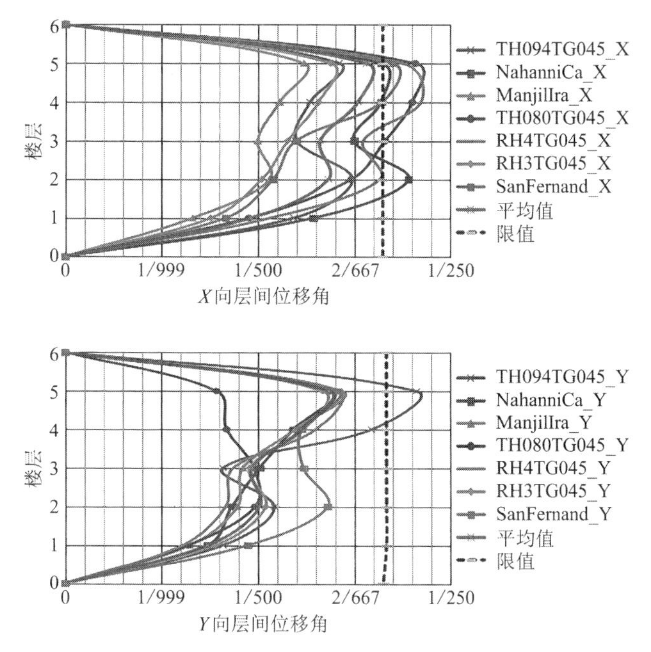


图 4-17　设防地震下结构层间位移角曲线

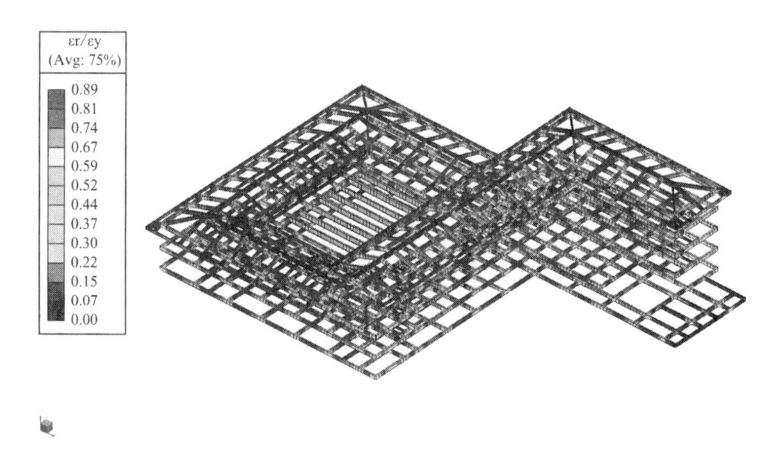


图 4-18　NahanniCa_X 作用-框架梁钢筋应变/屈服应变分布

在设防地震下，选取层间位移角较大的一条波（NahanniCa 波），查看柱的性能状态。在地震作用下，混凝土柱纵筋塑性发展系数“钢筋应变/屈服应变”比值$\varepsilon_r/\varepsilon_y$分布情况如图 4-19 所示，$\varepsilon_r/\varepsilon_y \geqslant 1$ 时表明构件发生轻度损坏（图中显示为深红色）。从计算结果可知，$\varepsilon_r/\varepsilon_y$最大值为 0.67，设防地震作用下全部混凝土柱纵筋未发生屈服，根据《高规》中构件损坏程度定义，结合图 4-19 钢筋应变/屈服应变分布图，无损坏和轻微损坏各占约 50%。所有柱均未发生轻度损坏，满足《导则》表 3.1.3-2 Ⅱ类建筑正常使用的性能目标。

计算单元一梁柱构件整体损伤分布如图 4-20 所示，62.7%的梁柱构件出现轻微损伤，36.2%梁柱无损坏，仅 1.1%梁柱出现轻度损坏，均出现在底层柱脚区域，可通过增大柱配筋，加强节点核心区箍筋配置等构造措施来改善损伤情况。该损伤结果满足《导则》表 3.1.3-2 Ⅱ类建筑正常使用的性能目标。

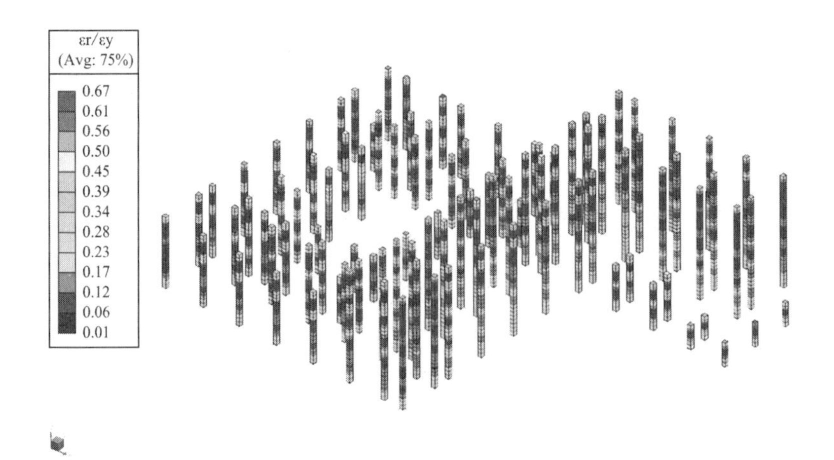


图 4-19　NahanniCa_X 作用-框架柱钢筋应变/屈服应变分布

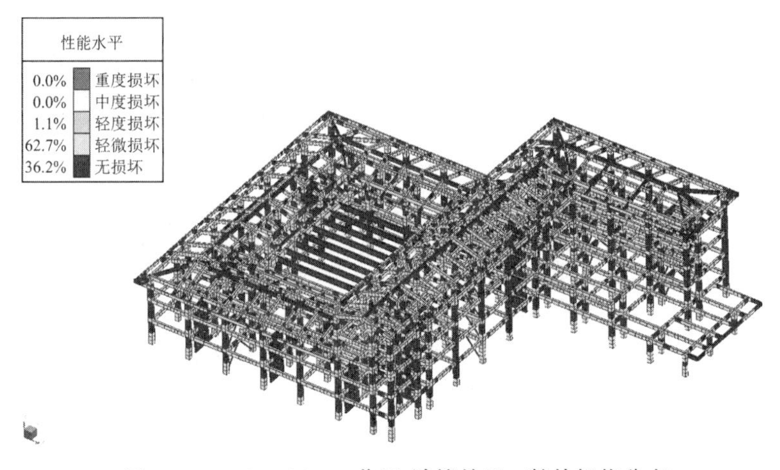


图 4-20　NahanniCa_X 作用-计算单元一整体损伤分布

4）设防地震下子构件性能评估

在设防地震下，选取一条时程波（NahanniCa 波）查看子结构梁、柱的性能状态。提取子结构混凝土受压损伤分布如图 4-21 所示，大部分梁柱混凝土受压损伤系数$d_c$均小于 0.001，大部分无损坏，局部柱脚为轻微损坏状态。提取子结构混凝土钢筋受拉损伤分布如图 4-22 所示，所有子结构梁柱混凝土钢筋应变/屈服应变分布如图 4-23 所示，$\varepsilon_r/\varepsilon_y \leqslant 1$，说明子结构梁柱在设防地震下基本保持完好，损伤轻微，满足预先设置的性能目标要求。为确保黏滞阻尼器在设防地震下能正常工作，提取了与阻尼器直接相连的混凝土墙钢筋最大应变/屈服应变分布，$\varepsilon_r/\varepsilon_y \leqslant 1$，为轻微损伤。

5）设防地震下黏滞阻尼器与屈曲约束支撑性能评估

$X$、$Y$方向黏滞阻尼器典型滞回曲线如图 4-24～图 4-32 所示。$X$、$Y$方向屈曲约束支撑典型滞回曲线如图 4-33～图 4-37 所示。

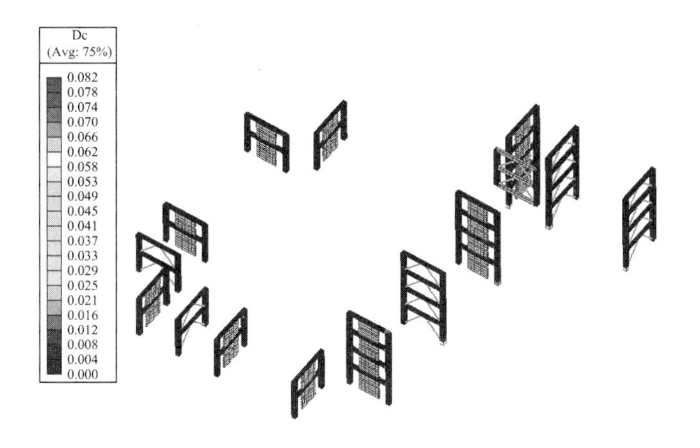


图 4-21　NahanniCa_X 作用-子结构混凝土受压损伤分布

图 4-22　NahanniCa_X 作用-子结构混凝土钢筋应变/屈服应变分布

图 4-23　NahanniCa_X 作用-子结构混凝土节点钢筋应变/屈服应变分布

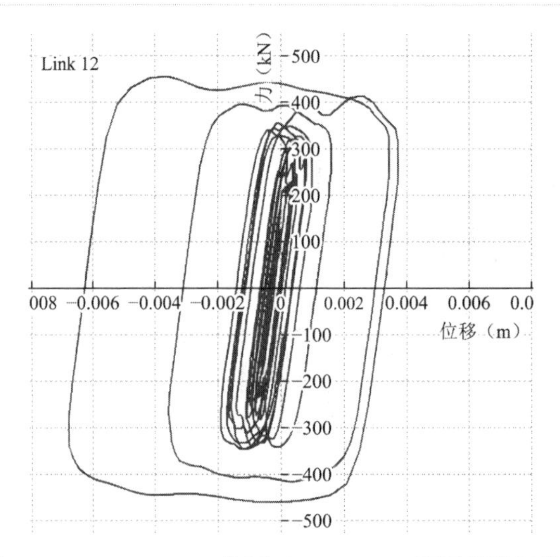


图 4-24　NahanniCa_Y 作用下 VFD-Y-2-1 阻尼器滞回曲线

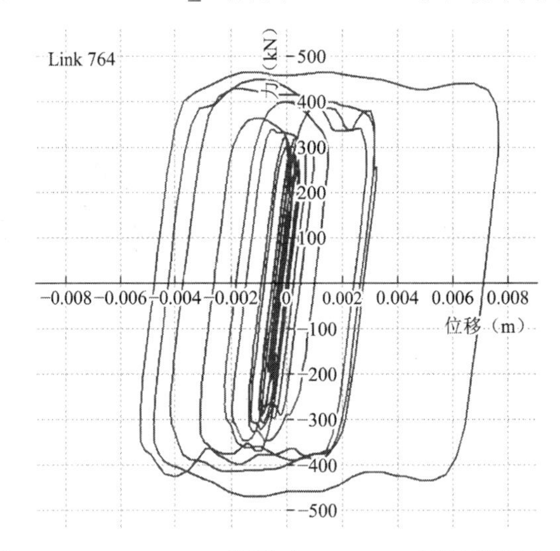


图 4-25　NahanniCa_Y 作用下 VFD-Y-2-2 阻尼器滞回曲线

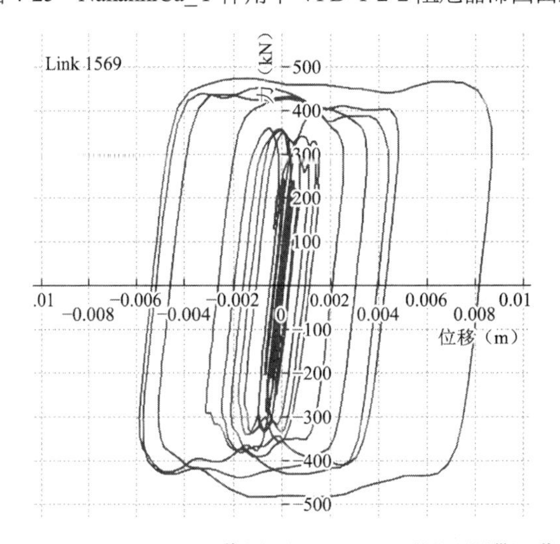


图 4-26　NahanniCa_Y 作用下 VFD-Y-2-3 阻尼器滞回曲线

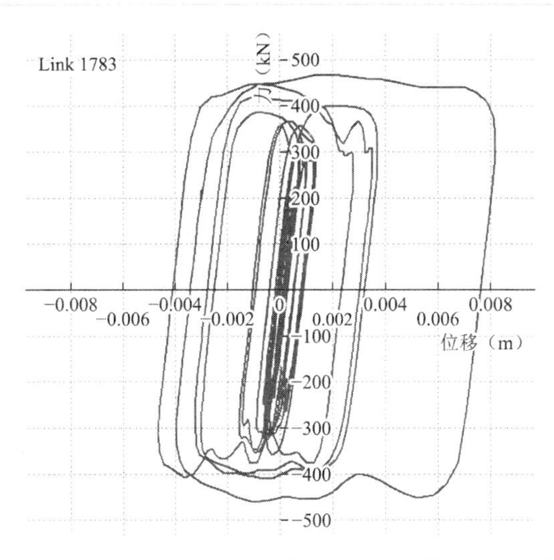


图 4-27 NahanniCa_Y 作用下 VFD-Y-2-4 阻尼器滞回曲线

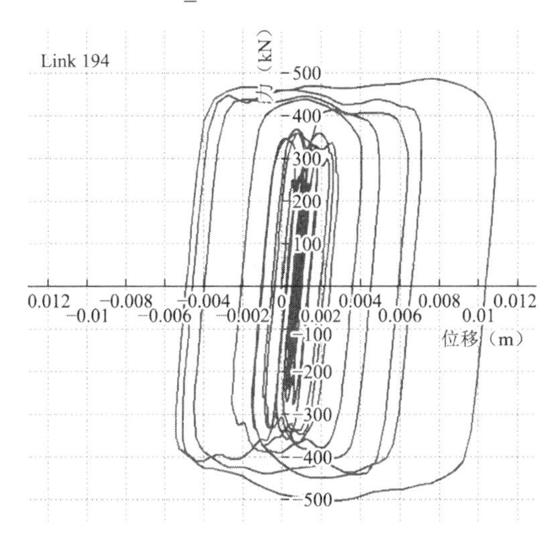


图 4-28 NahanniCa_Y 作用下 VFD-Y-2-5 阻尼器滞回曲线

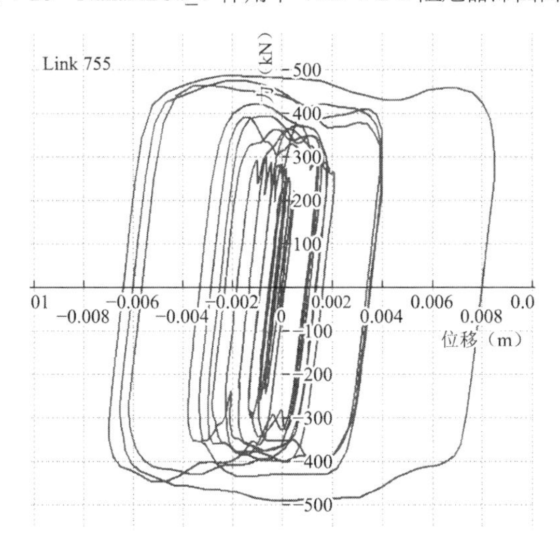


图 4-29 NahanniCa_X 作用下 VFD-X-2-1 阻尼器滞回曲线

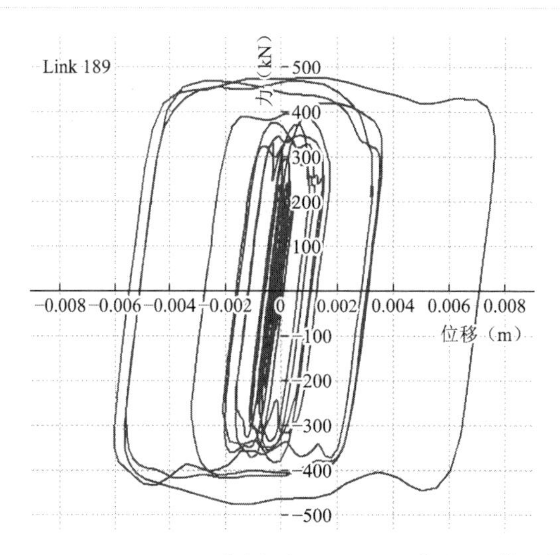


图 4-30　NahanniCa_X 作用下 VFD-X-2-2 阻尼器滞回曲线

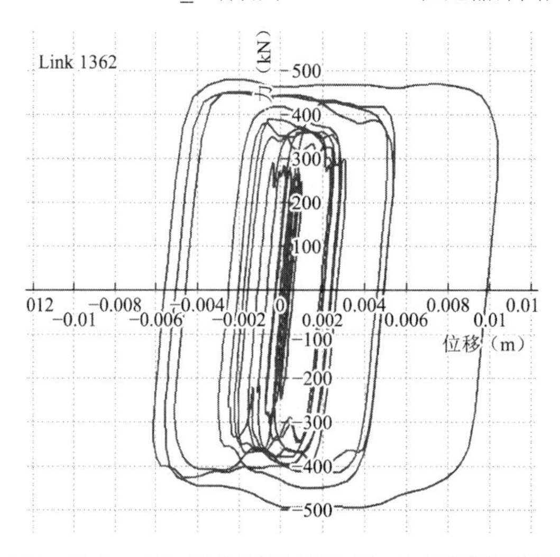


图 4-31　NahanniCa_X 作用下 VFD-X-2-3 阻尼器滞回曲线

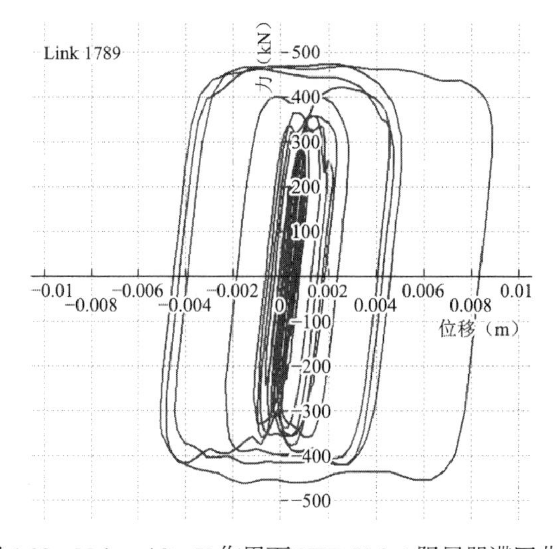


图 4-32　NahanniCa_X 作用下 VFD-X-2-4 阻尼器滞回曲线

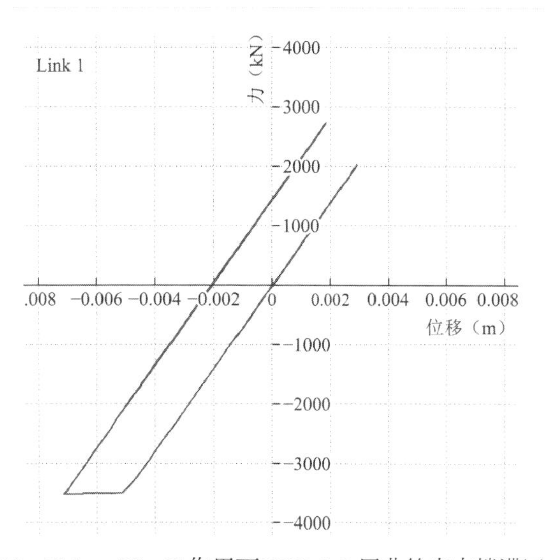


图 4-33　NahanniCa_Y 作用下 BRB-2-1 屈曲约束支撑滞回曲线

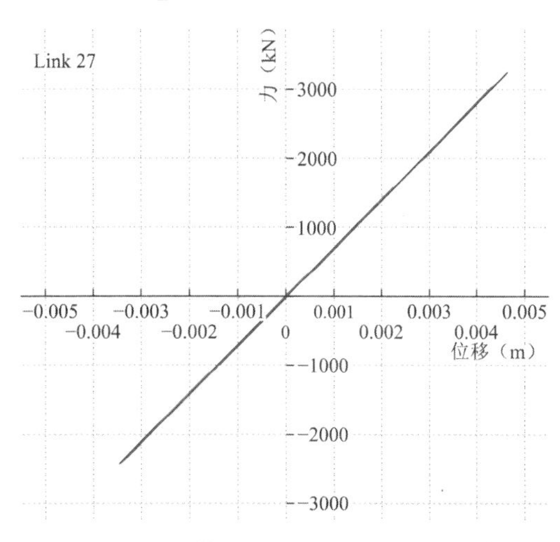


图 4-34　NahanniCa_X 作用下 BRB-2-2 屈曲约束支撑滞回曲线

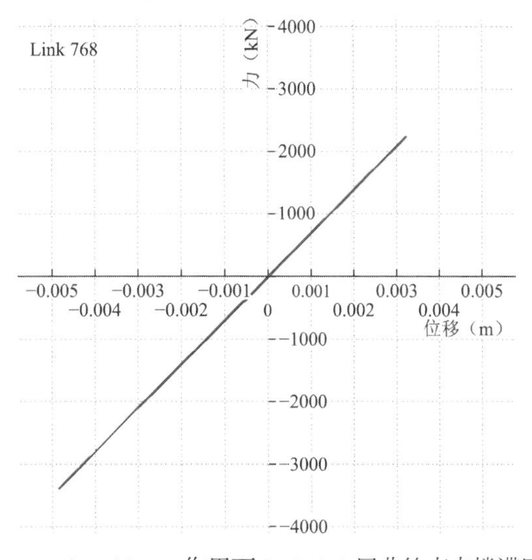


图 4-35　NahanniCa_X 作用下 BRB-2-3 屈曲约束支撑滞回曲线

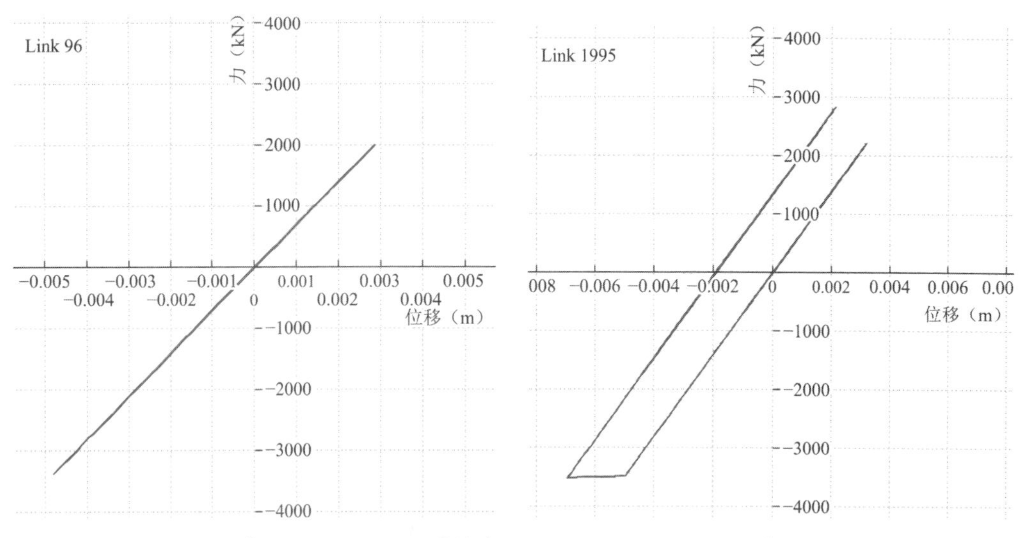


图 4-36　NahanniCa_Y 作用下 BRB-2-4 屈曲约束支撑滞回曲线　图 4-37　NahanniCa_X 作用下 BRB-2-5 屈曲约束支撑滞回曲线

图 4-38 和图 4-39 为其中一条时程波下的减震模型中结构能量平衡图。能量图可反映在时程工况下不同类型能量的耗散情况，以图 4-38（NahanniCa 波）为例，各颜色代表类型可见能量平衡图例。红色部分表示黏滞阻尼器耗能比例，粉红色部分表示屈曲约束支撑耗能比例。黏滞阻尼器能为结构提供较大的耗能占比，屈曲约束支撑提供的耗能占比较小，该结果与图 4-24～图 4-32 中各构件的滞回曲线相对应。减震构件能为结构提供可靠的附加阻尼，从而达到保护主体结构的目的。

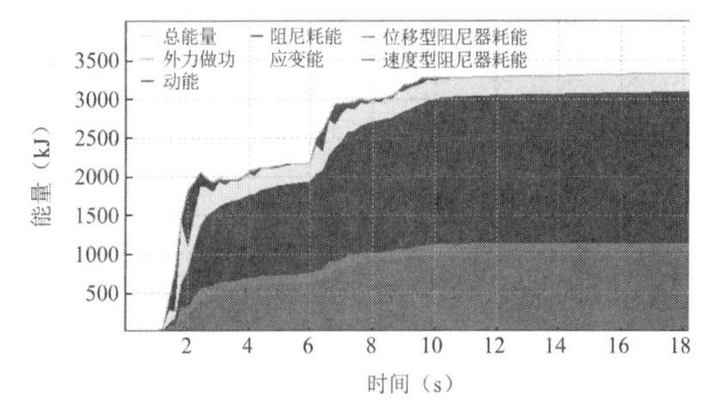


图 4-38　NahanniCa X 作用下能量平衡图

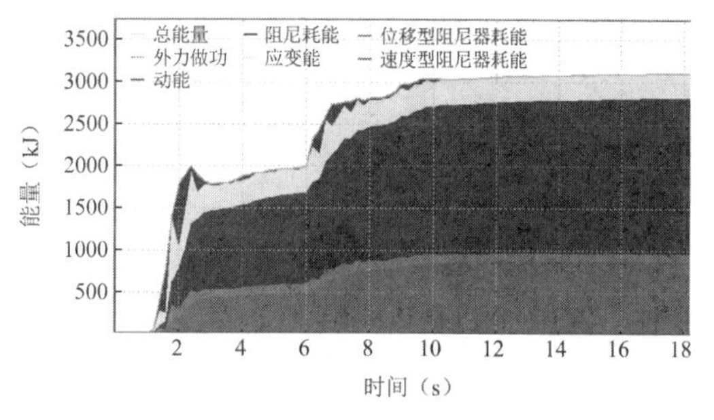


图 4-39　NahanniCa_Y 作用下能量平衡图

6）设防地震下附加阻尼比计算

根据时程分析中模态阻尼（阻尼比 5%）消耗的能量和阻尼器消耗的能量的比例（图 4-40 和图 4-41），换算得到阻尼器提供的附加阻尼比见表 4-10，由时程能量法计算黏滞阻尼器的附加阻尼比为 2.98%。

**附加阻尼比**　　**表 4-10**

| X方向附加阻尼比计算 | | | | | | | |
|---|---|---|---|---|---|---|---|
| 地震波 | TH094TG045 | NahanniCa | ManjilIra | SanFernand | TH080TG045 | RH4TG045 | RH3TG045 |
| 模态阻尼消耗能量比例 | 58.07% | 50.21% | 56.21% | 58.61% | 57.81% | 54.43% | 52.78% |

续表

| X方向附加阻尼比计算 | | | | | | | |
|---|---|---|---|---|---|---|---|
| 黏滞阻尼器消耗能量比例 | 29.09% | 27.00% | 27.82% | 30.45% | 29.83% | 29.46% | 28.95% |
| 屈曲约束支撑消耗能量比例 | 0.61% | 3.36% | 0.22% | 0.19% | 1.58% | 0.69% | 0.53% |
| 附加阻尼比 | 2.80% | 3.50% | 2.80% | 2.80% | 3.10% | 3.10% | 3.20% |
| 平均值 | 3.04% | | | | | | |
| Y方向附加阻尼比计算 | | | | | | | |
| 地震波 | TH094TG045 | NahanniCa | ManjilIra | SanFernand | TH080TG045 | RH4TG045 | RH3TG045 |
| 模态阻尼消耗能量比例 | 56.90% | 50.44% | 57.91% | 59.67% | 57.88% | 55.23% | 52.75% |
| 黏滞阻尼器消耗能量比例 | 30.95% | 23.80% | 26.49% | 29.30% | 30.15% | 28.96% | 28.32% |
| 屈曲约束支撑消耗能量比例 | 0.25% | 3.40% | 0.24% | 0.19% | 1.64% | 0.58% | 0.48% |
| 附加阻尼比 | 3.00% | 3.40% | 2.60% | 2.70% | 3.10% | 3.00% | 3.10% |
| 平均值 | 2.98% | | | | | | |

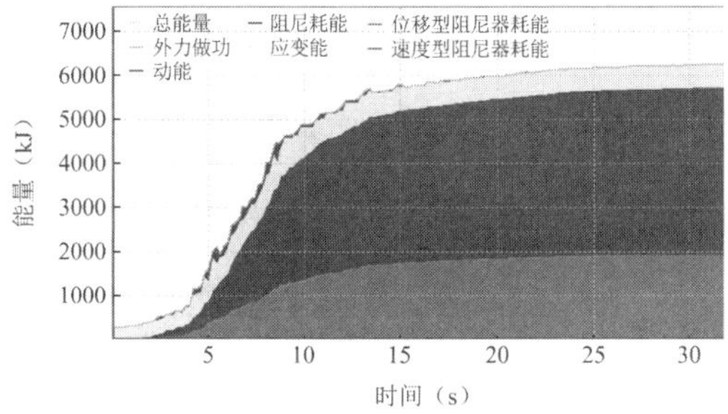

总能量　阻尼耗能　位移型阻尼器耗能
外力做功　应变能　速度型阻尼器耗能
动能
能量（kJ）
7000 6000 5000 4000 3000 2000 1000
5 10 15 20 25 30
时间（s）

TH094TG045

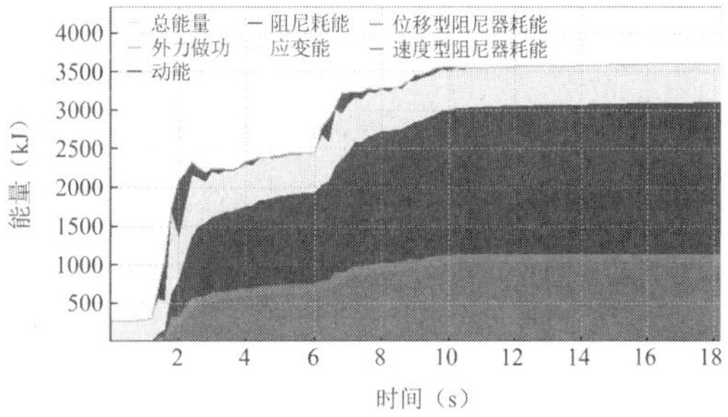

总能量　阻尼耗能　位移型阻尼器耗能
外力做功　应变能　速度型阻尼器耗能
动能
能量（kJ）
4000 3500 3000 2500 2000 1500 1000 500
2 4 6 8 10 12 14 16 18
时间（s）

NahanniCa

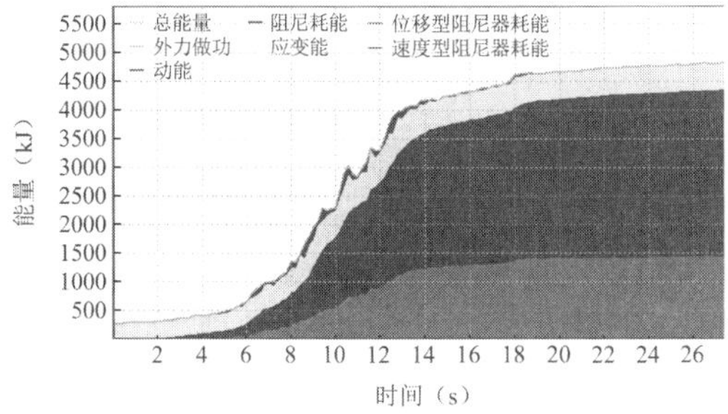

总能量　阻尼耗能　位移型阻尼器耗能
外力做功　应变能　速度型阻尼器耗能
动能
能量（kJ）
5500 5000 4500 4000 3500 3000 2500 2000 1500 1000 500
2 4 6 8 10 12 14 16 18 20 22 24 26
时间（s）

ManjilIra

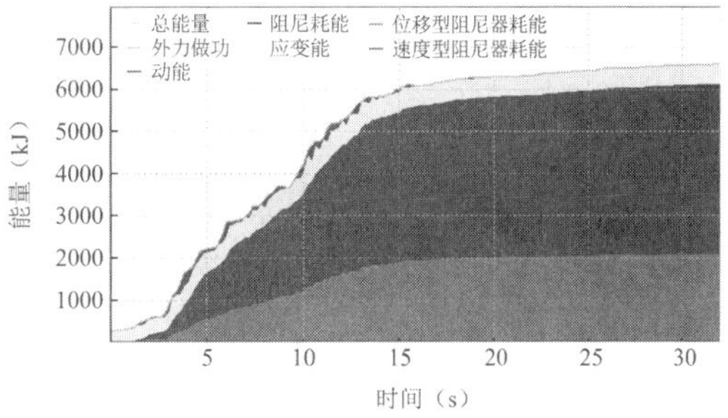

总能量　阻尼耗能　位移型阻尼器耗能
外力做功　应变能　速度型阻尼器耗能
动能
能量（kJ）
7000 6000 5000 4000 3000 2000 1000
5 10 15 20 25 30
时间（s）

SanFernand

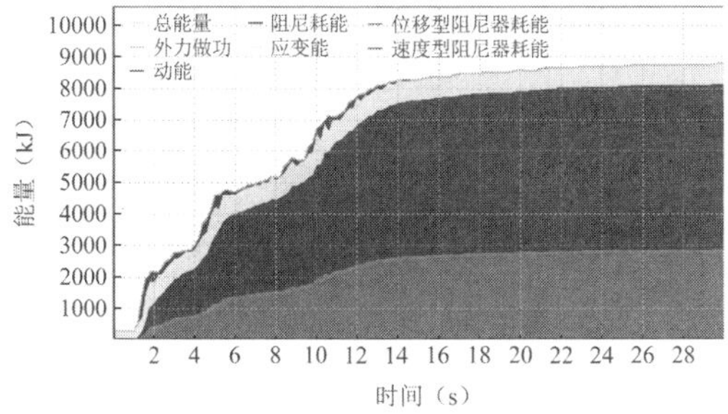

总能量　阻尼耗能　位移型阻尼器耗能
外力做功　应变能　速度型阻尼器耗能
动能
能量（kJ）
10000 9000 8000 7000 6000 5000 4000 3000 2000 1000
2 4 6 8 10 12 14 16 18 20 22 24 26 28
时间（s）

TH080TG045

总能量　阻尼耗能　位移型阻尼器耗能
外力做功　应变能　速度型阻尼器耗能
动能
能量（kJ）
7000 6000 5000 4000 3000 2000 1000
2 4 6 8 10 12 14 16
时间（s）

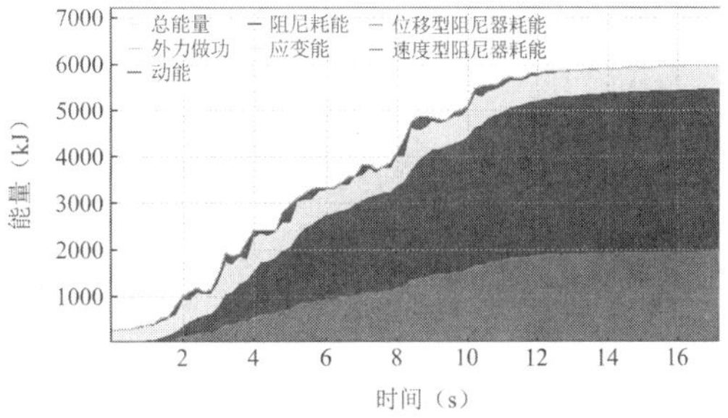

RH4TG045

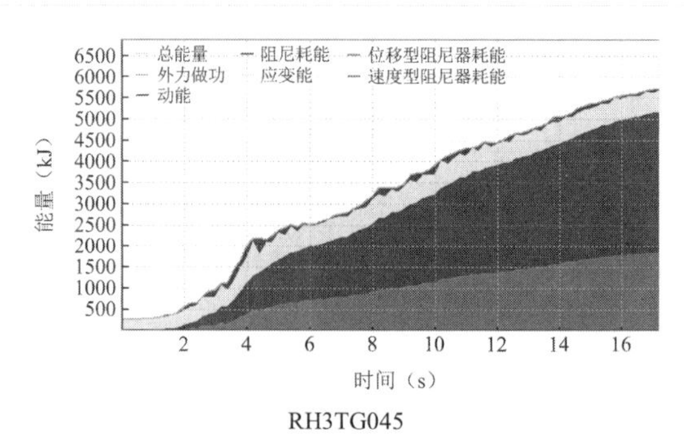


图 4-40　X向设防地震时程能量曲线

注：红色为黏滞阻尼器消耗的能量。

7）设防地震下楼层加速度验算

以 NahanniCa 波为例，计算得到计算单元一顶层楼面加速度时程见图 4-42 和图 4-43，可知楼面加速度均小于 0.45g。各楼层在各波作用下楼面加速度最大值汇总见表 4-11 和表 4-12，由此表可知，X向楼面加速度最大值均值为 0.307g，Y向楼面加速度最大值均值为 0.271g，均位于屋面层，满足《导则》表 4.4.1 Ⅱ类建筑楼面加速度的限值要求。

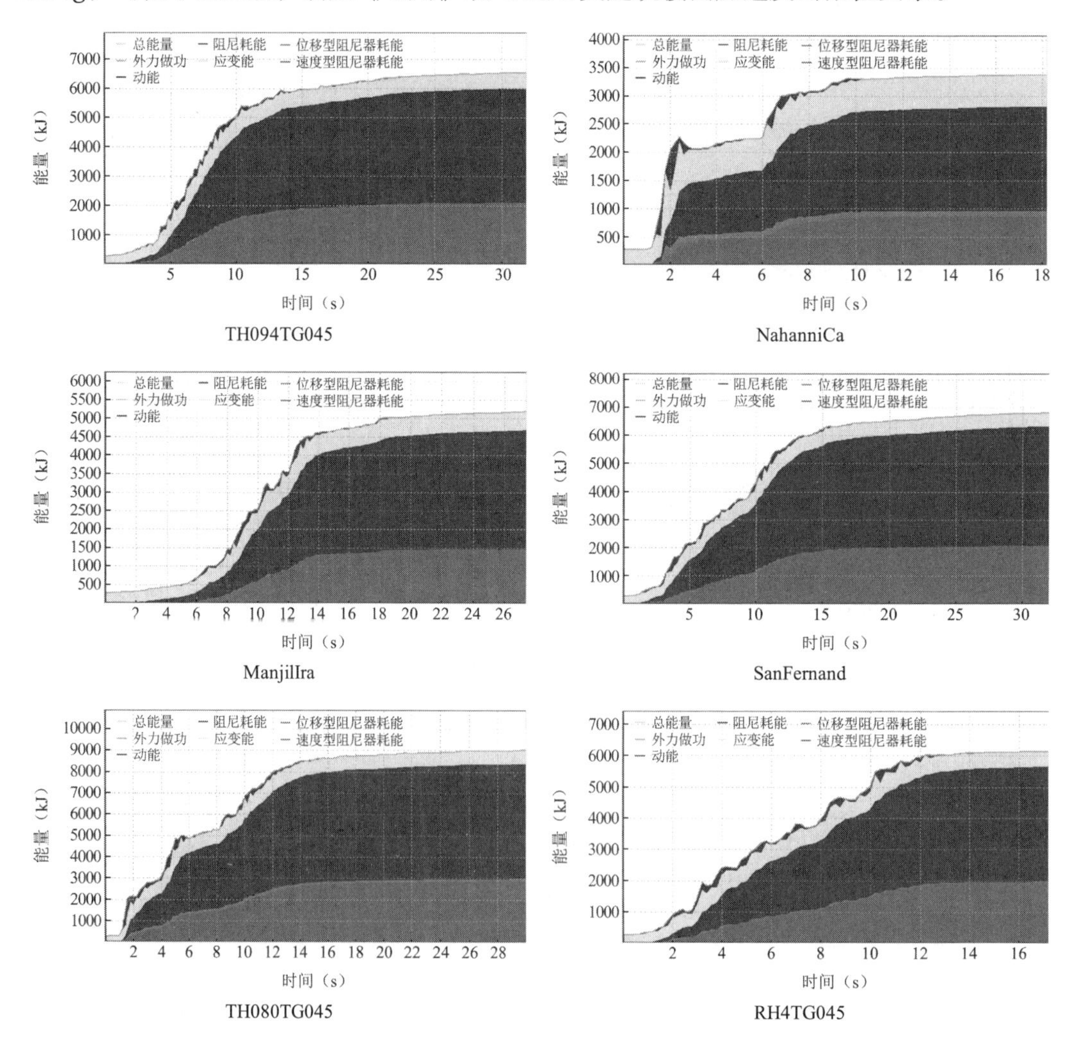

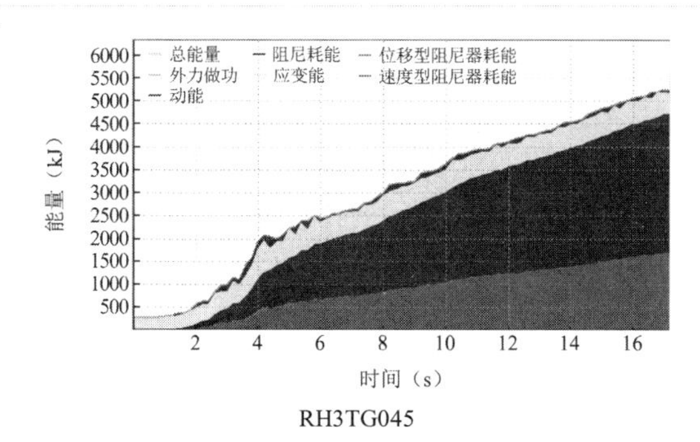

RH3TG045

图 4-41 Y向设防地震时程能量曲线

注：红色为黏滞阻尼器消耗的能量。

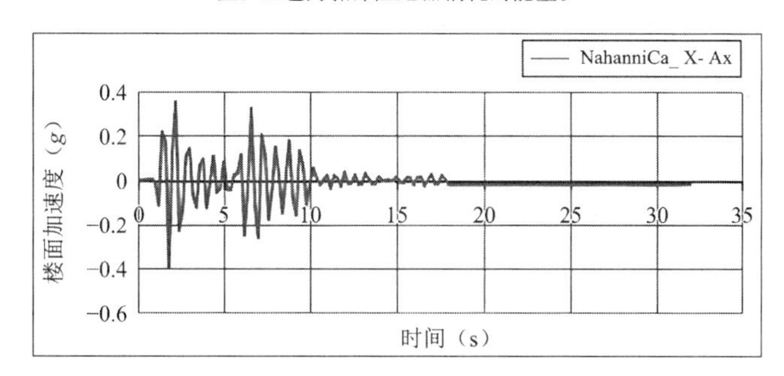


图 4-42 NahanniCa_X 作用下屋顶层楼面加速度时程

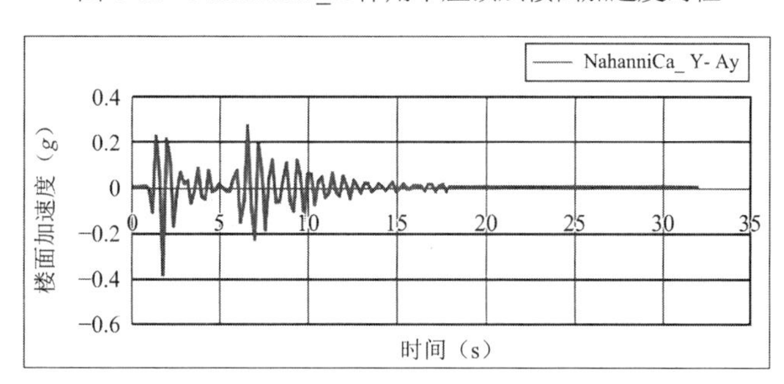


图 4-43 NahanniCa_Y 作用下屋顶层楼面加速度时程

**设防地震下楼层 X 向加速度最大值汇总（g）** **表 4-11**

| 位置 | TH094TG045 | NahanniCa | ManjilIra | SanFernand | TH080TG045 | RH4TG045 | RH3TG045 | 平均值 |
|---|---|---|---|---|---|---|---|---|
| 1 层楼面 | 0.127 | 0.140 | 0.196 | 0.153 | 0.162 | 0.187 | 0.113 | 0.154 |
| 2 层楼面 | 0.140 | 0.136 | 0.201 | 0.164 | 0.177 | 0.181 | 0.126 | 0.161 |
| 3 层楼面 | 0.199 | 0.157 | 0.197 | 0.173 | 0.186 | 0.184 | 0.145 | 0.177 |
| 4 层楼面 | 0.240 | 0.203 | 0.192 | 0.181 | 0.242 | 0.196 | 0.167 | 0.203 |
| 5 层楼面 | 0.275 | 0.292 | 0.201 | 0.218 | 0.294 | 0.252 | 0.183 | 0.245 |
| 屋面 | 0.324 | 0.384 | 0.258 | 0.269 | 0.349 | 0.320 | 0.242 | 0.307 |

**设防地震下楼层 Y 向加速度最大值汇总（g）** **表 4-12**

| 位置 | TH094TG045 | NahanniCa | ManjilIra | SanFernand | TH080TG045 | RH4TG045 | RH3TG045 | 平均值 |
|---|---|---|---|---|---|---|---|---|
| 1 层楼面 | 0.128 | 0.141 | 0.196 | 0.153 | 0.163 | 0.187 | 0.113 | 0.154 |

续表

| 位置 | TH094TG045 | NahanniCa | ManjilIra | SanFernand | TH080TG045 | RH4TG045 | RH3TG045 | 平均值 |
|---|---|---|---|---|---|---|---|---|
| 2 层楼面 | 0.131 | 0.140 | 0.195 | 0.160 | 0.188 | 0.180 | 0.132 | 0.161 |
| 3 层楼面 | 0.180 | 0.155 | 0.194 | 0.163 | 0.216 | 0.203 | 0.155 | 0.181 |
| 4 层楼面 | 0.232 | 0.221 | 0.198 | 0.165 | 0.239 | 0.238 | 0.181 | 0.211 |
| 5 层楼面 | 0.246 | 0.294 | 0.196 | 0.206 | 0.261 | 0.222 | 0.178 | 0.229 |
| 屋面 | 0.273 | 0.353 | 0.227 | 0.238 | 0.322 | 0.273 | 0.214 | 0.271 |

8）设防地震下构件承载力验算

根据《导则》第 4.2.1 条，正常使用建筑的结构构件应按设防地震作用进行验算。各构件承载力计算应符合以下规定。

关键构件的抗震承载力应符合式(4-1)的规定：

$$S = \gamma_G S_{GE} + \gamma_{Eh} S_{Eh} + \gamma_{Ev} S_{Ev} \leqslant R/\gamma_{RE} \tag{4-1}$$

普通竖向构件及重要水平构件的受剪承载力应符合式(4-1)的规定，正截面承载力应符合式(4-2)、式(4-3)的规定：

$$S_{GE} + S_{Eh} + 0.4S_{Ev} \leqslant R_k \tag{4-2}$$

$$S_{GE} + 0.4S_{Eh} + S_{Ev} \leqslant R_k \tag{4-3}$$

普通水平构件的抗剪承载力应符合式(4-2)、式(4-3)的规定，正截面承载力应符合式(4-4)、式(4-5)的规定：

$$S_{GE} + S_{Ehk} + 0.4S_{Evk} \leqslant R_k^* \tag{4-4}$$

$$S_{GE} + 0.4S_{Ehk} + S_{Evk} \leqslant R_k^* \tag{4-5}$$

式中：$S$——结构构件内力组合的设计值，包括组合的弯矩、轴力和剪力设计值等；

$R$——构件承载力设计值；

$\gamma_{RE}$——承载力抗震调整系数，除另有规定外，应按表 4-13 采用；

$\gamma_G$——重力荷载分项系数，一般情况应采用 1.3，当重力荷载效应对构件承载能力有利时，不应大于 1.0；

$\gamma_{Eh}$、$\gamma_{Ev}$——分别为水平、竖向地震作用分项系数，应按表 4-14 采用；

$S_{GE}$——重力荷载代表值的效应，计算地震作用时，建筑的重力荷载代表值应取结构和构件自重标准值和各可变荷载组合值之和，各可变荷载的组合值系数，应按表 4-15 采用；但有起重机时，尚应包括悬吊物重力标准值的效应；

$S_{Eh}$——水平地震作用标准值的效应，尚应乘以相应的增大系数或调整系数；

$S_{Ev}$——竖向地震作用标准值的效应，尚应乘以相应的增大系数或调整系数；

$R_k$——普通竖向构件及重要水平构件承载力标准值，按材料强度标准值计算；

$S_{Ehk}$——水平地震作用标准值的效应；

$S_{Evk}$——竖向地震作用标准值的效应；

$R_k^*$——普通水平构件承载力标准值，按材料强度标准值计算，对钢筋混凝土梁支座或节点边缘截面可考虑将钢筋的强度标准值提高 25%进行计算，对钢梁支座或节点边缘截面可考虑将钢材屈服强度标准值提高 25%进行计算。

主体结构承载力抗震调整系数　　表 4-13

| 材料 | 结构构件 | 受力状态 | $\gamma_{RE}$ |
| --- | --- | --- | --- |
| 钢 | 柱、梁、支撑、节点板件、螺栓、焊缝 | 强度 | 0.75 |
| 组合结构 | 柱、支撑 | 稳定 | |
| 混凝土 | 梁 | 受弯 | 0.75 |
| | 轴压比小于 0.15 的柱 | 偏压 | 0.75 |
| | 轴压比不小于 0.15 的柱 | 偏压 | 0.8 |
| | 抗震墙 | 偏压 | 0.85 |
| | 各类构件 | 受剪、偏拉 | 0.85 |

地震作用分项系数　　表 4-14

| 地震作用 | $\gamma_{Eh}$ | $\gamma_{Ev}$ |
| --- | --- | --- |
| 仅计算水平地震作用 | 1.4 | 0.0 |
| 仅计算竖向地震作用 | 0.0 | 1.4 |
| 同时计算水平和竖向地震作用（水平地震为主） | 1.4 | 0.5 |
| 同时计算水平和竖向地震作用（竖向地震为主） | 0.5 | 1.4 |

可变荷载的组合值系数　　表 4-15

| 可变荷载种类 | | 组合值系数 |
| --- | --- | --- |
| 雪荷载 | | 0.5 |
| 屋面积灰荷载 | | 0.5 |
| 屋面活荷载 | | 不计入 |
| 按实际情况计算的楼面活荷载 | | 1 |
| 按等效均布荷载计算的楼面活荷载 | 藏书库、档案库 | 0.8 |
| | 其他民用建筑 | 0.5 |
| 起重机悬吊物重力 | 硬钩起重机 | 0.3 |
| | 软钩起重机 | 不计入 |

注：硬钩起重机的吊重较大时，组合值系数应按实际情况采用。

构件承载力按照《导则》确定，减震模型考虑黏滞阻尼器和屈曲约束支撑有效刚度，忽略极少部分梁的塑性，采用振型分解反应谱法分别计算多遇地震和设防地震的内力，承载力取包络值，比时程分析的地震剪力结果偏大。详见陆港五小结构计算书“ABC 段计算书文本”的相关内容，此处不再赘述。

## 4.4　计算单元一罕遇地震弹塑性时程分析

### 4.4.1　地震波选取

根据《西安国际港务区陆港第五小学岩土工程勘察报告》，罕遇地震特征周期为 0.49s，以下时程分析均采用双向地震动输入，次方向地震动峰值加速度取主方向地震动峰值加速度的 0.85 倍，罕遇地震的主、次方向地震动加速度峰值分别取 400cm/s$^2$、340cm/s$^2$。

计算单元一选用 2 条人工波和 5 条天然波进行弹塑性时程分析，地震波如表 4-16 所示，地震波时程参考图 4-14。

罕遇地震地震波峰值　　表 4-16

| 工况 | 起始时间（s） | 终止时间（s） | 主方向加速度（$cm/s^2$） | 次方向加速度（$cm/s^2$） | 竖直方向加速度（$cm/s^2$） |
|---|---|---|---|---|---|
| TH094TG045_X | 3.7 | 40.2 | 400.0 | 340.0 | 0.0 |
| NahanniCa_X | 0.8 | 18.1 | 400.0 | 340.0 | 0.0 |
| ManjilIra_X | 6.7 | 34.1 | 400.0 | 340.0 | 0.0 |
| SanFernand_X | 5.7 | 20.8 | 400.0 | 340.0 | 0.0 |
| TH080TG045_X | 2.2 | 23.2 | 400.0 | 340.0 | 0.0 |
| RH4TG045_X | 0.0 | 30.0 | 400.0 | 340.0 | 0.0 |
| RH3TG045_X | 0.3 | 17.6 | 400.0 | 340.0 | 0.0 |
| TH094TG045_Y | 3.7 | 40.2 | 400.0 | 340.0 | 0.0 |
| NahanniCa_Y | 0.8 | 18.1 | 400.0 | 340.0 | 0.0 |
| ManjilIra_Y | 6.7 | 34.1 | 400.0 | 340.0 | 0.0 |
| SanFernand_Y | 5.7 | 20.8 | 400.0 | 340.0 | 0.0 |
| TH080TG045_Y | 2.2 | 23.2 | 400.0 | 340.0 | 0.0 |
| RH4TG045_Y | 0.0 | 30.0 | 400.0 | 340.0 | 0.0 |
| RH3TG045_Y | 0.3 | 17.6 | 400.0 | 340.0 | 0.0 |

## 4.4.2　罕遇地震弹塑性时程分析结果

1）罕遇地震下结构层间剪力

7 条地震波罕遇地震作用下，结构的层间剪力见表 4-17 及图 4-44。

罕遇地震下 *X* 向结构层间剪力（kN）　　表 4-17

| 楼层 | *X*向 | | | | | | | |
|---|---|---|---|---|---|---|---|---|
| | TH094TG045 | NahanniCa | ManjilIra | SanFernand | TH080TG045 | RH4TG045 | RH3TG045 | 平均值 |
| 1 | 71814.5 | 71812.5 | 55559.2 | 57232.7 | 46479.8 | 60747.9 | 69385.3 | 61861.7 |
| 2 | 58358.2 | 66123.5 | 47509.9 | 47712.6 | 37925.1 | 56694.1 | 51653.0 | 52282.3 |
| 3 | 40834.6 | 53151.1 | 36802.1 | 36776.5 | 34385.5 | 46275.1 | 35460.7 | 40526.5 |
| 4 | 24597.6 | 28597.5 | 23454.6 | 23528.6 | 23094.1 | 25941.6 | 21183.7 | 24342.5 |
| 5 | 19513.7 | 15580.3 | 14756.8 | 17998.5 | 14563.4 | 16471.6 | 15602.3 | 16355.2 |
| 楼层 | *Y*向 | | | | | | | |
| | TH094TG045 | NahanniCa | ManjilIra | SanFernand | TH080TG045 | RH4TG045 | RH3TG045 | 平均值 |
| 1 | 71712.6 | 70355.1 | 57143.2 | 49161.6 | 48278.0 | 61691.3 | 64628.3 | 60424.3 |
| 2 | 62809.6 | 65568.1 | 51836.2 | 42834.1 | 42583.3 | 58635.0 | 50159.4 | 53489.4 |
| 3 | 43078.2 | 50761.0 | 40806.8 | 35127.9 | 35477.8 | 48009.4 | 36754.5 | 41430.8 |
| 4 | 26735.4 | 28966.4 | 25575.8 | 23794.2 | 25307.0 | 28123.2 | 21471.5 | 25710.5 |
| 5 | 15677.8 | 14647.6 | 14259.8 | 13345.0 | 15627.5 | 14545.1 | 13689.6 | 14541.8 |

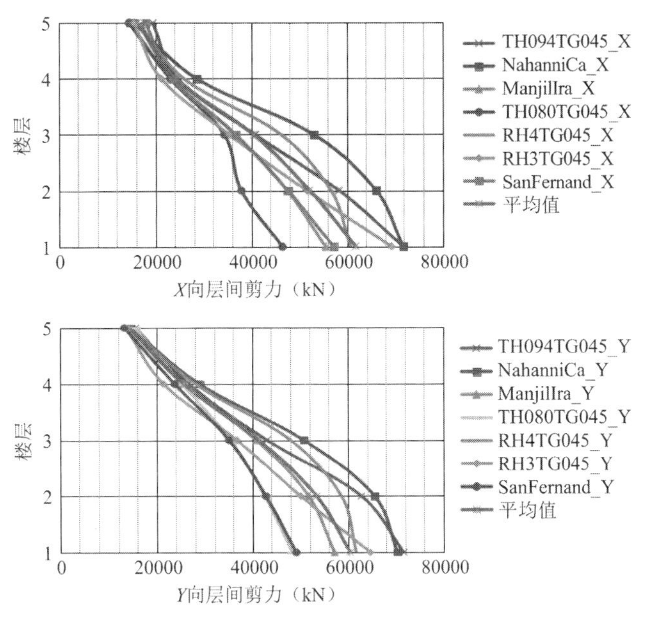


图 4-44　罕遇地震下结构Y向层间剪力曲线

2）罕遇地震下结构层间位移角

7 条地震波罕遇地震作用下，减震结构层间位移角见表 4-18，结构层间位移角曲线见图 4-45。由表 4-18 可以看出，结构X方向最大层间位移角为 1/116，均值为 1/158，出现在第 5 层；Y方向最大层间位移角为 1/186，均值为 1/208，出现在第 5 层。层间位移角均小于 1/100，满足规范要求。

罕遇地震下结构层间位移角　　表 4-18

| 楼层 | X向 | | | | | | | |
|---|---|---|---|---|---|---|---|---|
| | TH094TG045 | NahanniCa | ManjilIra | SanFernand | TH080TG045 | RH4TG045 | RH3TG045 | 平均值 |
| 6 | 0.0000 | 0.0000 | 0.0000 | 0.0000 | 0.0000 | 0.0000 | 0.0000 | 0.0000 |
| 5 | 0.0059 | 0.0056 | 0.0055 | 0.0086 | 0.0071 | 0.0078 | 0.0075 | 0.0068 |
| 4 | 0.0060 | 0.0061 | 0.0050 | 0.0070 | 0.0064 | 0.0072 | 0.0067 | 0.0063 |
| 3 | 0.0057 | 0.0060 | 0.0041 | 0.0044 | 0.0039 | 0.0070 | 0.0048 | 0.0051 |
| 2 | 0.0069 | 0.0067 | 0.0040 | 0.0051 | 0.0038 | 0.0070 | 0.0056 | 0.0056 |
| 1 | 0.0053 | 0.0047 | 0.0027 | 0.0034 | 0.0022 | 0.0043 | 0.0040 | 0.0000 |
| 楼层 | Y向 | | | | | | | |
| | TH094TG045 | NahanniCa | ManjilIra | SanFernand | TH080TG045 | RH4TG045 | RH3TG045 | 平均值 |
| 6 | 0.0000 | 0.0000 | 0.0000 | 0.0000 | 0.0000 | 0.0000 | 0.0000 | 0.0000 |
| 5 | 0.0052 | 0.0037 | 0.0061 | 0.0064 | 0.0069 | 0.0049 | 0.0045 | 0.0054 |
| 4 | 0.0048 | 0.0035 | 0.0051 | 0.0059 | 0.0054 | 0.0049 | 0.0042 | 0.0048 |
| 3 | 0.0041 | 0.0031 | 0.0044 | 0.0048 | 0.0045 | 0.0040 | 0.0038 | 0.0041 |
| 2 | 0.0044 | 0.0030 | 0.0038 | 0.0038 | 0.0031 | 0.0035 | 0.0037 | 0.0036 |
| 1 | 0.0032 | 0.0018 | 0.0023 | 0.0026 | 0.0027 | 0.0028 | 0.0027 | 0.0026 |

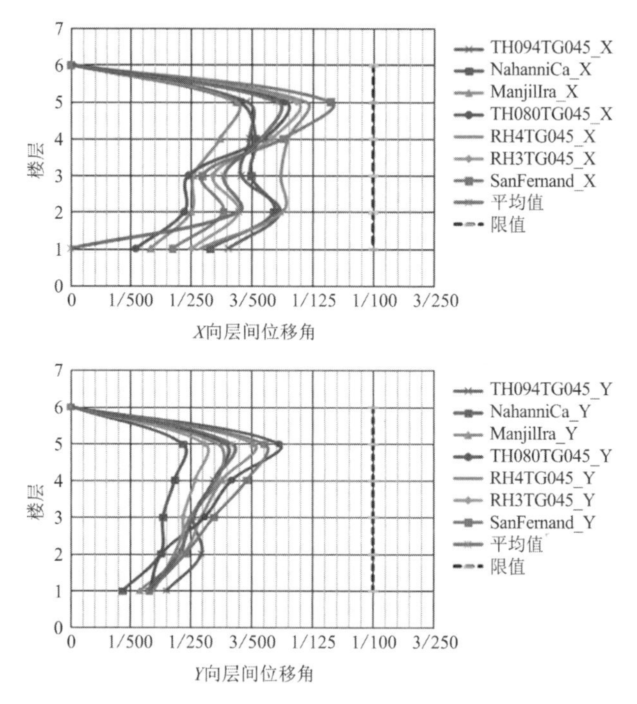


图 4-45　罕遇地震下结构层间位移角曲线

3）罕遇地震作用下构件性能评估

根据《导则》，大震下结构构件的性能目标为轻度或中度损坏，减震部件能正常使用。在罕遇地震下，选取层间位移角较大的一条波（NahanniCa 波），查看梁的性能状态，混凝土梁纵筋塑性发展系数“钢筋应变/屈服应变”比值$\varepsilon_r/\varepsilon_y$分布情况见图 4-46～图 4-48，$3 \geqslant \varepsilon_r/\varepsilon_y \geqslant 1$ 时表明构件发生轻度或中度损坏。从计算结果可知，$\varepsilon_r/\varepsilon_y$最大值为 2.57，罕遇地震作用下全部混凝土梁纵筋发生屈服，根据《高规》中构件损坏程度定义，结合图 4-46 钢筋应变/屈服应变分布图，大部分梁发生轻度损伤，仅局部梁接近中度损伤。所有梁均未达到中度损伤的程度，满足《导则》表 3.1.3-2 Ⅱ类建筑正常使用的性能目标。

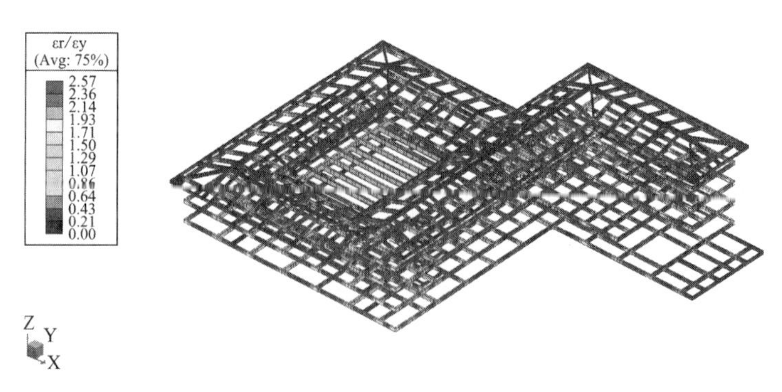


图 4-46　NahanniCa_X 作用-框架梁钢筋应变/屈服应变分布

在罕遇地震下，选取层间位移角较大的一条波（NahanniCa 波），查看柱的性能状态，在地震作用下，混凝土柱纵筋塑性发展系数“钢筋应变/屈服应变”比值$\varepsilon_r/\varepsilon_y$分布见图 4-47，$3 \geqslant \varepsilon_r/\varepsilon_y \geqslant 1$ 时表明构件发生轻度或中度损坏。从计算结果可知，$\varepsilon_r/\varepsilon_y$最大值为 1.45，设防地震作用下全部混凝土柱纵筋发生屈服，根据《高规》中构件损坏程度定义，结合图 4-47

钢筋应变/屈服应变分布图，大部分柱发生轻微损伤，局部发生轻度损伤。所有柱均未达到中度损伤的程度，满足《导则》表 3.1.3-2 Ⅱ类建筑正常使用的性能目标。

计算单元一梁柱构件整体损伤分布如图 4-48 所示，9.8%梁柱无损坏，41.8%梁柱出现轻微损伤，45.9%梁柱出现轻度损伤，仅 2.5%梁柱中度损坏，大部分集中在二、三层框架梁上。该损伤结果满足《导则》标 3.1.3-2 Ⅱ类建筑罕遇地震下构件的性能目标。

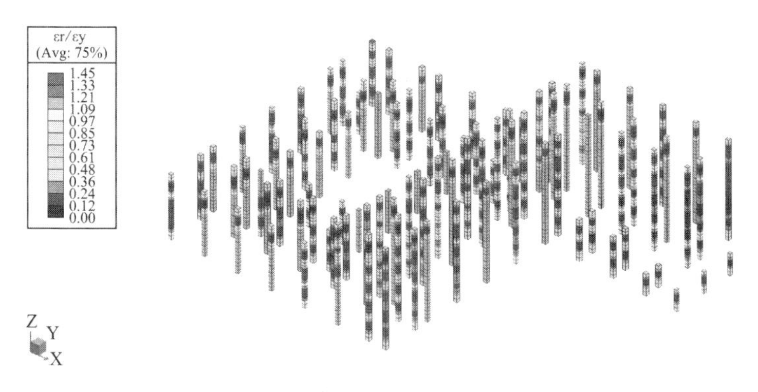


图 4-47　NahanniCa_X 作用-框架柱钢筋应变/屈服应变分布

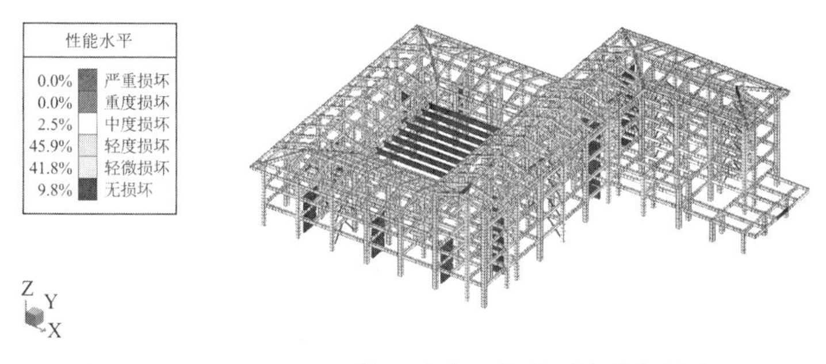


图 4-48　NahanniCa_X 作用-框架梁柱构件整体损伤分布

4）罕遇地震下子构件性能评估

在罕遇地震下，选取一条时程波（NahanniCa 波）查看子结构梁柱的性能状态。提取子结构混凝土受压损伤分布图（图 4-49），梁柱混凝土受压损伤系数$d_c$均小于 0.2，大部分轻度损伤，局部柱脚中度损伤。提取子结构钢筋损伤分布图（图 4-50 及图 4-51），所有子结构梁柱钢筋应变/屈服应变分布，$\varepsilon_r/\varepsilon_y \leqslant 3$，说明子结构梁柱钢筋在罕遇地震下未出现中度损伤，满足预先设置的性能目标要求。为确保黏滞阻尼器在设防地震下能正常工作，提取了与阻尼器直接相连的混凝土墙钢筋最大应变/屈服应变分布，$\varepsilon_r/\varepsilon_y \leqslant 0.2$，为轻微损伤。

图 4-49　NahanniCa_X 作用-子结构混凝土受压损伤分布

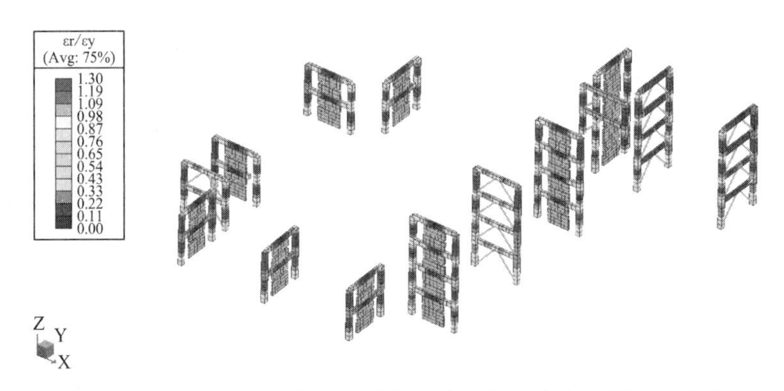


图 4-50　NahanniCa_X 作用-子结构混凝土钢筋应变/屈服应变分布

图 4-51　NahanniCa_X 作用-子结构混凝土节点钢筋应变/屈服应变分布

5）罕遇地震下黏滞阻尼器与屈曲约束支撑性能评估

$X$、$Y$方向黏滞阻尼器典型滞回曲线如图 4-52～图 4-60 所示。$X$、$Y$方向屈曲约束支撑典型滞回曲线如图 4-61～图 4-65 所示。

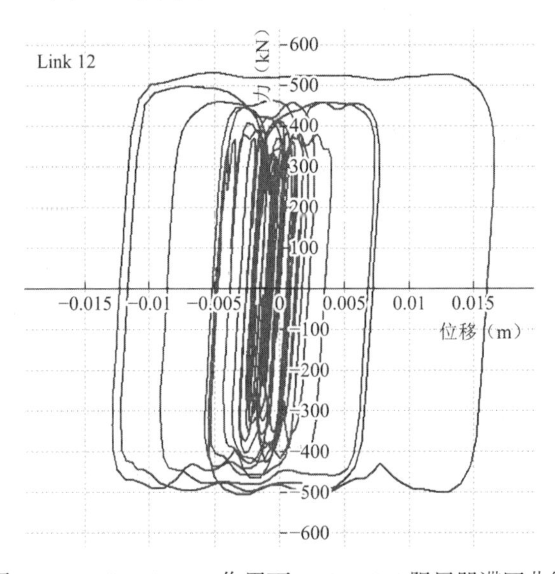


图 4-52　NahanniCa_Y 作用下 VFD-Y-2-1 阻尼器滞回曲线

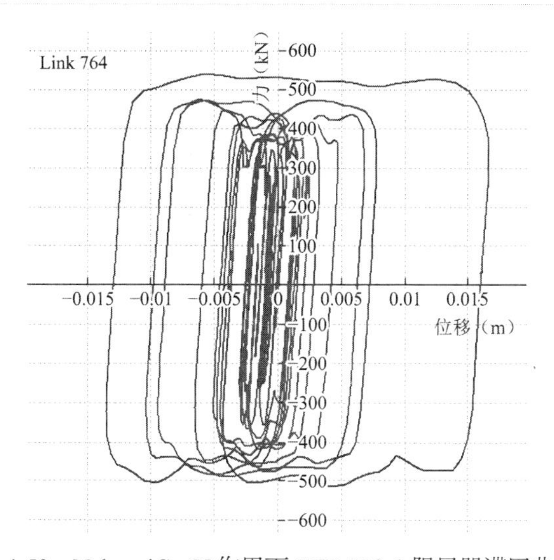


图 4-53　NahanniCa_Y 作用下 VFD-Y-2-2 阻尼器滞回曲线

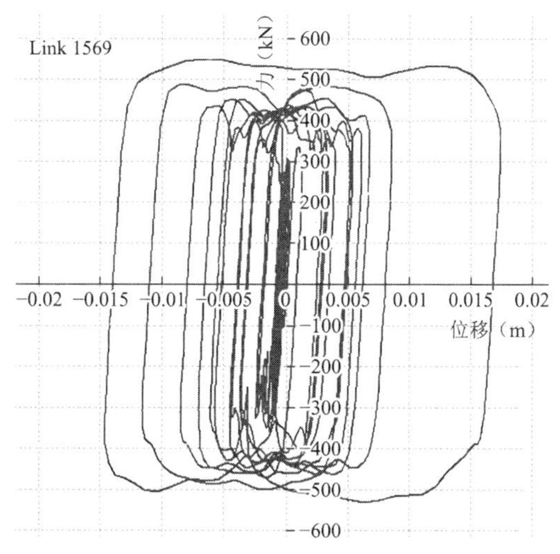


图 4-54　NahanniCa_Y 作用下 VFD-Y-2-3 阻尼器滞回曲线

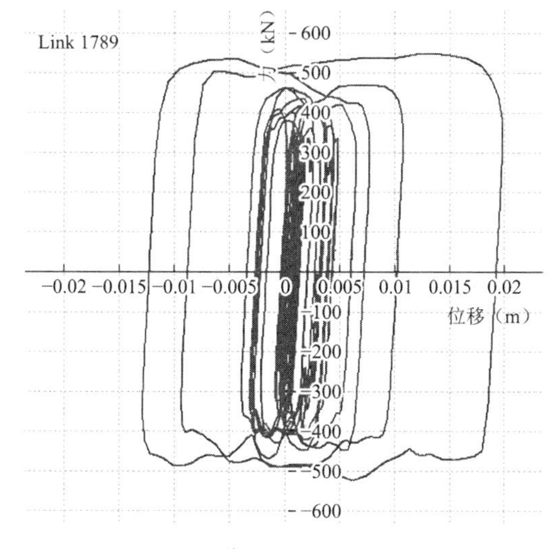


图 4-55　NahanniCa_Y 作用下 VFD-Y-2-4 阻尼器滞回曲线

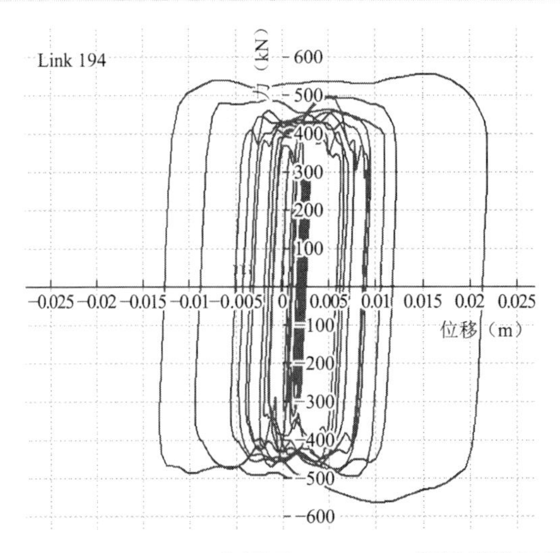


图 4-56　NahanniCa_Y 作用下 VFD-Y-2-5 阻尼器滞回曲线

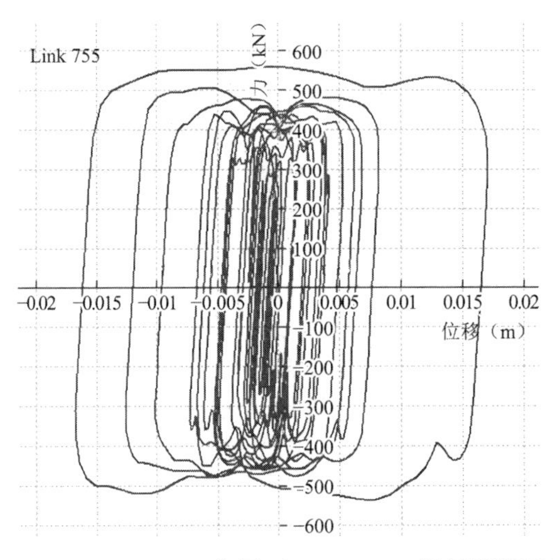


图 4-57　NahanniCa_X 作用下 VFD-X-2-1 阻尼器滞回曲线

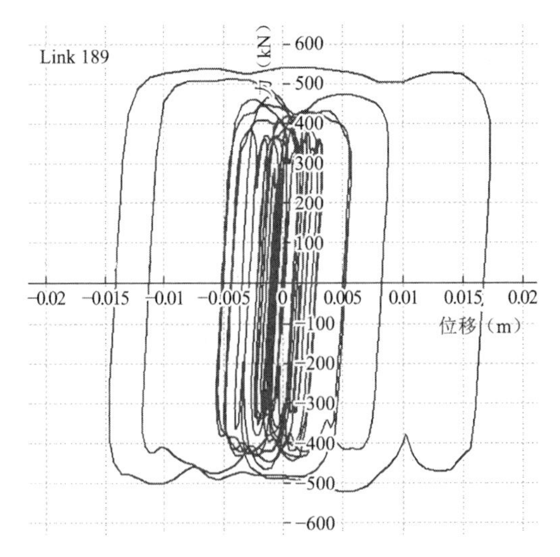


图 4-58　NahanniCa_X 作用下 VFD-X-2-2 阻尼器滞回曲线

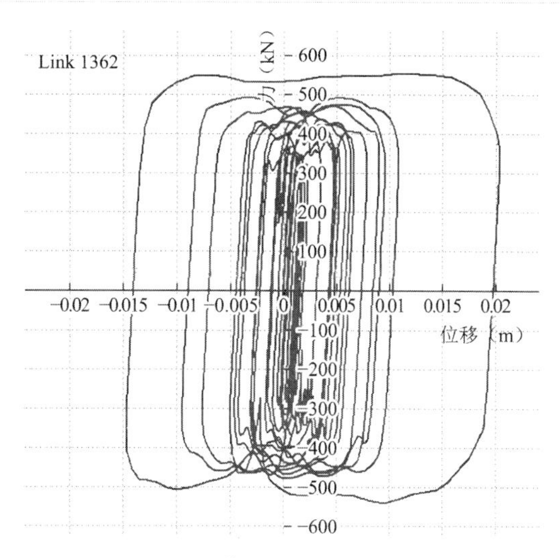


图4-59 NahanniCa_X作用下VFD-X-2-3阻尼器滞回曲线

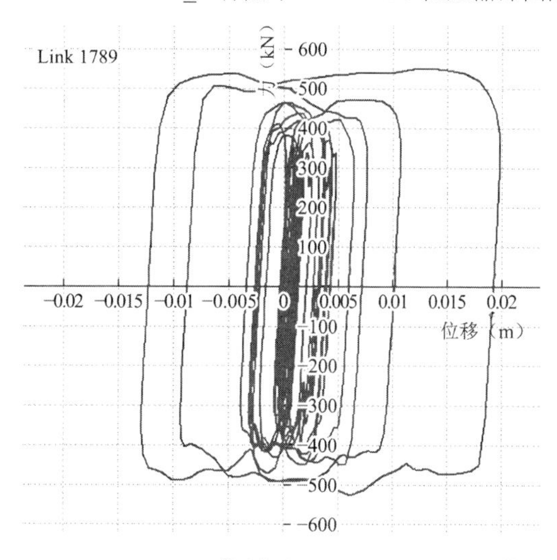


图4-60 NahanniCa_X作用下VFD-X-2-4阻尼器滞回曲线

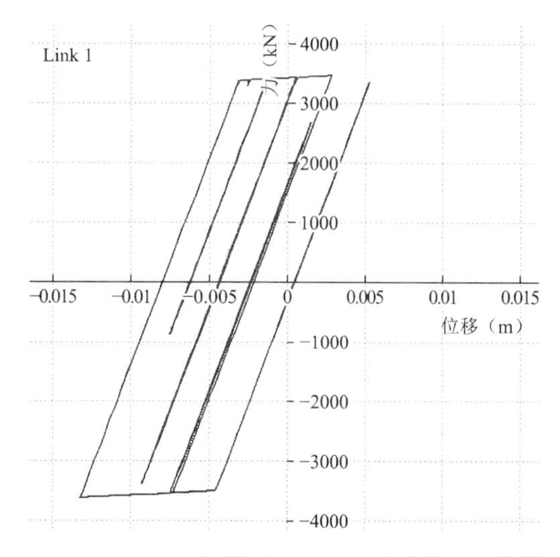


图4-61 NahanniCa_Y作用下BRB-2-1屈曲约束支撑滞回曲线

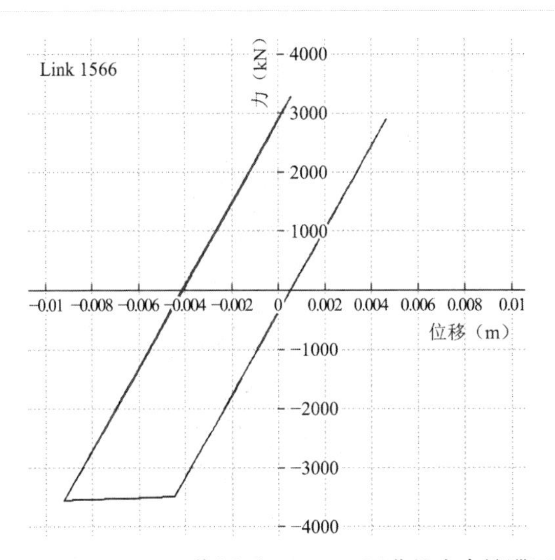


图 4-62　NahanniCa_X 作用下 BRB-2-2 屈曲约束支撑滞回曲线

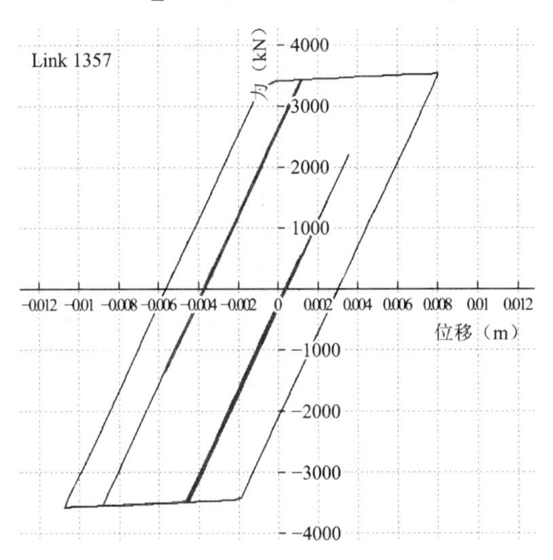


图 4-63　NahanniCa_X 作用下 BRB-2-3 屈曲约束支撑滞回曲线

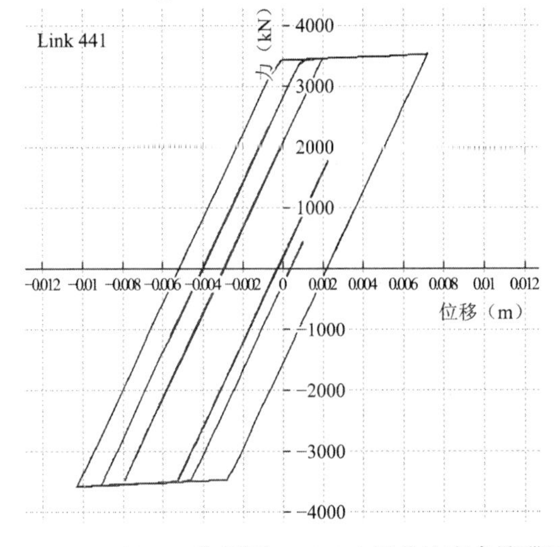


图 4-64　NahanniCa_Y 作用下 BRB-2-4 屈曲约束支撑滞回曲线

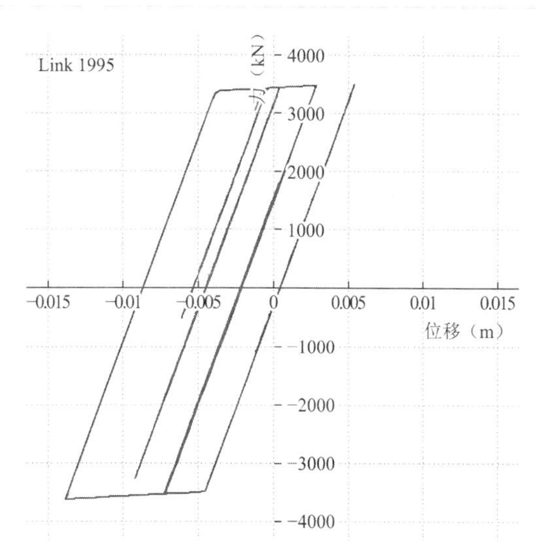


图 4-65　NahanniCa_X 作用下 BRB-2-5 屈曲约束支撑滞回曲线

图 4-66 及图 4-67 为其中一条时程波下的减震模型中结构能量平衡图。能量图可反映在时程工况下不同类型能量的耗散情况，以图 4-66（NahanniCa 波）为例，各颜色代表类型可见能量平衡图例。红色部分表示黏滞阻尼器耗能比例，粉红色部分表示屈曲约束支撑耗能比例。黏滞阻尼器和屈曲约束支撑均能为结构提供较大的耗能占比，该结果与图 4-52～图 4-60 中各构件的滞回曲线相呼应。减震构件能为结构提供可靠的附加阻尼，从而达到保护主体结构的目的。

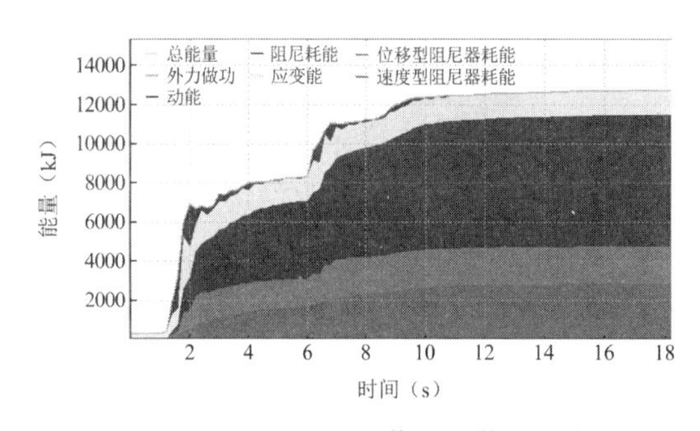


图 4-66　NahanniCa_X 作用下能量平衡图

图 4-67　NahanniCa_Y 作用下能量平衡图

6）罕遇地震下附加阻尼比计算

阻尼器提供的附加阻尼比见表 4-19，其根据时程分析中模态阻尼（阻尼比 5%）消耗的能量和阻尼器消耗的能量的比例（图 4-68 及图 4-69）换算得到。由时程能量法计算黏滞阻尼器的附加阻尼比为 3.29%。

**模态阻尼比例能量法计算附加阻尼比**　　表 4-19

| *X*方向附加阻尼比计算 | | | | | | | |
|---|---|---|---|---|---|---|---|
| 地震波 | TH094TG045 | NahanniCa | ManjilIra | SanFernand | TH080TG045 | RH4TG045 | RH3TG045 |
| 模态阻尼消耗能量比例 | 53.90% | 49.33% | 59.15% | 60.56% | 62.76% | 54.02% | 54.98% |
| 黏滞阻尼器消耗能量比例 | 23.20% | 20.63% | 24.86% | 23.84% | 24.15% | 21.40% | 22.46% |
| 屈曲约束支撑消耗能量比例 | 14.17% | 15.97% | 5.53% | 7.49% | 3.63% | 12.74% | 8.78% |

续表

| X方向附加阻尼比计算 | | | | | | | |
| --- | --- | --- | --- | --- | --- | --- | --- |
| 结构弹塑性耗能比例 | 7.78% | 12.42% | 9.05% | 7.07% | 8.35% | 9.85% | 11.34% |
| 附加阻尼比 | 3.9% | 3.50% | 3.0% | 3.0% | 2.6% | 3.7% | 3.3% |
| 平均值 | 3.29% | | | | | | |
| Y方向附加阻尼比计算 | | | | | | | |
| 地震波 | TH094TG045 | NahanniCa | ManjilIra | SanFernand | TH080TG045 | RH4TG045 | RH3TG045 |
| 模态阻尼消耗能量比例 | 54.80% | 48.77% | 60.38% | 61.71% | 62.30% | 54.02% | 55.04% |
| 黏滞阻尼器消耗能量比例 | 22.04% | 18.85% | 23.52% | 23.83% | 23.39% | 21.40% | 23.50% |
| 屈曲约束支撑消耗能量比例 | 12.81% | 16.47% | 5.0% | 4.55% | 3.47% | 12.74% | 8.89% |
| 结构弹塑性耗能比例 | 9.40% | 14.35 | 9.7% | 8.84 | 9.76% | 9.85% | 10.11% |
| 附加阻尼比 | 3.8% | 4.3% | 2.9% | 2.8% | 2.7% | 3.7% | 3.3% |
| 平均值 | 3.36% | | | | | | |

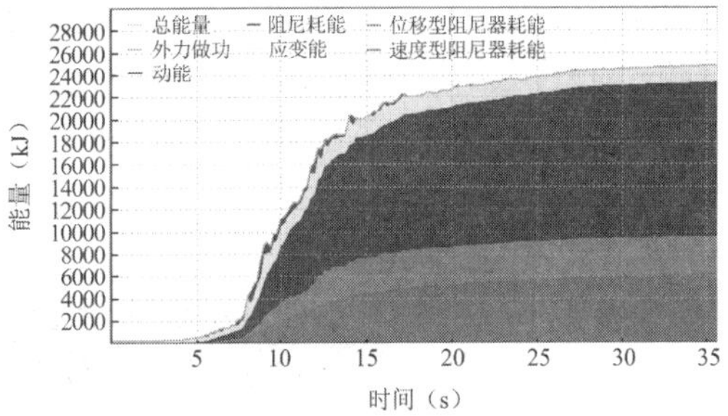

TH094TG045

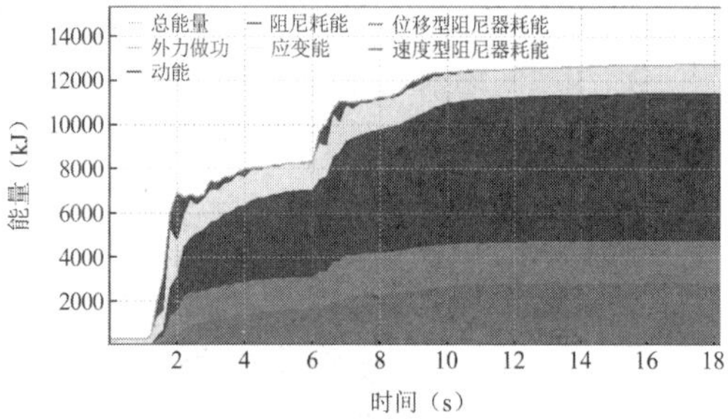

NahanniCa

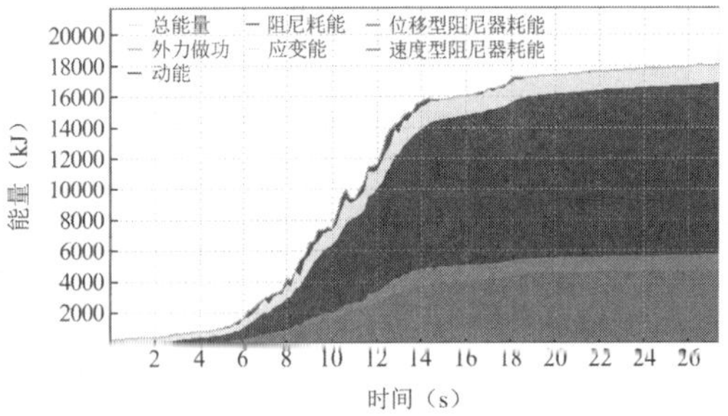

ManjilIra

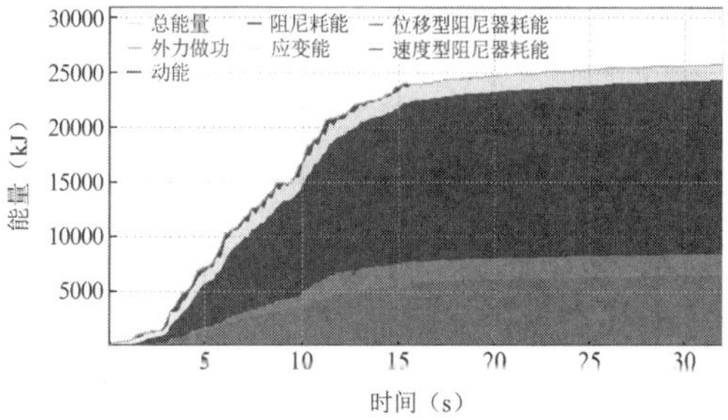

SanFernand

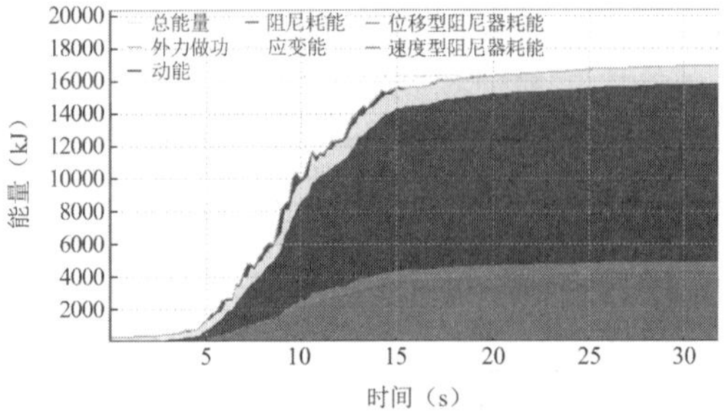

TH080TG045

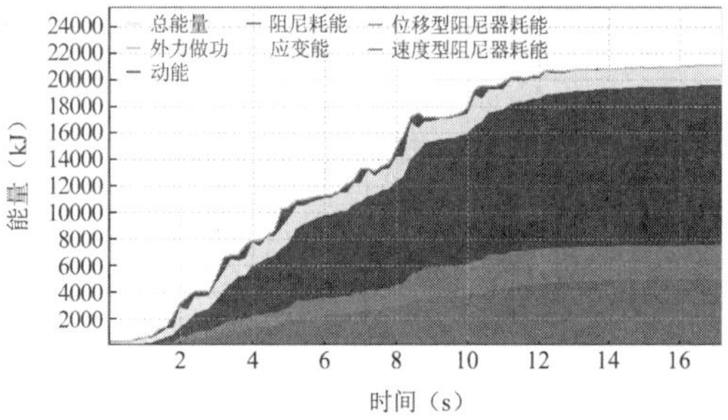

RH4TG045

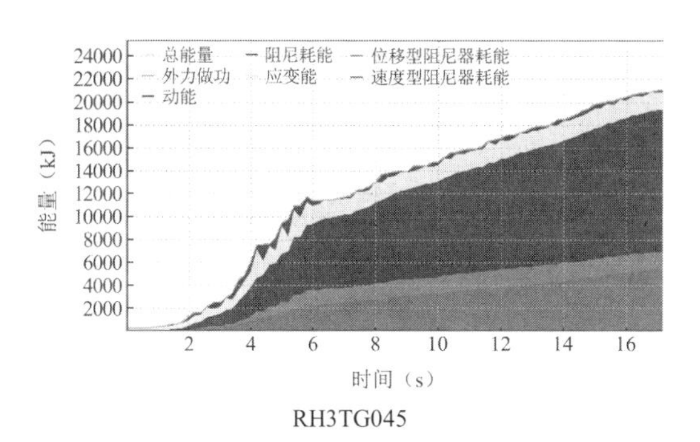


RH3TG045

图4-68 X向设防地震时程能量曲线

注：红色为黏滞阻尼器消耗的能量。

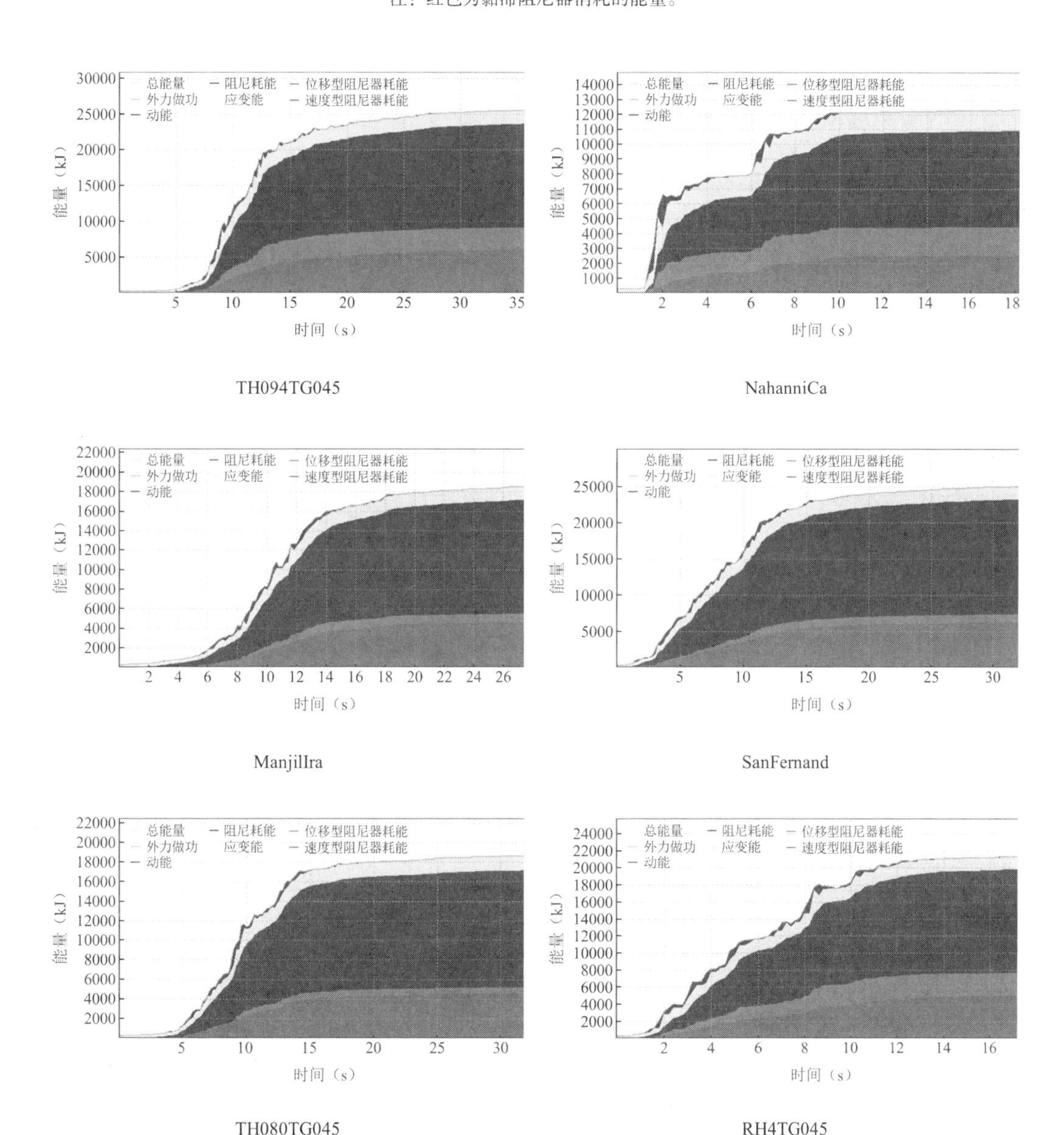

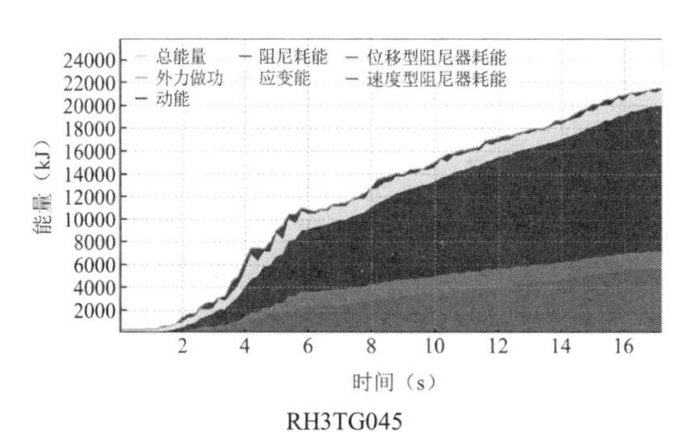


图 4-69 *Y*向设防地震时程能量曲线

注：红色为黏滞阻尼器消耗的能量。

# 4.5 计算单元二设防地震弹塑性时程分析结果

## 4.5.1 地震波选取

根据《西安国际港务区陆港第五小学岩土工程勘察报告》，本工程位于Ⅱ类场地上，多遇地震特征周期为 0.441s（根据地勘修正），罕遇地震特征周期为 0.49s，以下时程分析均采用双向地震动输入，次方向地震动峰值加速度取主方向地震动峰值加速度的 0.85 倍，多遇地震、设防地震和罕遇地震的主方向地震动加速度峰值分别取 70cm/s$^2$、200cm/s$^2$ 和 400cm/s$^2$。

本工程选用 2 条人工波和 5 条天然波（表 4-20）进行设防地震下弹性时程分析。地震波的时程曲线见图 4-70。

地震波的主要特征　　表 4-20

| 工况 | 起始时间（s） | 终止时间（s） | 主方向加速度（cm/s$^2$） | 次方向加速度（cm/s$^2$） | 竖直方向加速度（cm/s$^2$） |
|---|---|---|---|---|---|
| ManaguaNi_X | 0.2 | 18.4 | 200.0 | 170.0 | 0.0 |
| TH026TG045_X | 0.9 | 42.0 | 200.0 | 170.0 | 0.0 |
| Chi-ChiTa_X | 8.2 | 33.1 | 200.0 | 170.0 | 0.0 |
| TH036TG045_X | 1.1 | 27.3 | 200.0 | 170.0 | 0.0 |
| Northridge_X | 8.6 | 31.8 | 200.0 | 170.0 | 0.0 |
| RH2TG045_X | 0.5 | 17.7 | 200.0 | 170.0 | 0.0 |
| RH4TG045_X | 0.6 | 18.0 | 200.0 | 170.0 | 0.0 |
| ManaguaNi_Y | 0.2 | 18.4 | 200.0 | 170.0 | 0.0 |
| TH026TG045_Y | 0.9 | 42.0 | 200.0 | 170.0 | 0.0 |
| Chi-ChiTa_Y | 8.2 | 33.1 | 200.0 | 170.0 | 0.0 |
| TH036TG045_Y | 1.1 | 27.3 | 200.0 | 170.0 | 0.0 |
| Northridge_Y | 8.6 | 31.8 | 200.0 | 170.0 | 0.0 |
| RH2TG045_Y | 0.5 | 17.7 | 200.0 | 170.0 | 0.0 |
| RH4TG045_Y | 0.6 | 18.0 | 200.0 | 170.0 | 0.0 |

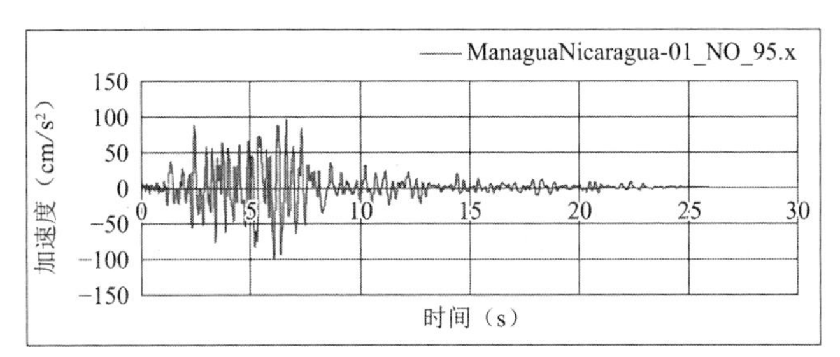


天然波1 ManaguaNi_X

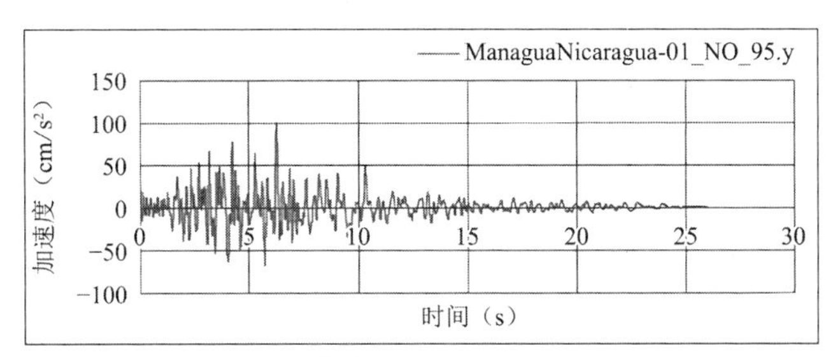


天然波1 ManaguaNi_Y

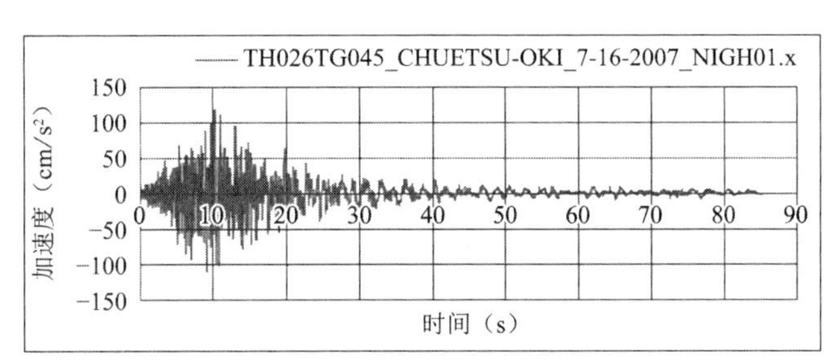


天然波2 TH026TG045_X

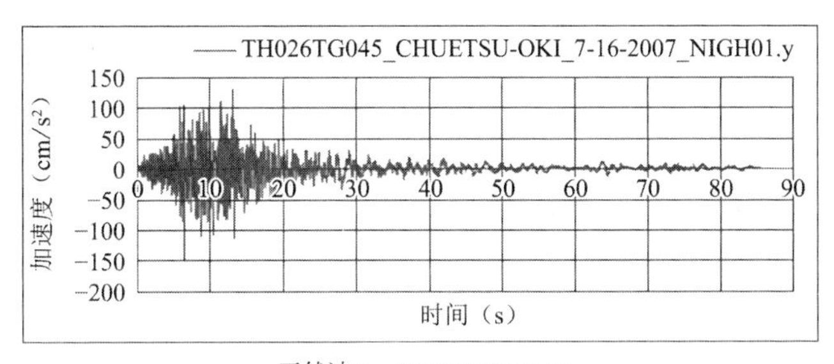


天然波2 TH026TG045_Y

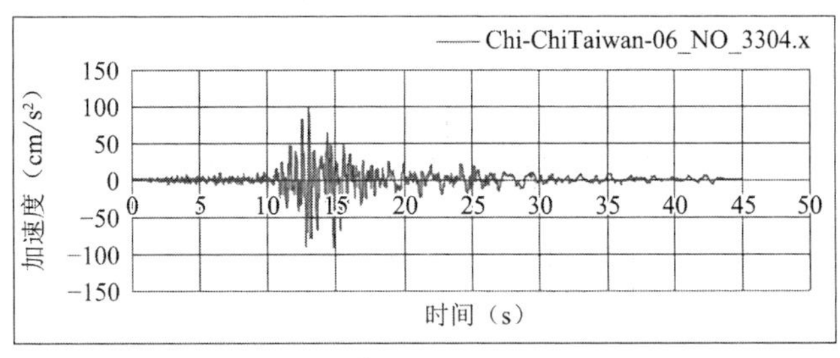


天然波3 Chi-ChiTa_X

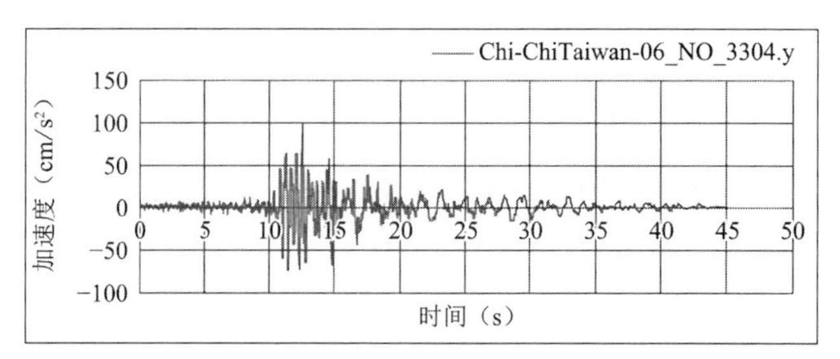


天然波 3　Chi-ChiTa_Y

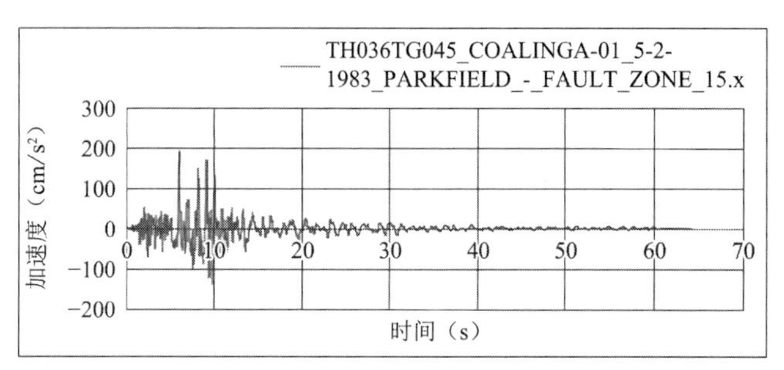


天然波 4　TH036TG045_X

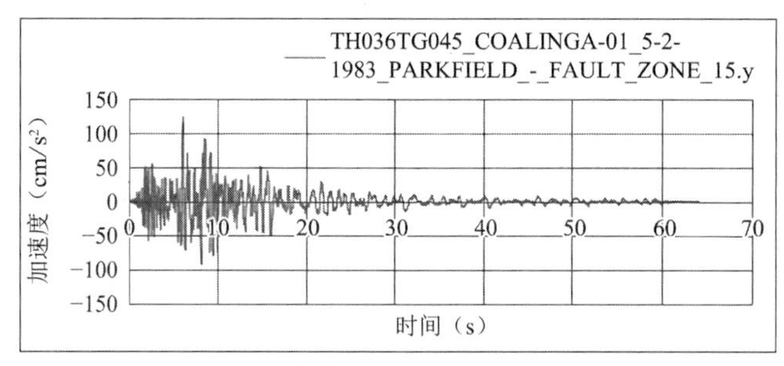


天然波 4　TH036TG045_Y

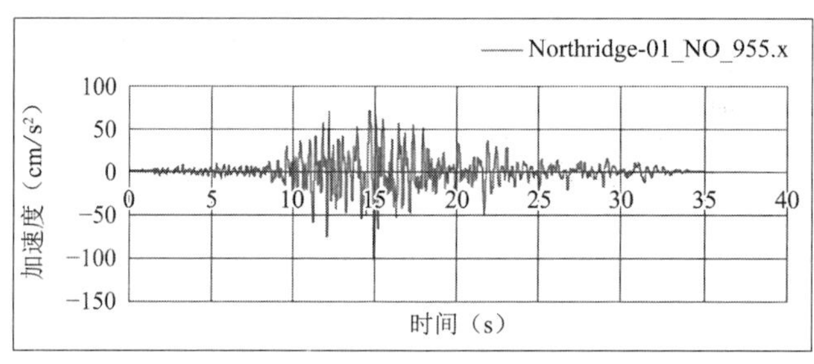


天然波 5　Northridge_X

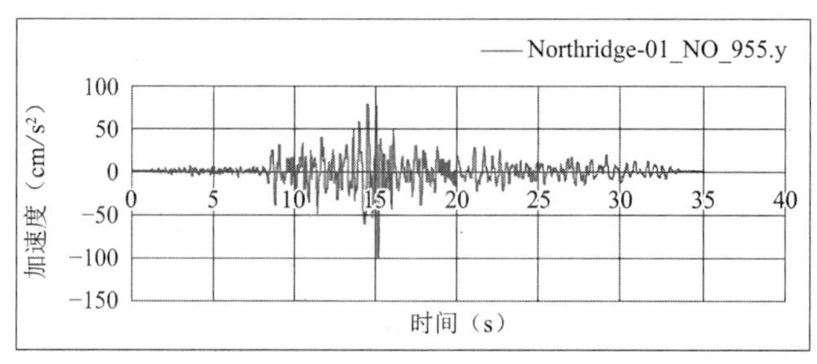


天然波 5　Northridge_Y

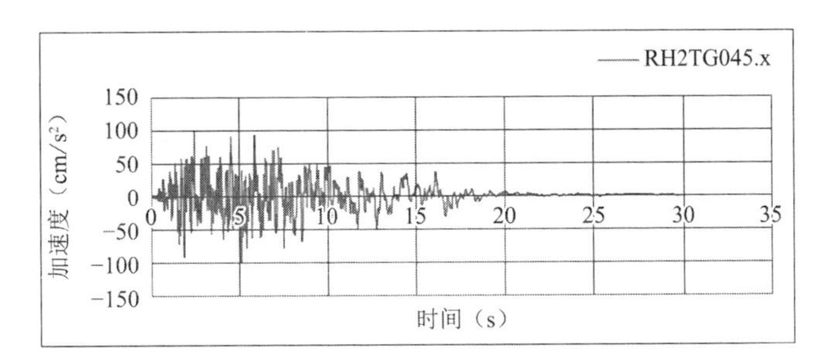


人工波 1　RH2TG045_X

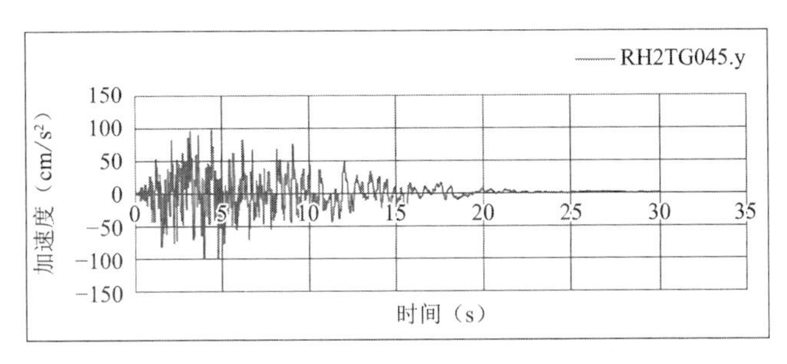


人工波 1　RH2TG045_Y

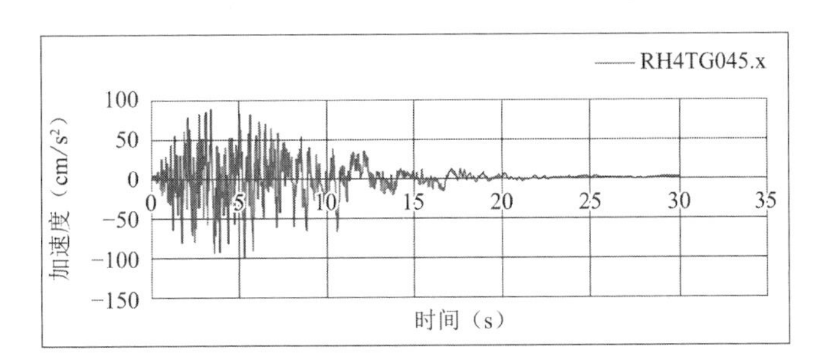


人工波 2　RH4TG045_X

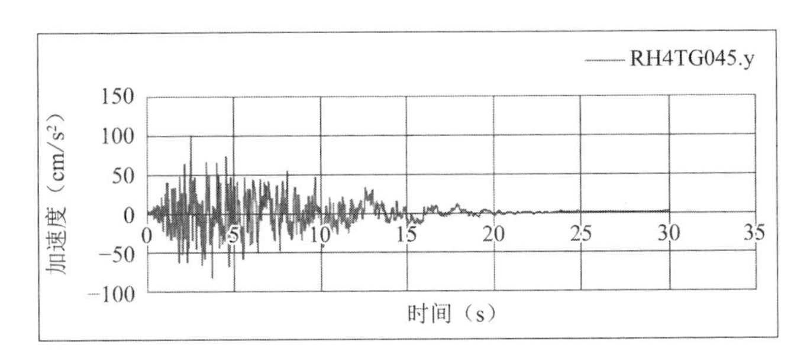


人工波 2　RH4TG045_Y

图 4-70　地震波的时程曲线

### 4.5.2　设防地震弹塑性时程分析结果

1）设防地震下结构层间剪力

计算单元二，7 条地震波设防地震作用下，结构的层间剪力见表 4-21 及图 4-71。

设防地震下结构层间剪力（kN） 表 4-21

| 楼层 | X向 | | | | | | | |
|---|---|---|---|---|---|---|---|---|
| | ManaguaNi | TH026TG045 | Chi-ChiTa | TH036TG045 | Northridge | RH2TG045 | RH4TG045 | 平均 |
| 1 | 26842.3 | 17898.6 | 15322.8 | 30380.4 | 25188.2 | 20867.2 | 19601.0 | 22300.1 |
| 2 | 23921.5 | 17190.7 | 13663.8 | 26680.6 | 23142.6 | 18552.7 | 18806.0 | 20279.7 |
| 3 | 18734.1 | 15166.3 | 14141.1 | 23773.1 | 22230.9 | 15418.6 | 16624.3 | 18012.6 |
| 4 | 14724.4 | 13194.0 | 12299.0 | 18877.7 | 16865.9 | 11982.6 | 13298.6 | 14463.2 |
| 5 | 10030.9 | 8589.65 | 8236.31 | 11995.1 | 9683.3 | 8857.77 | 9049.59 | 9491.8 |
| 楼层 | Y向 | | | | | | | |
| | ManaguaNi | TH026TG045 | Chi-ChiTa | TH036TG045 | Northridge | RH2TG045 | RH4TG045 | 平均 |
| 1 | 30338.4 | 25857.9 | 27349.6 | 30557.7 | 22038.5 | 23307.3 | 25897.0 | 26478.1 |
| 2 | 26208.1 | 23582.7 | 26388.1 | 28388.6 | 21202.0 | 20231.7 | 24363.6 | 24337.8 |
| 3 | 19479.9 | 18839.4 | 21496.7 | 23456.9 | 20767.8 | 16146.0 | 19900.7 | 20012.5 |
| 4 | 20208.5 | 15654.6 | 16833.6 | 18302.6 | 17498.9 | 13809.8 | 15196.0 | 16786.3 |
| 5 | 15624.7 | 10306.6 | 12929 | 11487.9 | 13166.8 | 10403.1 | 10135.0 | 12007.6 |

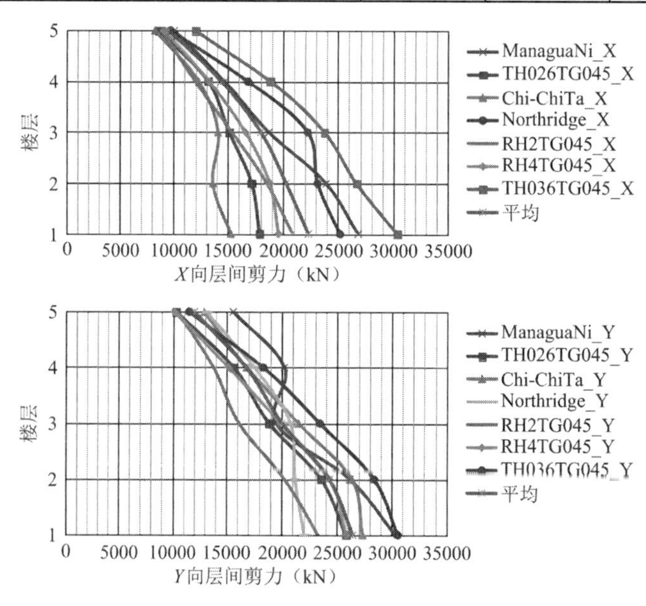


图 4-71 设防地震下结构层间剪力曲线

2）设防地震下结构层间位移角

7 条地震波设防地震作用下，减震结构层间位移角见表 4-22，结构层间位移角曲线见图 4-72。由表 4-22 可以看出，结构X方向最大层间位移角为 1/275，均值为 1/331，出现在第 5 层；Y方向最大层间位移角为 1/262，均值为 1/313，出现在第 5 层。层间位移角均小于 1/300，满足《导则》要求。

设防地震下结构层间位移角　　表 4-22

| 楼层 | X向 | | | | | | | |
|---|---|---|---|---|---|---|---|---|
| | ManaguaNi | TH026TG045 | Chi-ChiTa | TH036TG045 | Northridge | RH2TG045 | RH4TG045 | 平均 |
| 6 | 0.0000 | 0.0000 | 0.0000 | 0.0000 | 0.0000 | 0.0000 | 0.0000 | 0.0000 |
| 5 | 0.0024 | 0.0032 | 0.0028 | 0.0037 | 0.0037 | 0.0026 | 0.0028 | 0.0030 |
| 4 | 0.0018 | 0.0023 | 0.0024 | 0.0036 | 0.0033 | 0.0022 | 0.0023 | 0.0026 |
| 3 | 0.0022 | 0.0025 | 0.0026 | 0.0037 | 0.0033 | 0.0023 | 0.0025 | 0.0028 |
| 2 | 0.0027 | 0.0022 | 0.0020 | 0.0040 | 0.0033 | 0.0025 | 0.0025 | 0.0027 |
| 1 | 0.0023 | 0.0015 | 0.0012 | 0.0028 | 0.0023 | 0.0019 | 0.0019 | 0.0020 |
| 楼层 | Y向 | | | | | | | |
| | ManaguaNi | TH026TG045 | Chi-ChiTa | TH036TG045 | Northridge | RH2TG045 | RH4TG045 | 平均值 |
| 6 | 0.0000 | 0.0000 | 0.0000 | 0.0000 | 0.0000 | 0.0000 | 0.0000 | 0.0000 |
| 5 | 0.0032 | 0.0027 | 0.0035 | 0.0028 | 0.0036 | 0.0027 | 0.0038 | 0.0027 |
| 4 | 0.0022 | 0.0018 | 0.0017 | 0.0019 | 0.0024 | 0.0020 | 0.0020 | 0.0024 |
| 3 | 0.0021 | 0.0017 | 0.0013 | 0.0020 | 0.0021 | 0.0023 | 0.0019 | 0.0019 |
| 2 | 0.0027 | 0.0018 | 0.0014 | 0.0022 | 0.0021 | 0.0023 | 0.0019 | 0.0020 |
| 1 | 0.0021 | 0.0013 | 0.0010 | 0.0016 | 0.0015 | 0.0016 | 0.0013 | 0.0015 |

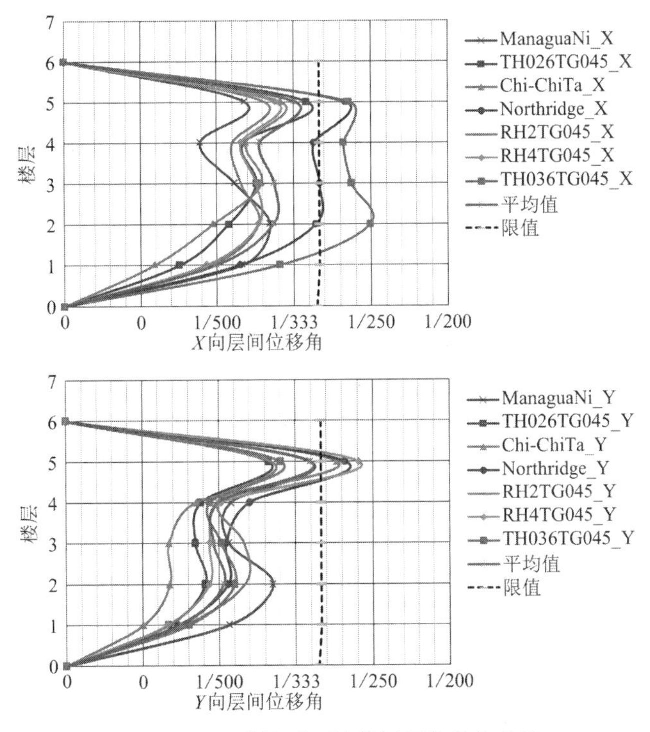


图 4-72　设防地震下结构层间位移角曲线

3）设防地震作用下构件性能评估

根据《导则》，为了保证设防地震下建筑正常使用，实现Ⅱ类建筑结构构件基本完好或轻微损坏，减震部件能正常使用的性能目标。在设防地震下，选取层间位移角与均值接近的一条波（TH026TG045 波），查看梁的性能状态，在地震作用下，混凝土梁纵筋塑性发展系数“钢筋应变/屈服应变”比值$\varepsilon_r/\varepsilon_y$分布情况见图 4-73，$\varepsilon_r/\varepsilon_y \geqslant 1$ 时表明构件发生轻度损坏（图中显示为深红色）。从计算结果可知，$\varepsilon_r/\varepsilon_y$最大值为 0.93，设防地震作用下全部混凝土梁纵筋未发生屈服，根据《高规》中构件损坏程度定义，结合图 4-73 钢筋应变/屈服应变分布图，所有梁均未发生轻度损伤，满足《导则》表 3.1.3-2 Ⅱ类建筑正常使用的性能目标。

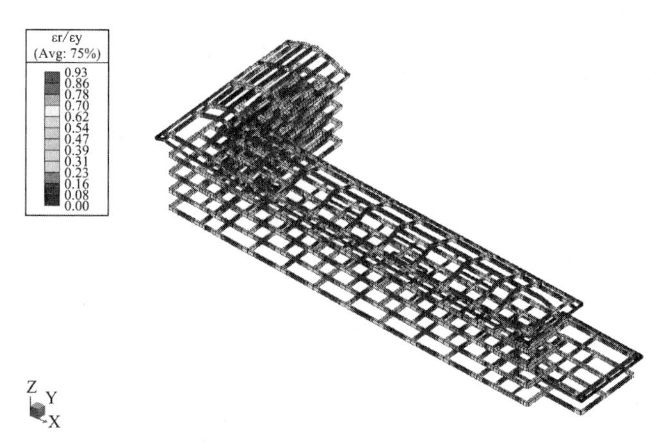


图 4-73　TH026TG045_X 作用-框架梁钢筋应变/屈服应变分布

在设防地震下，选取层间位移角较大的一条波（TH026TG045 波），查看柱的性能状态，在地震作用下，混凝土柱纵筋塑性发展系数“钢筋应变/屈服应变”比值$\varepsilon_r/\varepsilon_y$分布情况见图 4-74，$\varepsilon_r/\varepsilon_y \geqslant 1$ 时表明构件发生轻度损坏（图中显示为深红色）。从计算结果可知，$\varepsilon_r/\varepsilon_y$最大值为 0.55，设防地震作用下全部混凝土柱纵筋未发生屈服，根据《高规》中构件损坏程度定义，结合图 4-74 钢筋应变/屈服应变分布图，所有柱均未发生轻度损坏，满足《导则》表 3.1.3-2 Ⅱ类建筑正常使用的性能目标。

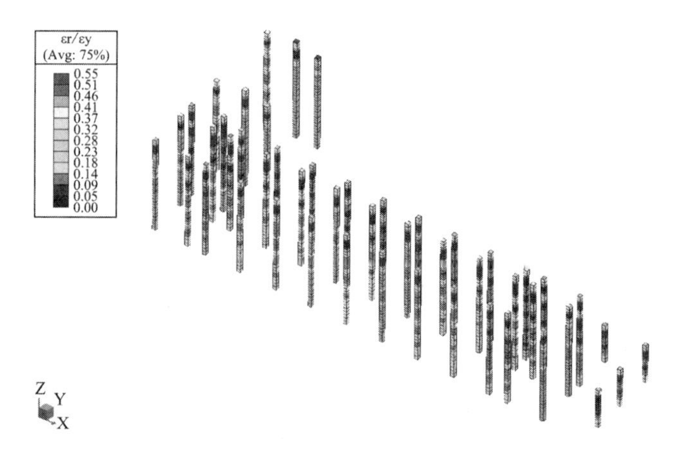


图 4-74　TH026TG045_X 作用-框架柱钢筋应变/屈服应变分布

4）设防地震下子构件性能评估

在设防地震下，选取一条时程波（TH026TG045 波）查看子结构梁柱的性能状态。提取子结构混凝土受压损伤分布图（图 4-75），大部分梁柱混凝土受压损伤系数$d_c$均小于 0.001，大部分无损坏，局部柱脚为轻微损坏状态。提取子结构混凝土钢筋受拉损伤分布图

（图 4-76 及图 4-77），所有子结构梁柱钢筋应变/屈服应变分布$\varepsilon_r/\varepsilon_y \leqslant 1$，说明子结构梁柱在设防地震下基本保持完好，损伤轻微，满足预先设置的性能目标要求。为确保黏滞阻尼器在设防地震下能正常工作，提取了与阻尼器直接相连的混凝土墙钢筋最大应变/屈服应变分布，$\varepsilon_r/\varepsilon_y \leqslant 1$，为轻微损伤。

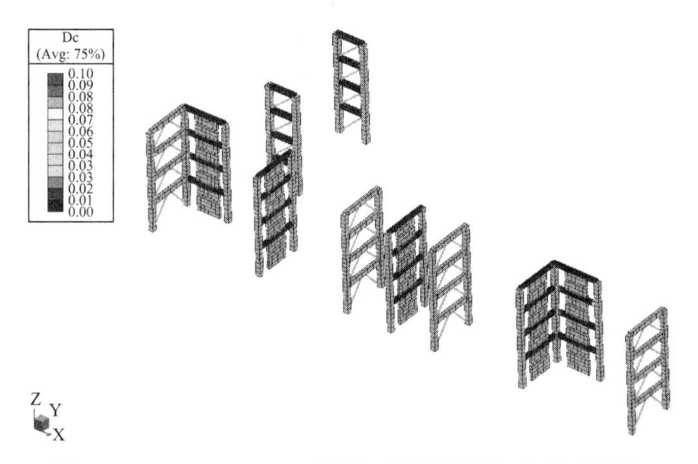


图 4-75　TH026TG045_X 作用-子结构混凝土受压损伤分布

图 4-76　TH026TG045_X 作用-子结构混凝土钢筋应变/屈服应变分布

图 4-77　TH026TG045_X 作用-子结构混凝土节点钢筋应变/屈服应变分布

5）设防地震下黏滞阻尼器与屈曲约束支撑性能评估

*X*、*Y*方向黏滞阻尼器典型滞回曲线如图 4-78 所示。*X*、*Y*方向屈曲约束支撑典型滞回曲线如图 4-79 所示。

图 4-80 及图 4-81 为其中一条时程波下的减震模型中结构能量平衡图。能量图可反映在时程工况下不同类型能量的耗散情况，以图 4-80（TH026TG045 波）为例，各颜色代表类型可见能量平衡图例。红色部分表示为黏滞阻尼器耗能比例，粉红色部分表示屈曲约束支撑耗能比例。黏滞阻尼器能为结构提供较大的耗能占比，屈曲约束支撑提供的耗能占比较小，该结果与图 4-78 中各构件的滞回曲线相对应。减震构件能为结构提供可靠的附加阻尼，从而达到保护主体结构的目的。

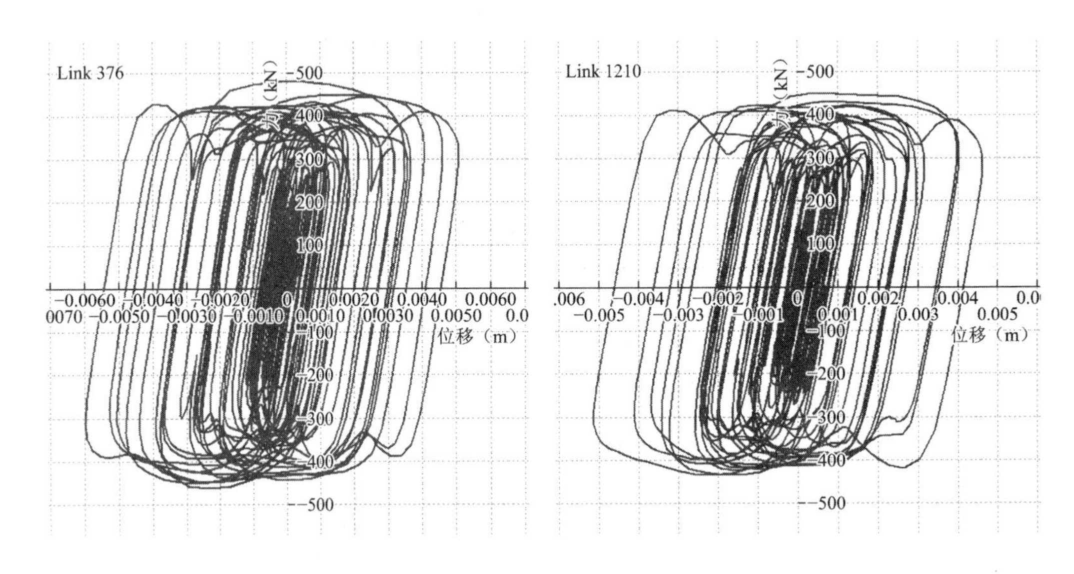


TH026TG045_Y 作用下 VFD-Y-2-1 阻尼器滞回曲线

TH026TG045_Y 作用下 VFD-Y-2-2 阻尼器滞回曲线

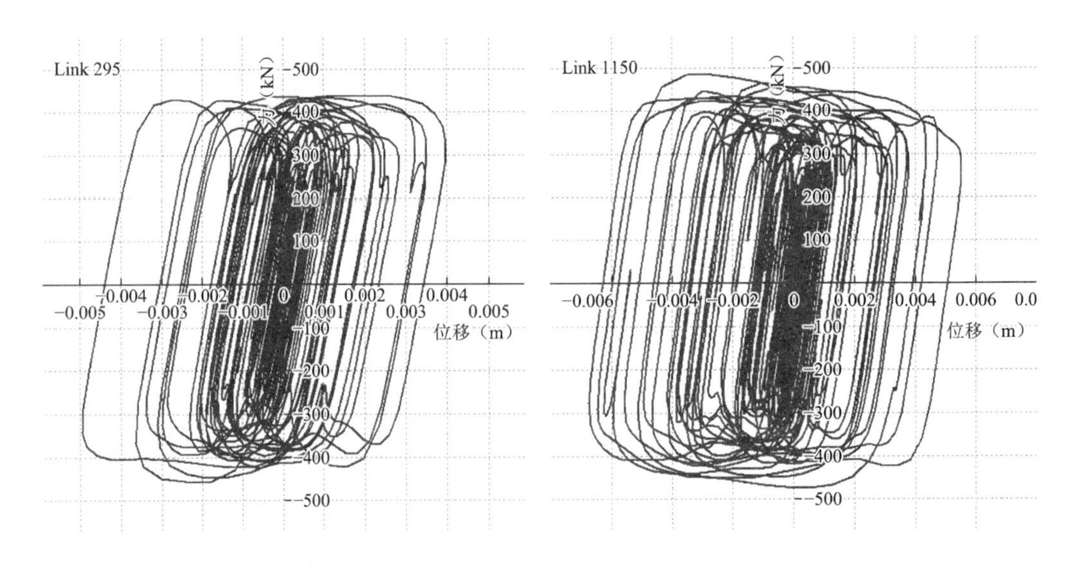


TH026TG045_Y 作用下 VFD-Y-2-3 阻尼器滞回曲线

TH026TG045_X 作用下 VFD-X-2-1 阻尼器滞回曲线

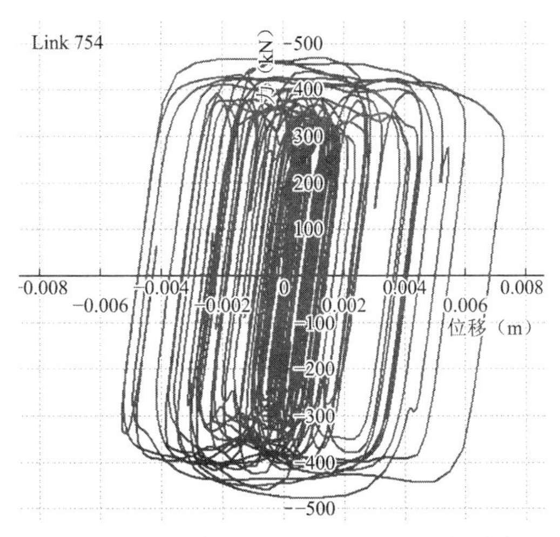


TH026TG045_X 作用下 VFD-X-2-2 阻尼器滞回曲线

图 4-78　阻尼器滞回曲线

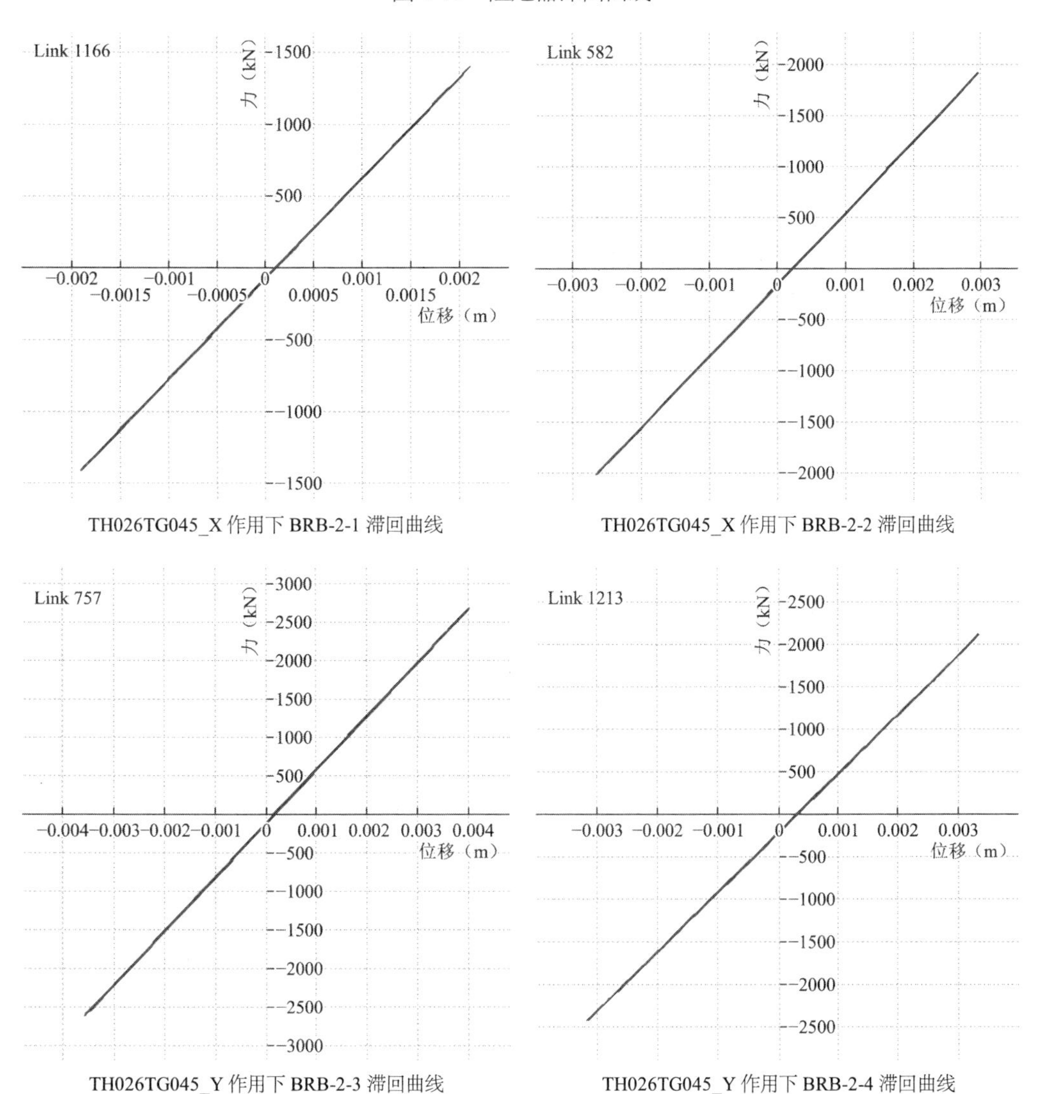


TH026TG045_X 作用下 BRB-2-1 滞回曲线

TH026TG045_X 作用下 BRB-2-2 滞回曲线

TH026TG045_Y 作用下 BRB-2-3 滞回曲线

TH026TG045_Y 作用下 BRB-2-4 滞回曲线

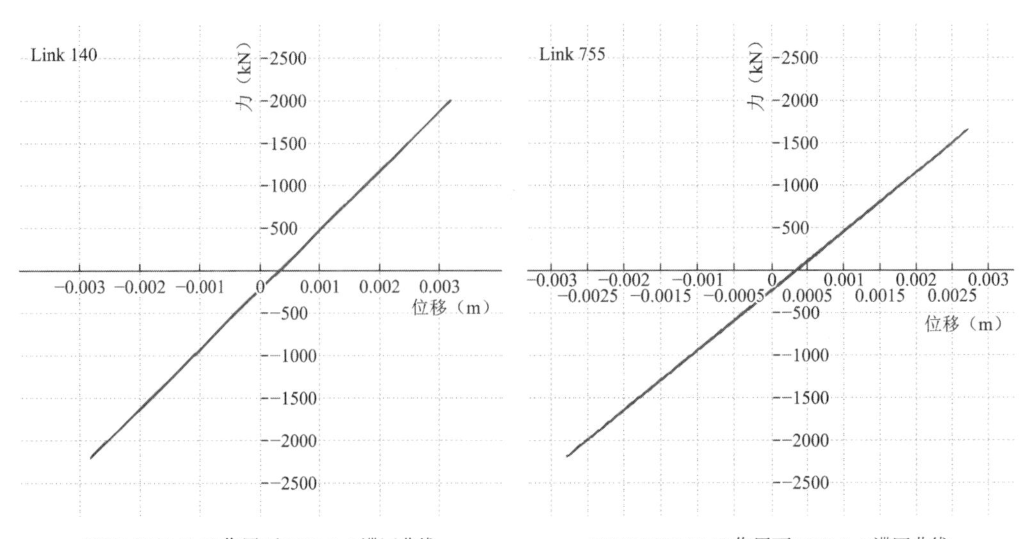


TH026TG045_Y 作用下 BRB-2-5 滞回曲线　　TH026TG045_Y 作用下 BRB-2-6 滞回曲线

图 4-79　屈曲约束支撑典型滞回曲线

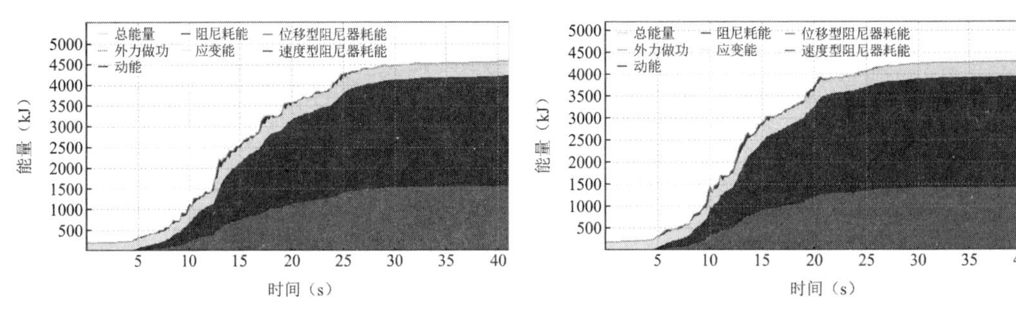


图 4-80　TH026TG045_X 作用下能量平衡图　　图 4-81　TH026TG045_Y 作用下能量平衡图

6）设防地震下附加阻尼比计算

阻尼器提供的附加阻尼比见表 4-23，其根据时程分析中模态阻尼（阻尼比 5%）消耗的能量和阻尼器消耗的能量的比例（图 4-82 及图 4-83）换算得到。由时程能量法计算黏滞阻尼器的附加阻尼比为 2.95%。

**模态阻尼比例能量法计算附加阻尼比**　　**表 4-23**

| X方向附加阻尼比计算 | | | | | | | |
|---|---|---|---|---|---|---|---|
| 地震波 | ManaguaNi | TH026TG045 | Chi-ChiTa | TH036TG045 | Northridge | RH2TG045 | RH4TG045 |
| 模态阻尼消耗能量比例 | 53.04% | 55.53% | 51.94% | 53.88% | 57.81% | 50.81% | 50.11% |
| 黏滞阻尼器消耗能量比例 | 28.58% | 31.74% | 31.23% | 28.73% | 29.83% | 32.21% | 31.50% |
| 屈曲约束支撑消耗能量比例 | 0.40% | 0.15% | 0.27% | 3.50% | 1.58% | 0.70% | 0.39% |
| 附加阻尼比 | 2.70% | 3.00% | 3.00% | 2.70% | 2.80% | 3.20% | 3.20% |
| 平均值 | 2.95% | | | | | | |

续表

| Y方向附加阻尼比计算 | | | | | | | |
|---|---|---|---|---|---|---|---|
| 地震波 | ManaguaNi | TH026TG045 | Chi-ChiTa | TH036TG045 | Northridge | RH2TG045 | RH4TG045 |
| 模态阻尼消耗能量比例 | 54.28% | 56.00% | 53.42% | 52.12% | 52.79% | 50.79% | 51.20% |
| 黏滞阻尼器消耗能量比例 | 28.78% | 31.61% | 30.51% | 32.02% | 31.72% | 32.37% | 32.48% |
| 屈曲约束支撑消耗能量比例 | 1.16% | 0.27% | 0.32% | 0.72% | 0.48% | 0.90% | 0.70% |
| 附加阻尼比 | 2.60% | 2.80% | 3.00% | 3.2% | 2.90% | 3.10% | 3.20% |
| 平均值 | 2.98% | | | | | | |

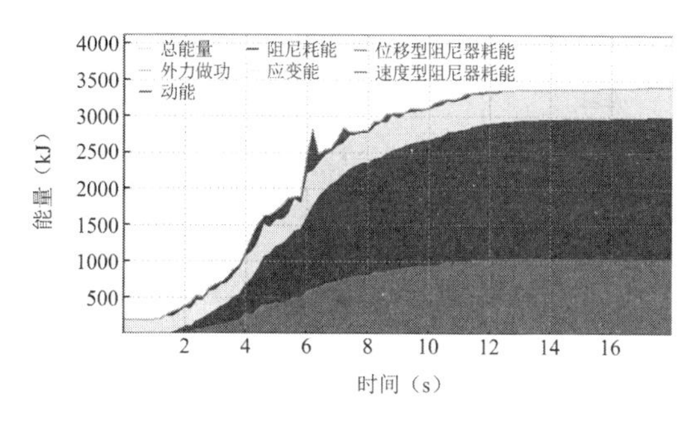


ManaguaNi

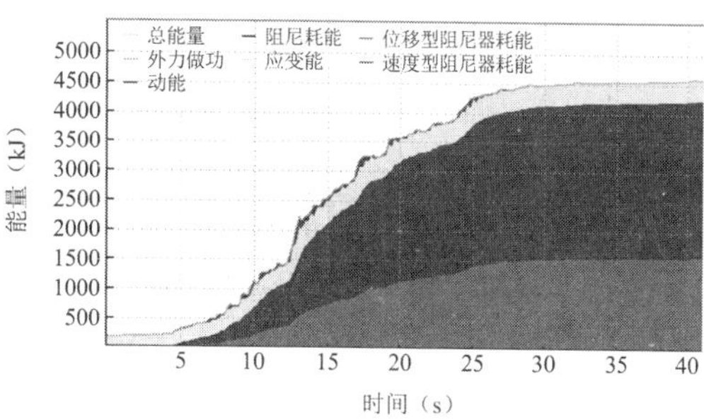


TH026TG045

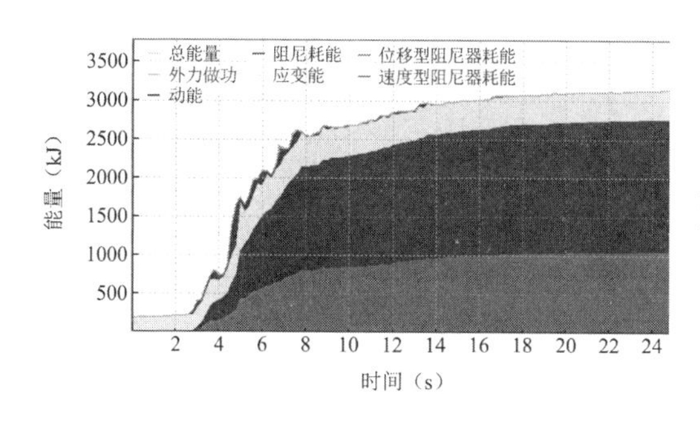


Chi-ChiTa

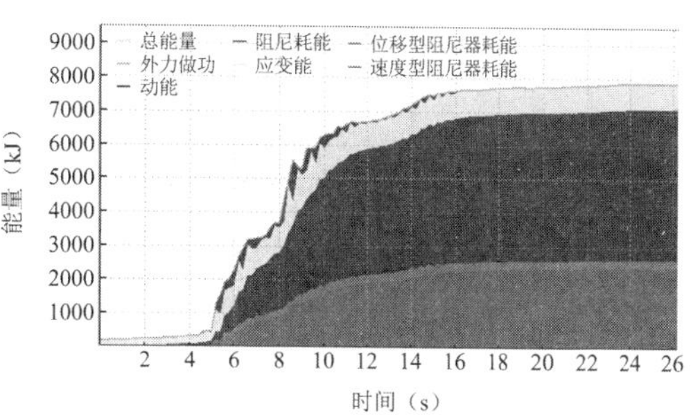


TH036TG045

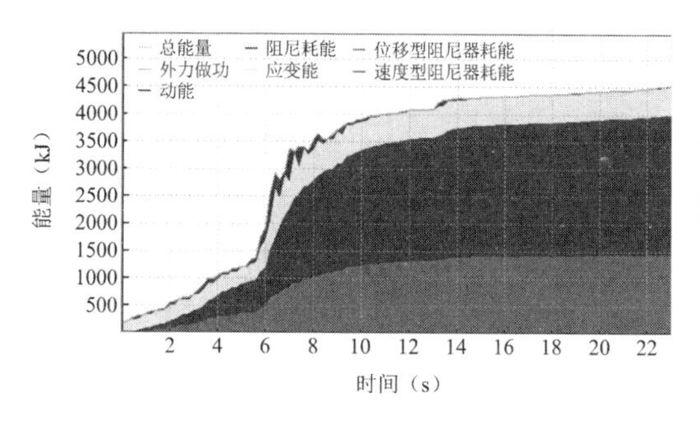


Northridge

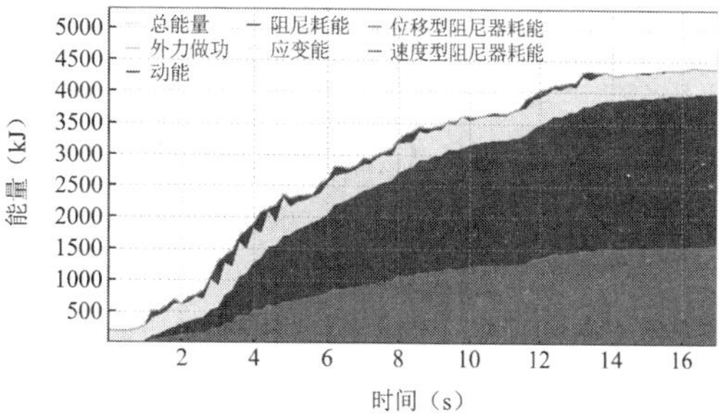


RH2TG045

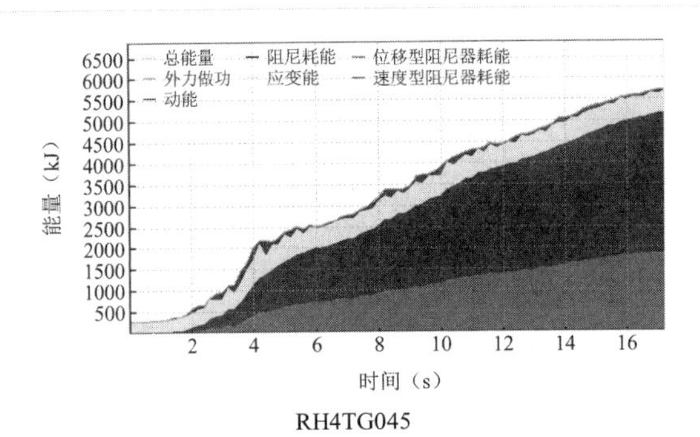


图 4-82　*X*向设防地震时程能量曲线

注：红色为黏滞阻尼器消耗的能量。

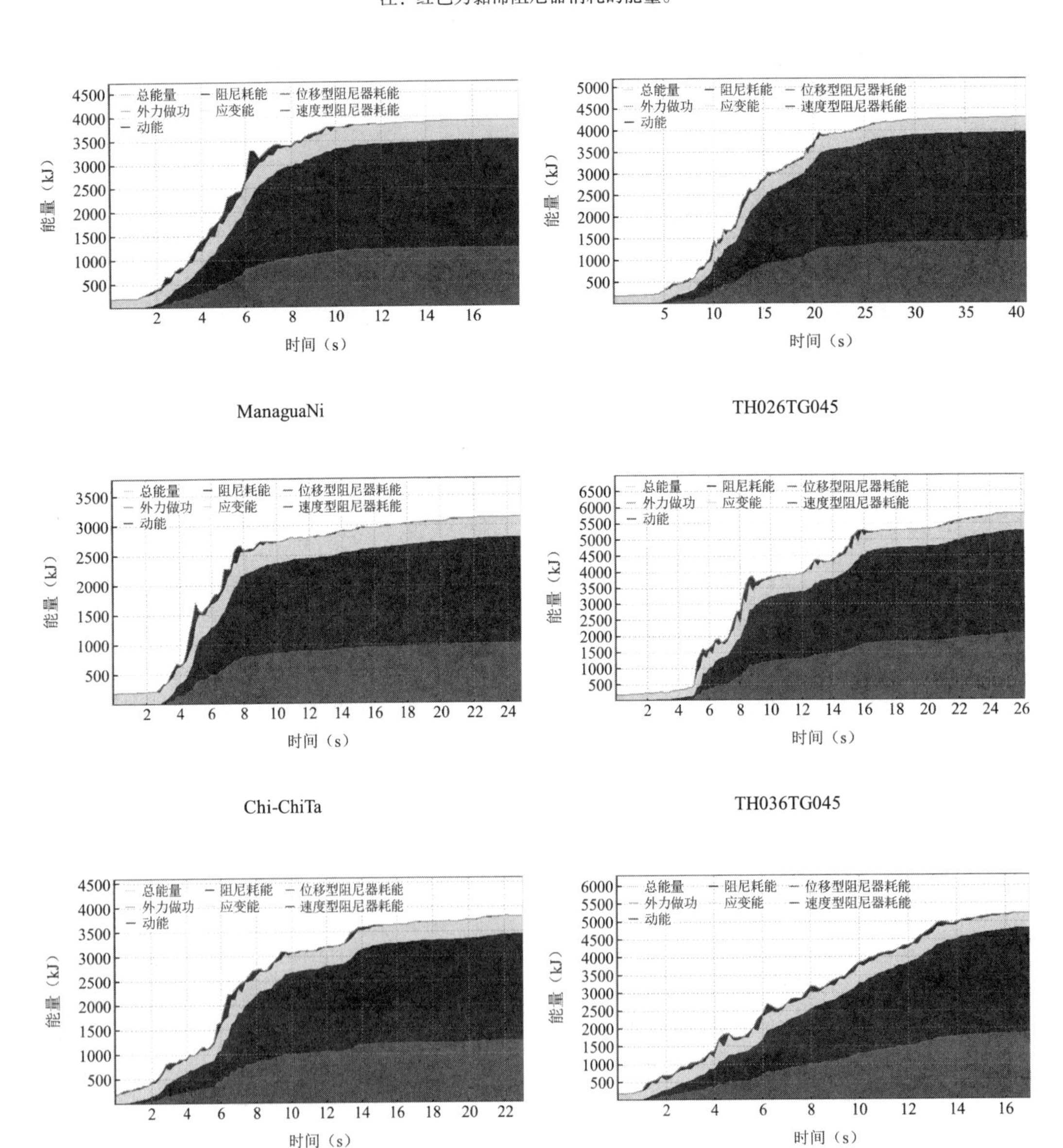

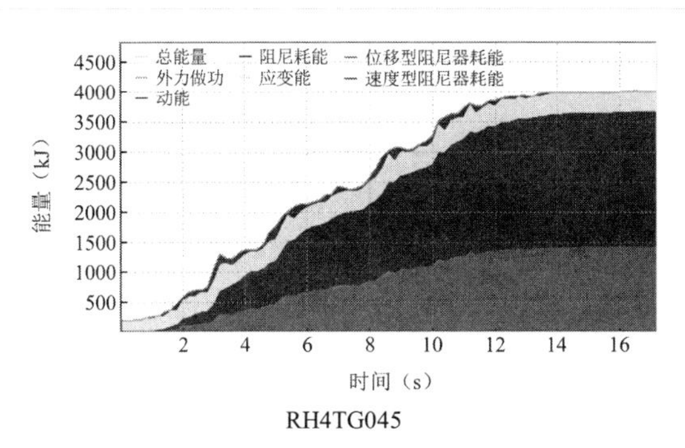


图 4-83　$Y$向设防地震时程能量曲线

注：红色为黏滞阻尼器消耗的能量。

7）设防地震下楼面加速度验算

计算单元二楼面加速度分布见图 4-84～图 4-97。$X$向加速度最大值均值为 0.372$g$，$Y$向楼面加速度最大值均值为 0.290g，小于《导则》限值 0.45$g$，均位于屋面层，满足《导则》表 4.4.1 Ⅱ类建筑楼面加速度的限值要求。

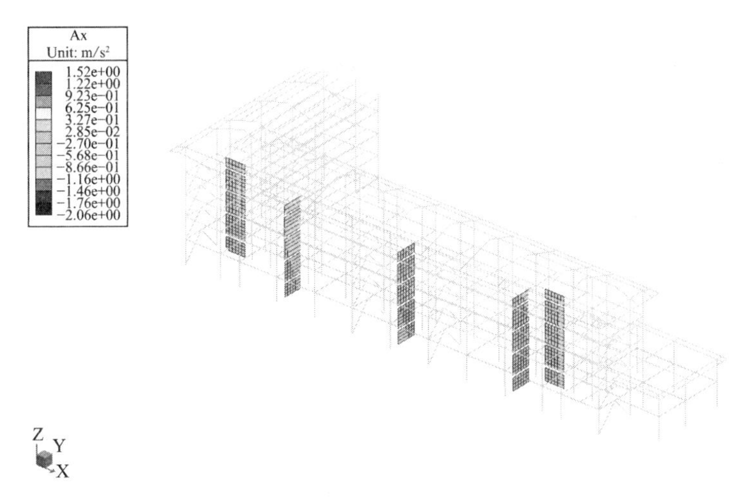


图 4-84　ManaguaNi_X 作用下楼面加速度分布

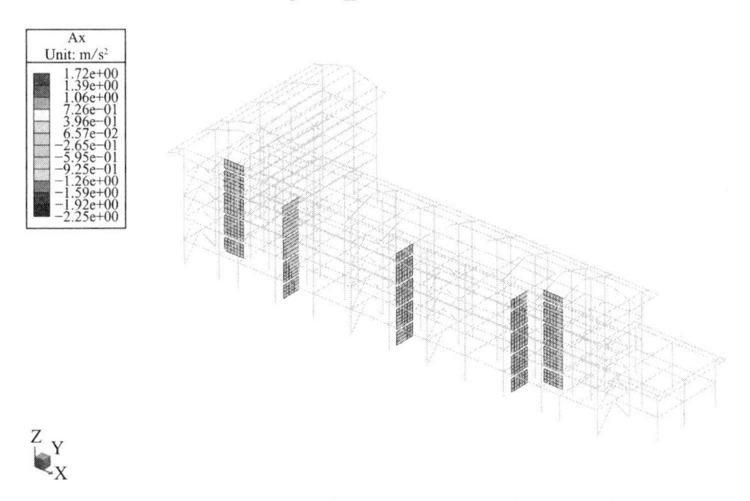


图 4-85　TH026TG045_X 作用下楼面加速度分布

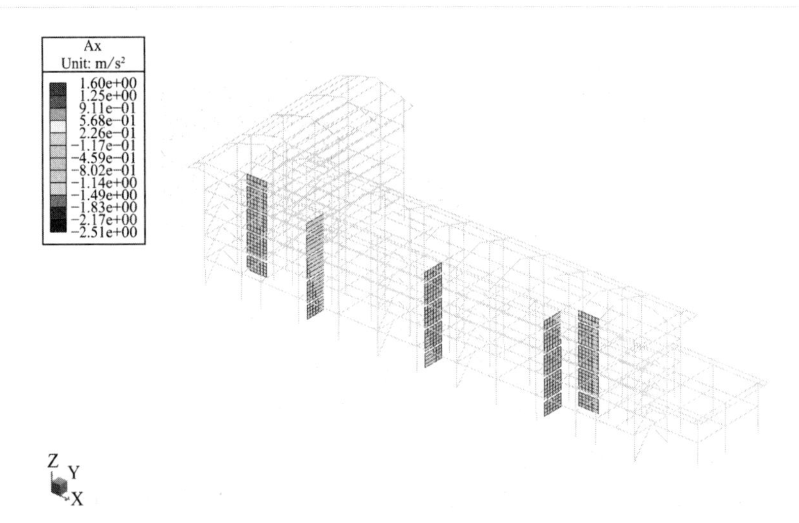


图 4-86　Chi-ChiTa_X 作用下楼面加速度分布

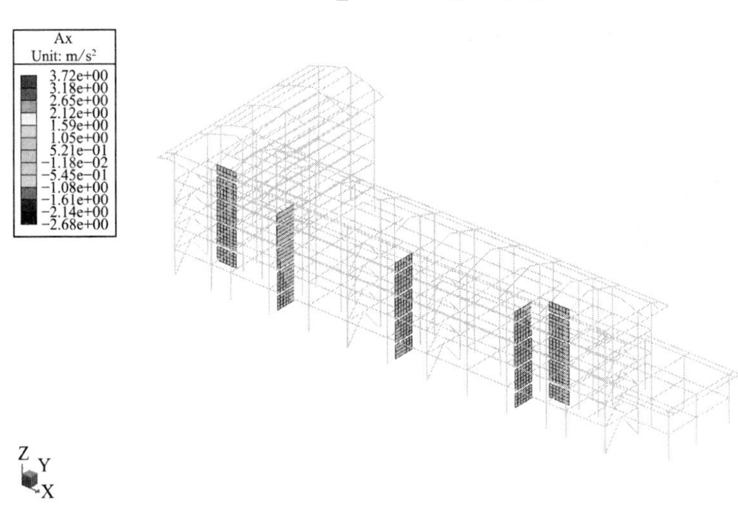


图 4-87　TH036TG045_X 作用下楼面加速度分布

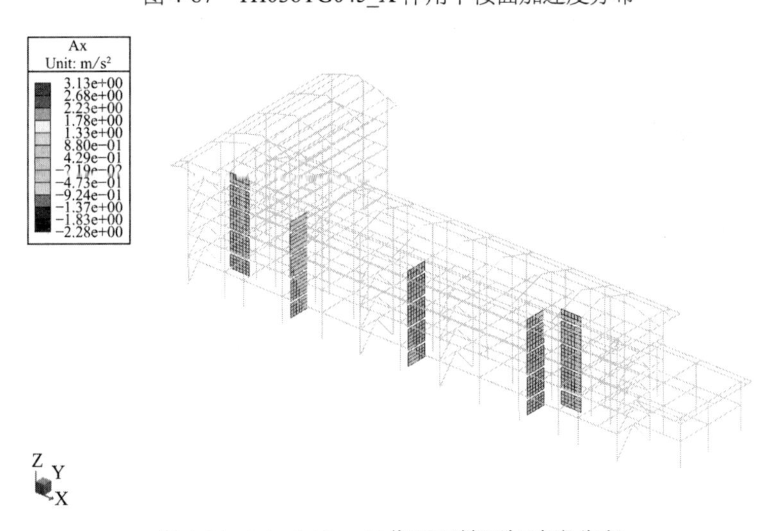


图 4-88　Northridge_X 作用下楼面加速度分布

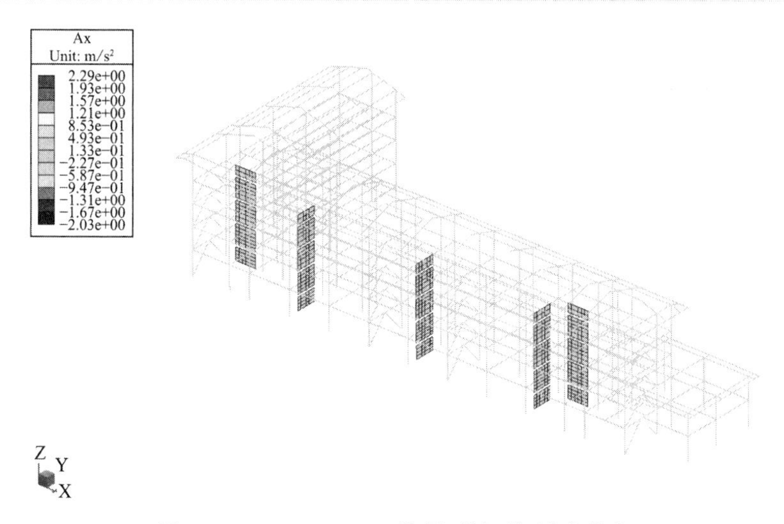


图 4-89　RH2TG045_X 作用下楼面加速度分布

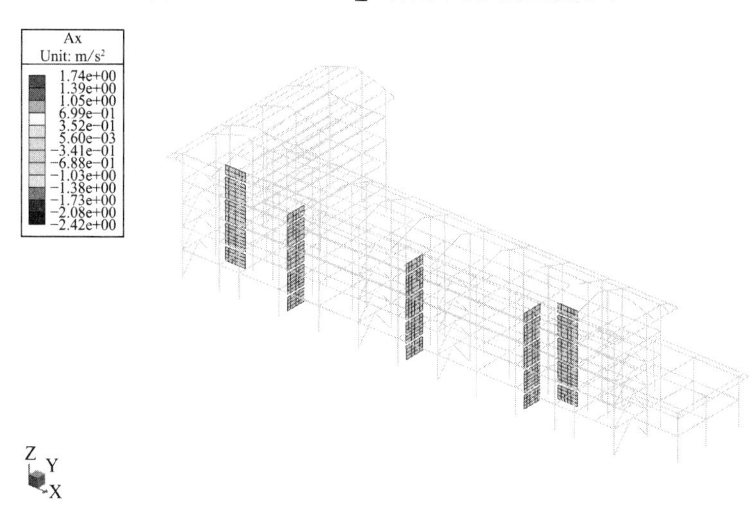


图 4-90　RH4TG045_X 作用下楼面加速度分布

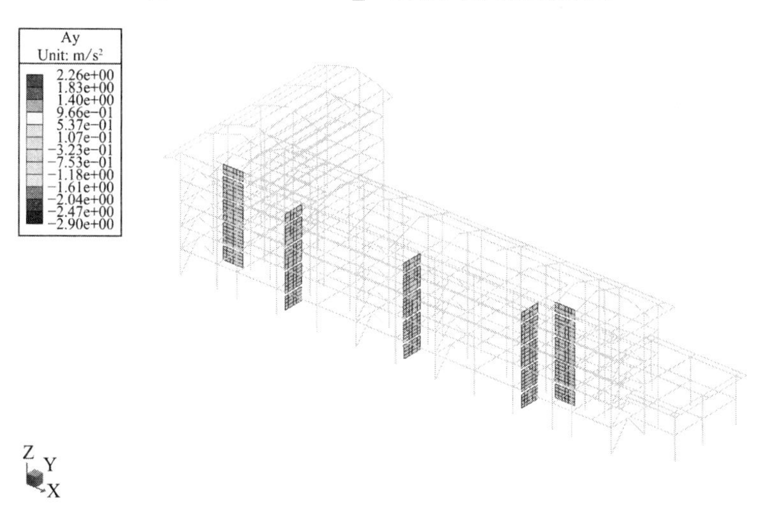


图 4-91　ManaguaNi_Y 作用下楼面加速度分布

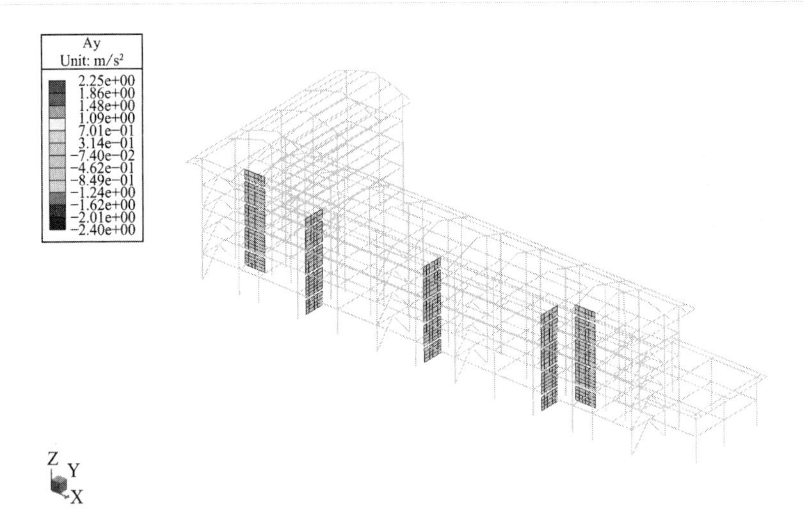


图 4-92 TH026TG045_Y 作用下楼面加速度分布

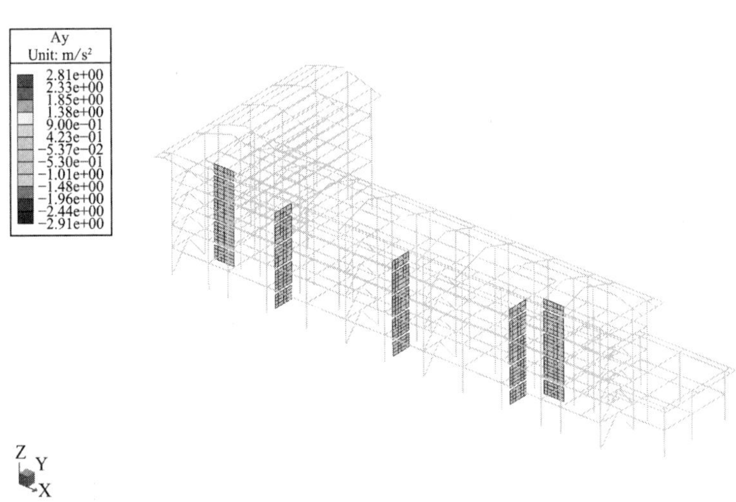


图 4-93 Chi-ChiTa_Y 作用下楼面加速度分布

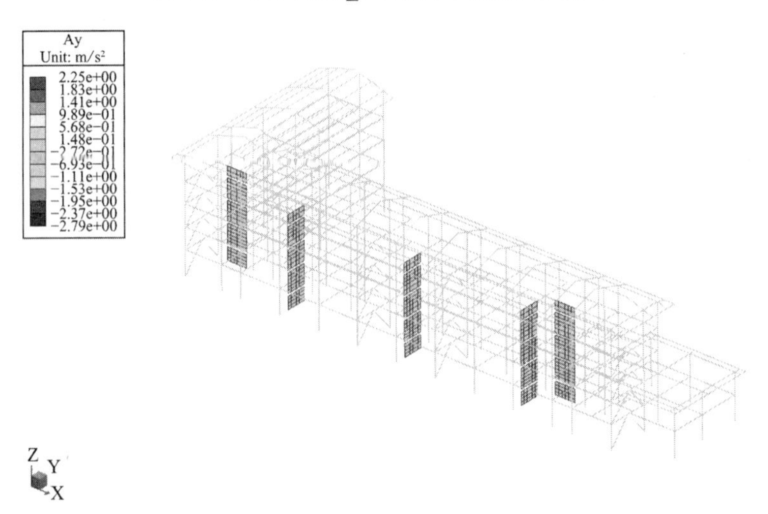


图 4-94 TH036TG045_Y 作用下楼面加速度分布

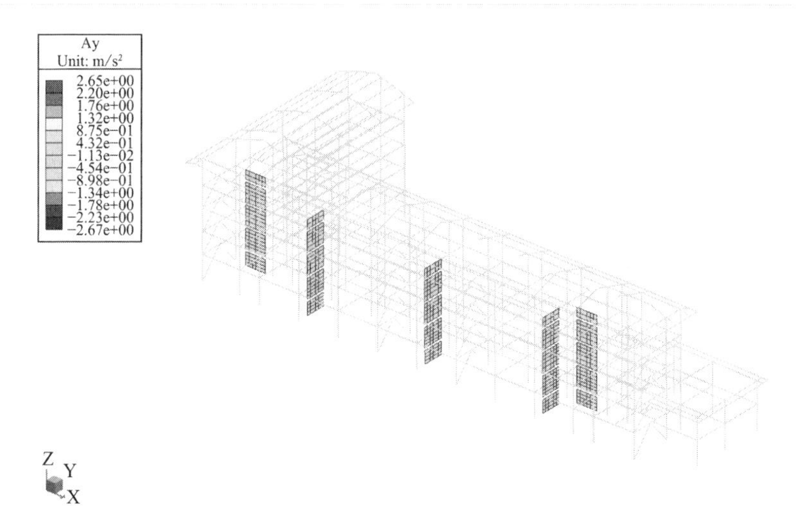


图 4-95　Northridge_Y 作用下楼面加速度分布

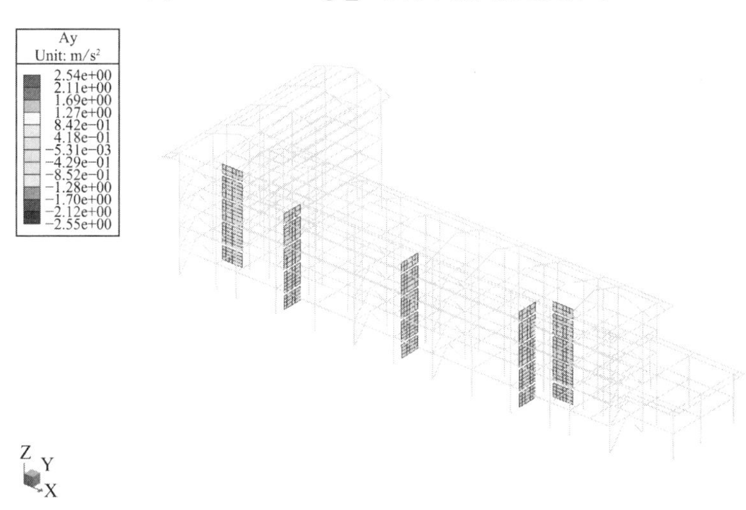


图 4-96　RH2TG045_Y 作用下楼面加速度分布

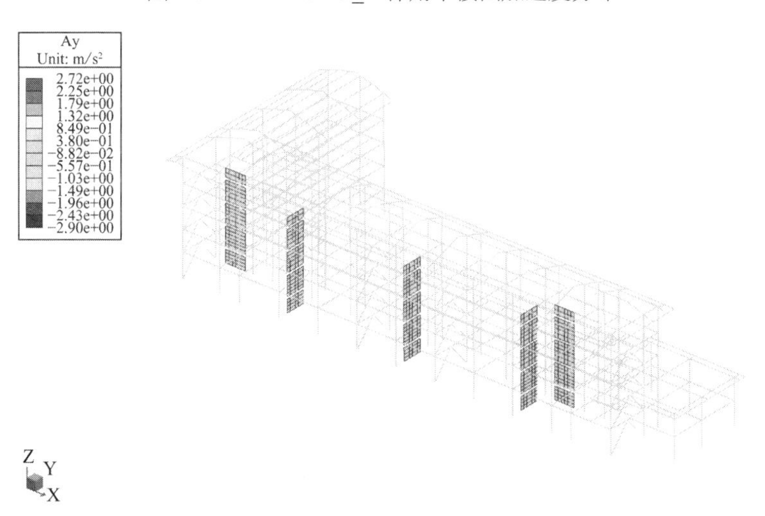


图 4-97　RH4TG045_Y 作用下楼面加速度分布

# 4.6 计算单元二罕遇地震弹塑性时程分析结果

## 4.6.1 地震波选取

根据《西安国际港务区陆港第五小学岩土工程勘察报告》，本工程位于Ⅱ类场地上，多遇地震特征周期为 0.441s（根据地勘修正），罕遇地震特征周期为 0.49s，以下时程分析均采用双向地震动输入，次方向地震动峰值加速度取主方向峰值加速度的 0.85 倍，多遇地震、设防地震和罕遇地震的主方向地震动加速度峰值分别取 70cm/s$^2$、200cm/s$^2$ 和 400cm/s$^2$。

本工程选用 2 条人工波和 5 条天然波进行罕遇地震下弹性时程分析。地震波的峰值如表 4-24 所示，地震波时程曲线参考图 4-70。

罕遇地震地震波峰值　　表 4-24

| 工况 | 起始时间（s） | 终止时间（s） | 主方向加速度（cm/s$^2$） | 次方向加速度（cm/s$^2$） | 竖直方向加速度（cm/s$^2$） |
|---|---|---|---|---|---|
| ManaguaNi_X | 0.2 | 18.4 | 400.0 | 340.0 | 0.0 |
| TH026TG045_X | 0.9 | 42.0 | 400.0 | 340.0 | 0.0 |
| Chi-ChiTa_X | 8.2 | 33.1 | 400.0 | 340.0 | 0.0 |
| TH036TG045_X | 1.1 | 27.3 | 400.0 | 340.0 | 0.0 |
| Northridge_X | 8.6 | 31.8 | 400.0 | 340.0 | 0.0 |
| RH2TG045_X | 0.5 | 17.7 | 400.0 | 340.0 | 0.0 |
| RH4TG045_X | 0.6 | 18.0 | 400.0 | 340.0 | 0.0 |
| ManaguaNi_Y | 0.2 | 18.4 | 400.0 | 340.0 | 0.0 |
| TH026TG045_Y | 0.9 | 42.0 | 400.0 | 340.0 | 0.0 |
| Chi-ChiTa_Y | 8.2 | 33.1 | 400.0 | 340.0 | 0.0 |
| TH036TG045_Y | 1.1 | 27.3 | 400.0 | 340.0 | 0.0 |
| Northridge_Y | 8.6 | 31.8 | 400.0 | 340.0 | 0.0 |

## 4.6.2 罕遇地震弹塑性时程分析结果

1）罕遇地震下结构层间剪力

计算单元二，7 条地震波罕遇地震作用下，结构的层间剪力见表 4-25 及图 4-98。

罕遇地震下结构层间剪力（kN）　　表 4-25

| 楼层 | X向 | | | | | | | |
|---|---|---|---|---|---|---|---|---|
| | ManaguaNi | TH026TG045 | Chi-ChiTa | TH036TG045 | Northridge | RH2TG045 | RH4TG045 | 平均 |
| 1 | 33136.0 | 35467.5 | 28433.3 | 28812.0 | 39396.4 | 48423.3 | 35775.0 | 35634.8 |
| 2 | 31043.3 | 34972.7 | 24994.9 | 22489.4 | 33489.3 | 42804.5 | 29747.0 | 31363.0 |
| 3 | 25339.8 | 32141.2 | 24823.3 | 20602.5 | 31864.1 | 35829.0 | 26467.4 | 28152.5 |
| 4 | 20387.6 | 27220.1 | 21090.7 | 19609.5 | 29174.9 | 28134.4 | 23313.9 | 24133.0 |
| 5 | 12537.6 | 18325.1 | 16904.8 | 15578.6 | 16626.8 | 19572.6 | 14891.3 | 16348.1 |

续表

| 楼层 | Y向 | | | | | | | |
|---|---|---|---|---|---|---|---|---|
| | ManaguaNi | TH026TG045 | Chi-ChiTa | TH036TG045 | Northridge | RH2TG045 | RH4TG045 | 平均 |
| 1 | 38531.7 | 44521.2 | 36534.8 | 36054.4 | 44094.1 | 48768.5 | 39333.3 | 41119.7 |
| 2 | 34661.2 | 40608.6 | 36170.3 | 35951.7 | 38467.7 | 43456.2 | 37971.5 | 38183.9 |
| 3 | 27910.6 | 33591.5 | 30590.7 | 33178.0 | 34280.9 | 38258.7 | 34460.3 | 33181.5 |
| 4 | 23067.7 | 24674.0 | 25353.4 | 29345.5 | 27164.4 | 27983.5 | 26834.8 | 26346.2 |
| 5 | 17526.4 | 21970.2 | 17355.3 | 20830.0 | 20067.3 | 17521.9 | 19144.7 | 19202.3 |

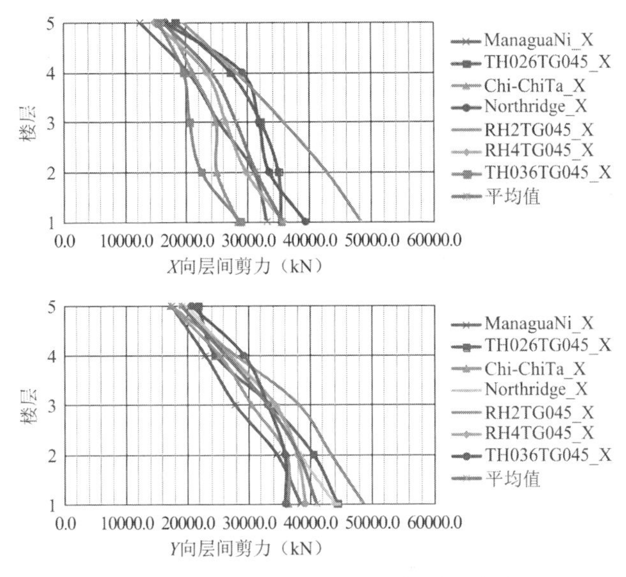


图 4-98　罕遇地震下结构层间剪力曲线

2）设防地震下结构层间位移角

7 条地震波设防地震作用下，减震结构层间位移角见表 4-26，结构层间位移角曲线见图 4-99。由表 4-26 可以看出，结构X方向最大层间位移角为 1/80，均值为 1/140，出现在第 5 层；Y方向最大层间位移角为 1/96，均值为 1/132，出现在第 5 层。层间位移角均小于 1/100，满足《导则》要求。

设防地震下结构层间位移角　　表 4-26

| 楼层 | X向 | | | | | | | |
|---|---|---|---|---|---|---|---|---|
| | ManaguaNi | TH026TG045 | Chi-ChiTa | TH036TG045 | Northridge | RH2TG045 | RH4TG045 | 平均 |
| 6 | 0.0000 | 0.0000 | 0.0000 | 0.0000 | 0.0000 | 0.0000 | 0.0000 | 0.0000 |
| 5 | 0.0051 | 0.0067 | 0.0058 | 0.0047 | 0.0092 | 0.0125 | 0.0057 | 0.0071 |
| 4 | 0.0050 | 0.0056 | 0.0046 | 0.0048 | 0.0082 | 0.0124 | 0.0049 | 0.0065 |
| 3 | 0.0057 | 0.0055 | 0.0049 | 0.0044 | 0.0086 | 0.0136 | 0.0047 | 0.0068 |
| 2 | 0.0064 | 0.0052 | 0.0051 | 0.0034 | 0.0087 | 0.0141 | 0.0053 | 0.0069 |
| 1 | 0.0047 | 0.0042 | 0.0036 | 0.0027 | 0.0056 | 0.0090 | 0.0045 | 0.0049 |

续表

| 楼层 | Y向 | | | | | | | |
|---|---|---|---|---|---|---|---|---|
| | ManaguaNi | TH026TG045 | Chi-ChiTa | TH036TG045 | Northridge | RH2TG045 | RH4TG045 | 平均值 |
| 6 | 0.0000 | 0.0000 | 0.0000 | 0.0000 | 0.0000 | 0.0000 | 0.0000 | 0.0000 |
| 5 | 0.0065 | 0.0066 | 0.0063 | 0.0078 | 0.0105 | 0.0067 | 0.0086 | 0.0076 |
| 4 | 0.0050 | 0.0037 | 0.0035 | 0.0038 | 0.0052 | 0.0043 | 0.0046 | 0.0043 |
| 3 | 0.0046 | 0.0040 | 0.0039 | 0.0035 | 0.0061 | 0.0061 | 0.0048 | 0.0047 |
| 2 | 0.0052 | 0.0049 | 0.0043 | 0.0033 | 0.0057 | 0.0068 | 0.0048 | 0.0050 |
| 1 | 0.0038 | 0.0037 | 0.0030 | 0.0023 | 0.0032 | 0.0048 | 0.0031 | 0.0034 |

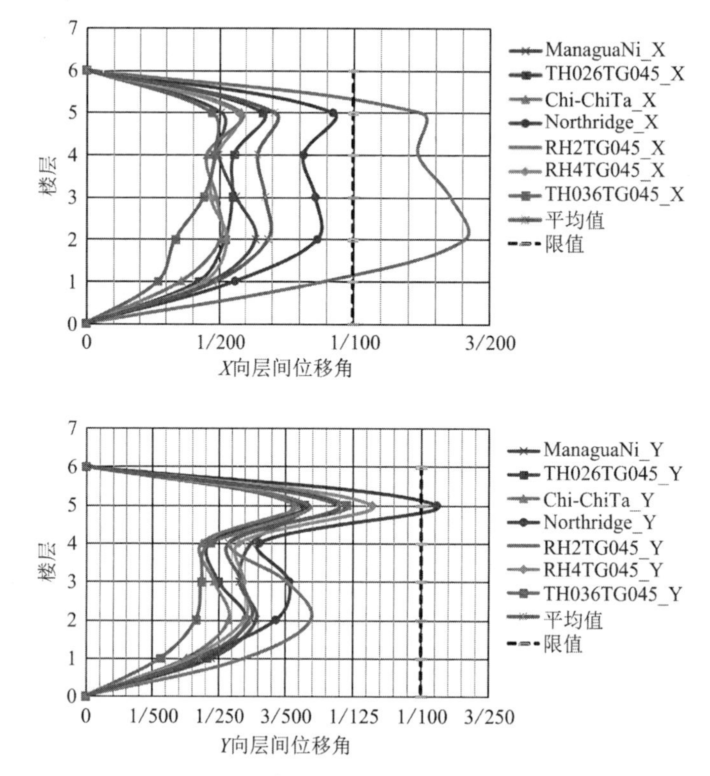


图 4-99 设防地震下结构层间位移角曲线

3）罕遇地震作用下构件性能评估

根据《导则》，大震下结构构件的性能目标为轻度或中度损坏，减震部件能正常使用。在罕遇地震下，选取层间位移角较大的一条波（TH026TG045 波），查看梁的性能状态，混凝土梁纵筋塑性发展系数“钢筋应变/屈服应变”比值$\varepsilon_r/\varepsilon_y$分布见图 4-100，$3 \geqslant \varepsilon_r/\varepsilon_y \geqslant 1$ 时表明构件发生轻度或中度损坏。从计算结果可知，$\varepsilon_r/\varepsilon_y$最大值为 2.92，罕遇地震作用下全部混凝土梁纵筋发生屈服，根据《高规》中构件损坏程度定义，结合图 4-100 钢筋应变/屈服应变分布图，大部分梁发生轻度损伤，仅局部梁接近中度损伤。所有梁均未达到中度损伤的程度，满足《导则》表 3.1.3-2 Ⅱ类建筑正常使用的性能目标。

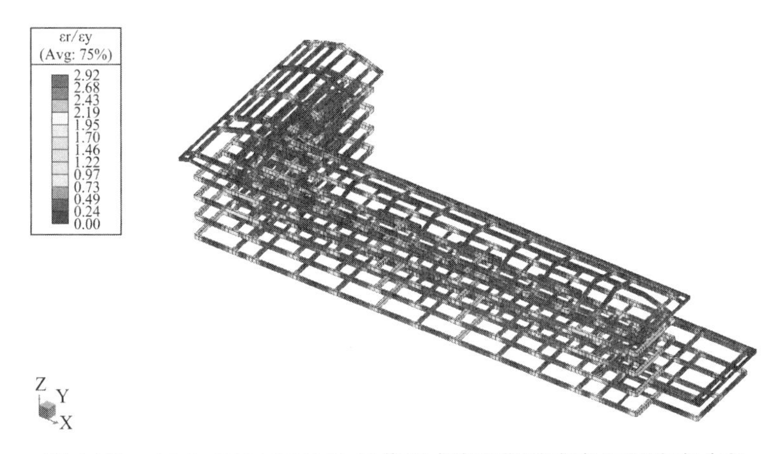


图 4-100　6.2.3a TH026TG045_X 作用-框架梁钢筋应变/屈服应变分布

在罕遇地震下，选取层间位移角较大的一条波（TH026TG045 波），查看柱的性能状态，在地震作用下，混凝土柱纵筋塑性发展系数"钢筋应变/屈服应变"比值$\varepsilon_r/\varepsilon_y$分布见图 4-101，$3 \geqslant \varepsilon_r/\varepsilon_y \geqslant 1$ 时表明构件发生轻度或中度损坏。从计算结果可知，$\varepsilon_r/\varepsilon_y$最大值为 1.43，设防地震作用下全部混凝土柱纵筋发生屈服，根据《高规》中构件损坏程度定义，结合图 4-101 钢筋应变/屈服应变分布图，大部分柱发生轻微损伤，局部发生轻度损伤。所有柱均未达到中度损伤的程度，满足《导则》表 3.1.3-2 Ⅱ类建筑正常使用的性能目标。

计算单元二梁柱构件整体损伤分布如图 4-102 所示，10.0%梁柱无损坏，77.9%梁柱出现轻微损伤，11.5%梁柱出现轻度损伤，仅 0.5%梁柱中度损坏。7 条地震波梁柱性能平均损伤分布图见图 4-103 及图 4-104 所示。该损伤结果满足《导则》表 3.1.3-2 Ⅱ类建筑罕遇地震下构件的性能目标。

4）罕遇地震下子构件性能评估

在罕遇地震下，选取一条时程波（TH026TG045 波）查看子结构梁柱的性能状态。提取子结构混凝土受压损伤分布图（图 4-105），梁柱混凝土受压损伤系数$d_c$均小于 0.2，大部分轻度损伤，局部柱脚中度损伤。提取子结构钢筋损伤分布图（图 4-106 及图 4-107），所有子结构梁柱钢筋应变/屈服应变分布，$\varepsilon_r/\varepsilon_y \leqslant 3$，说明子结构梁柱钢筋在罕遇地震下未出现中度损伤，满足预先设置的性能目标要求。为确保黏滞阻尼器在设防地震下能正常工作，提取了与阻尼器直接相连的混凝土墙钢筋最大应变/屈服应变分布，$\varepsilon_r/\varepsilon_y \leqslant 0.2$，为轻微损伤。

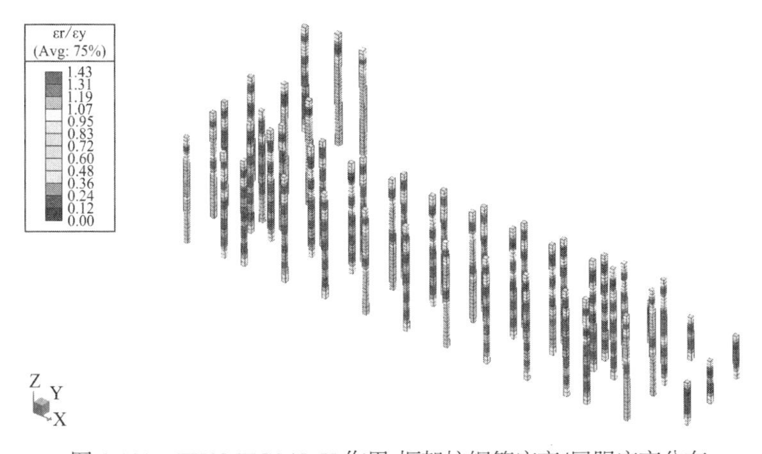


图 4-101　TH026TG045_X 作用-框架柱钢筋应变/屈服应变分布

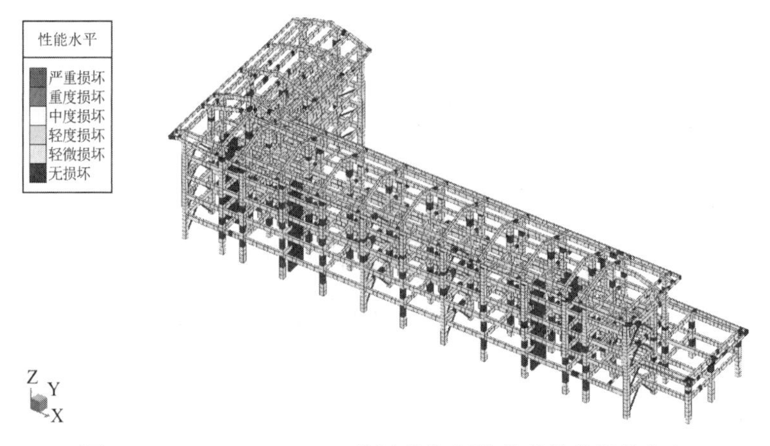


图 4-102　TH026TG045_X 作用-框架梁柱构件整体损伤分布

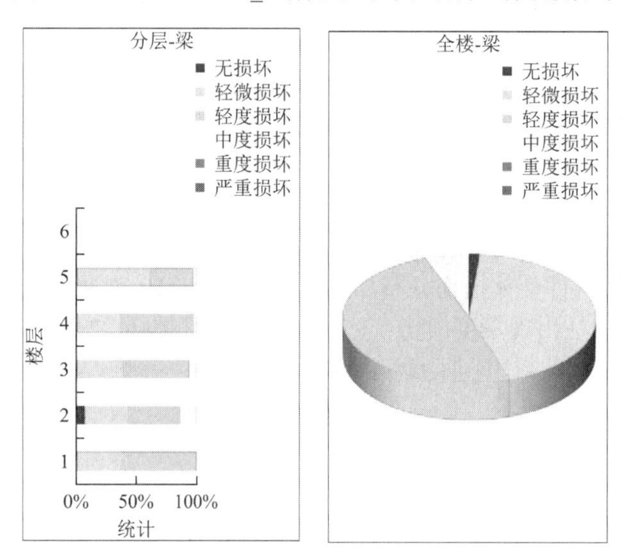


图 4-103　7 条地震波罕遇地震下梁平均损伤分布图

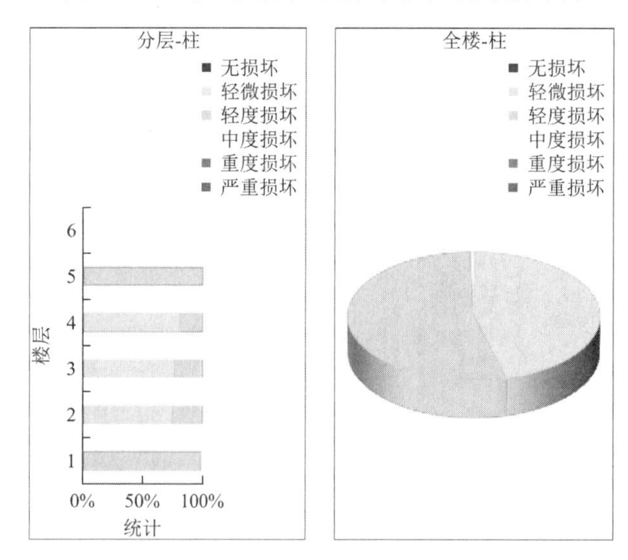


图 4-104　7 条地震波罕遇地震下柱平均损伤分布图

图 4-105　TH026TG045_X 作用-子结构混凝土受压损伤分布

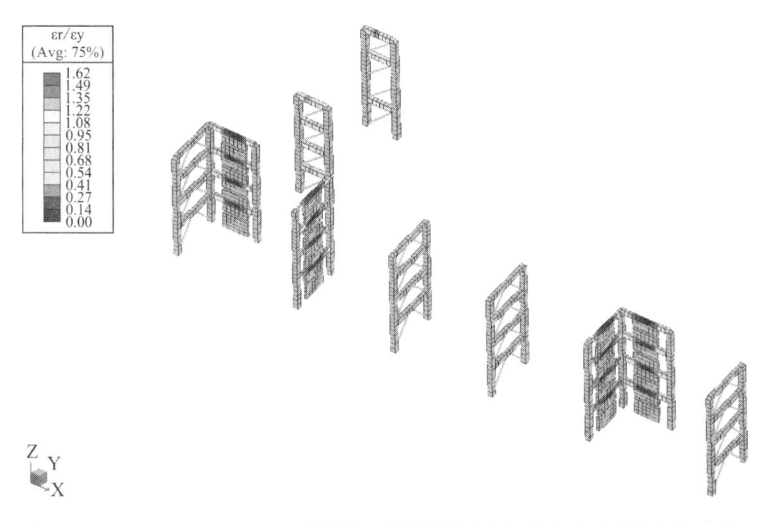


图 4-106　TH026TG045_X 作用-子结构混凝土钢筋应变/屈服应变分布

图 4-107　TH026TG045_X 作用-子结构混凝土节点钢筋应变/屈服应变分布

5）罕遇地震下黏滞阻尼器与屈曲约束支撑性能评估

*X*、*Y*方向黏滞阻尼器典型滞回曲线如图 4-108 所示。*X*、*Y*方向屈曲约束支撑典型滞回曲线如图 4-109 所示。

地震时程波下，减震模型结构的能量平衡图，反映时程工况下不同类型能量的耗散情况，以图 4-110 及图 4-111（TH026TG045 波）为例，各颜色代表类型可见能量平衡图例。红色部分表示为黏滞阻尼器耗能比例，粉红色部分表示屈曲约束支撑耗能比例。黏滞阻尼器能为结构提供较大的耗能占比，屈曲约束支撑提供的耗能占比较小，该结果与图 4-109 中各构件的滞回曲线相对应。减震构件能为结构提供可靠的附加阻尼，从而达到保护主体结构的目的。

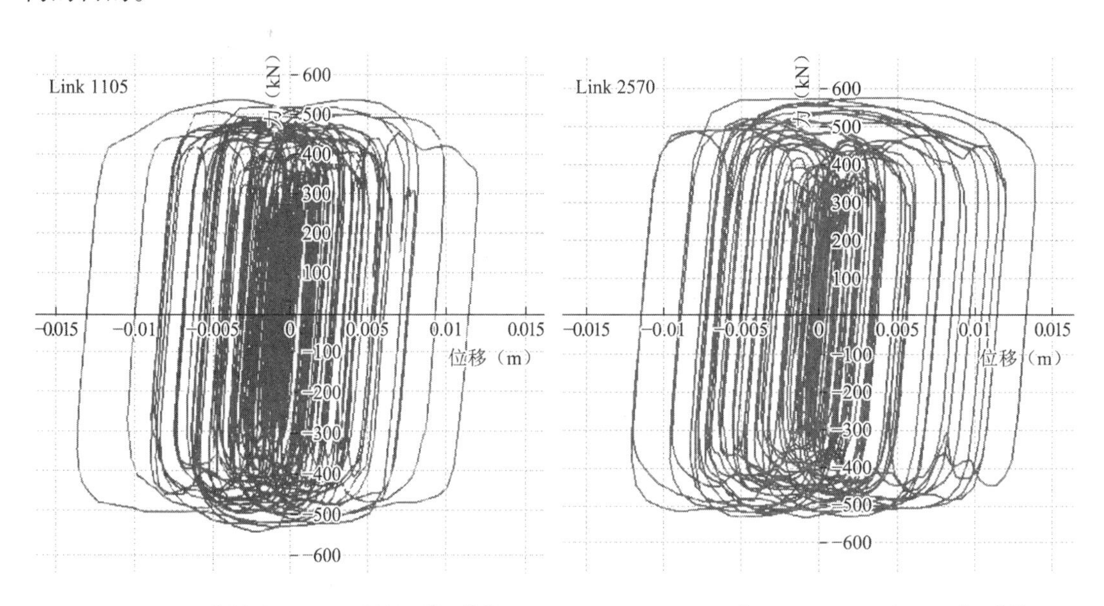


TH026TG045_Y 作用下 VFD-Y-2-1 阻尼器滞回曲线　　TH026TG045_Y 作用下 VFD-Y-2-2 阻尼器滞回曲线

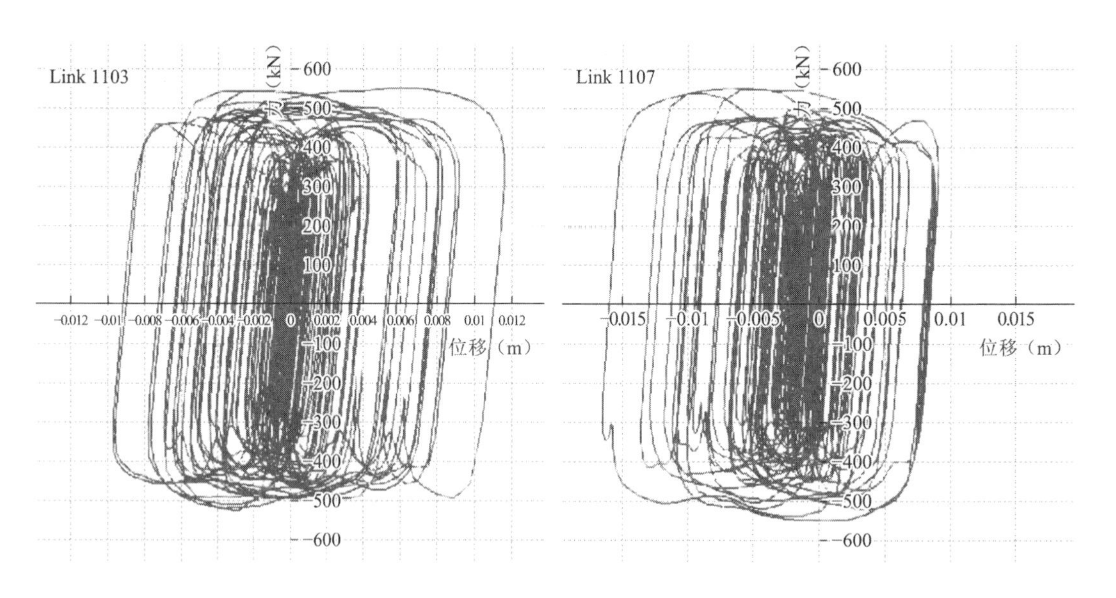


TH026TG045_Y 作用下 VFD-Y-2-3 阻尼器滞回曲线　　TH026TG045_X 作用下 VFD-X-2-1 阻尼器滞回曲线

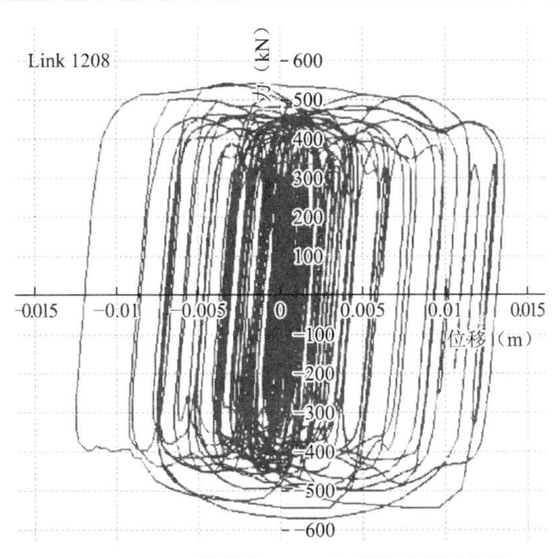


TH026TG045_X 作用下 VFD-X-2-2 阻尼器滞回曲线

图 4-108　阻尼器典型滞回曲线

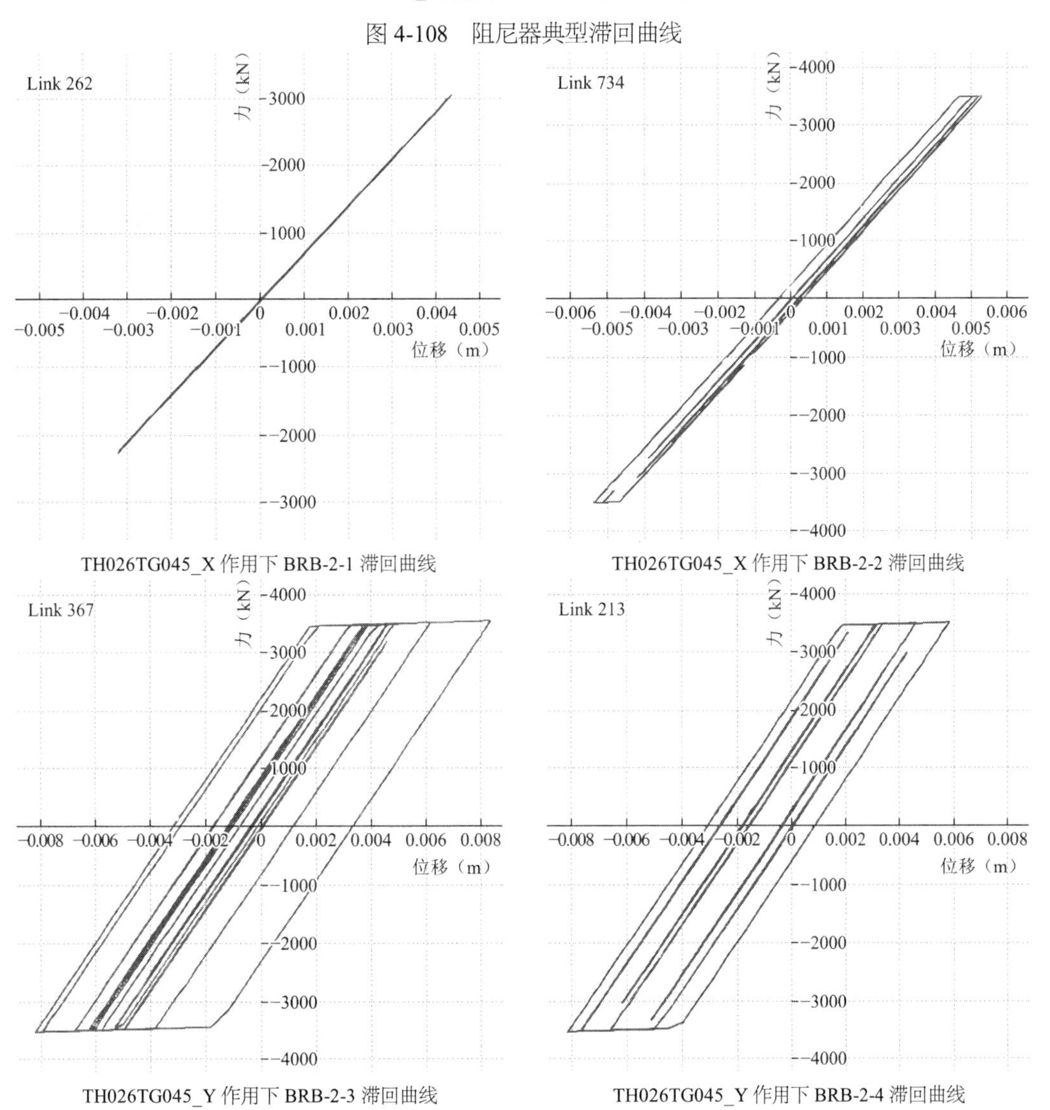


TH026TG045_X 作用下 BRB-2-1 滞回曲线

TH026TG045_X 作用下 BRB-2-2 滞回曲线

TH026TG045_Y 作用下 BRB-2-3 滞回曲线

TH026TG045_Y 作用下 BRB-2-4 滞回曲线

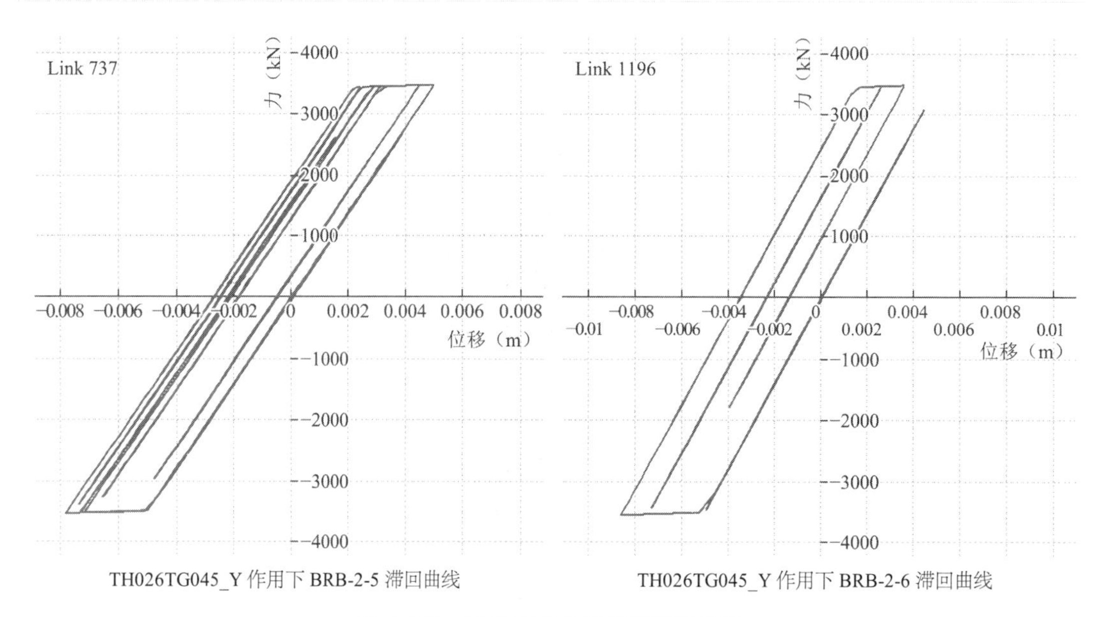


TH026TG045_Y 作用下 BRB-2-5 滞回曲线　　TH026TG045_Y 作用下 BRB-2-6 滞回曲线

图 4-109　屈曲约束支撑典型滞回曲线

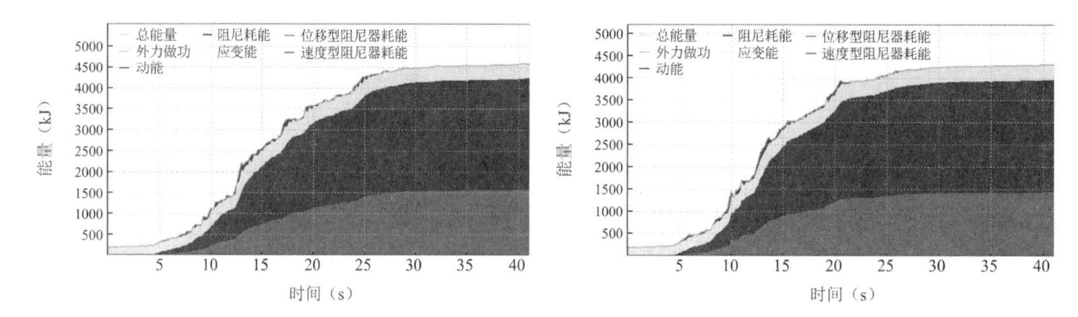


图 4-110　TH026TG045_X 作用下能量平衡图　　图 4-111　TH026TG045_Y 作用下能量平衡图

6）罕遇地震下附加阻尼比计算

阻尼器提供的附加阻尼比见表 4-27，其根据时程分析中模态阻尼（阻尼比 5%）消耗的能量和阻尼器消耗的能量的比例（图 4-112 及图 4-113）换算得到。由时程能量法计算黏滞阻尼器的附加阻尼比为 3.41%。

**模态阻尼比例能量法计算附加阻尼比**　　**表 4-27**

| X方向附加阻尼比计算 | | | | | | | |
|---|---|---|---|---|---|---|---|
| 地震波 | ManaguaNi | TH026TG045 | Chi-ChiTa | TH036TG045 | Northridge | RH2TG045 | RH4TG045 |
| 模态阻尼消耗能量比例 | 58.30% | 62.01% | 60.53% | 48.42% | 56.87% | 54.84% | 58.20% |
| 黏滞阻尼器消耗能量比例 | 22.57% | 28.01% | 25.53% | 16.59% | 22.26% | 21.72% | 25.64% |
| 屈曲约束支撑消耗能量比例 | 6.22% | 2.13% | 1.28% | 18.18% | 5.57% | 9.90% | 4.47% |
| 结构弹塑性耗能比例 | 11.59% | 7.44% | 11.7% | 16.34% | 13.98% | 10.88% | 10.45% |
| 附加阻尼比 | 3.10% | 2.90% | 2.90% | 5.10% | 3.30% | 3.40% | 3.20% |
| 平均值 | 3.41% | | | | | | |

续表

| *Y*方向附加阻尼比计算 | | | | | | | |
|---|---|---|---|---|---|---|---|
| 地震波 | ManaguaNi | TH026TG045 | Chi-ChiTa | TH036TG045 | Northridge | RH2TG045 | RH4TG045 |
| 模态阻尼消耗能量比例 | 58.68% | 61.31% | 57.85% | 51.26% | 55.22% | 54.44% | 58.20% |
| 黏滞阻尼器消耗能量比例 | 20.51% | 23.97% | 23.66% | 21.52% | 20.81% | 21.84% | 25.64% |
| 屈曲约束支撑消耗能量比例 | 10.23% | 8.91% | 7.91% | 17.53% | 13.26% | 10.91% | 4.47% |
| 结构弹塑性耗能比例 | 9.19% | 5.42% | 9.60% | 9.18% | 9.48% | 10.13% | 10.45% |
| 附加阻尼比 | 3.10% | 3.00% | 3.30% | 5.40% | 3.50% | 3.30% | 3.20% |
| 平均值 | 3.54% | | | | | | |

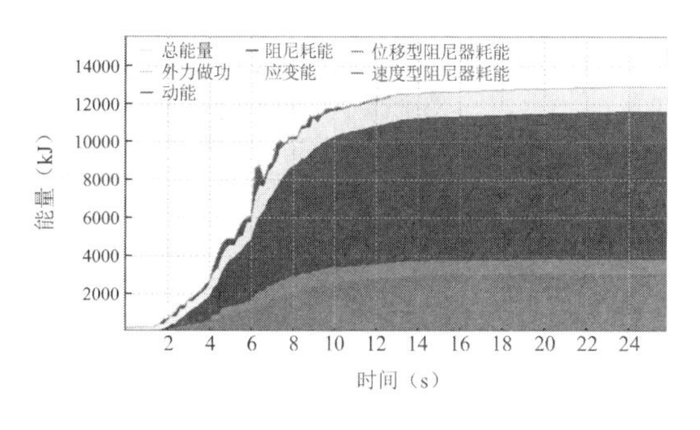


ManaguaNi

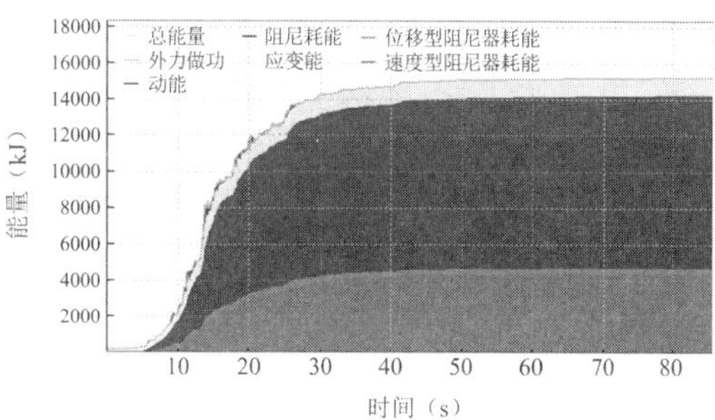


TH026TG045

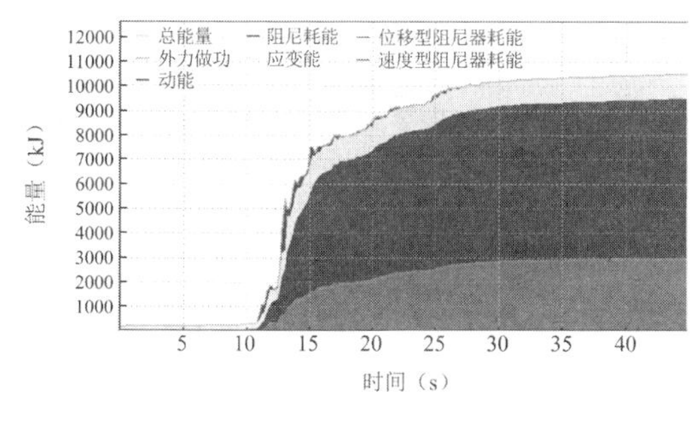


Chi-ChiTa

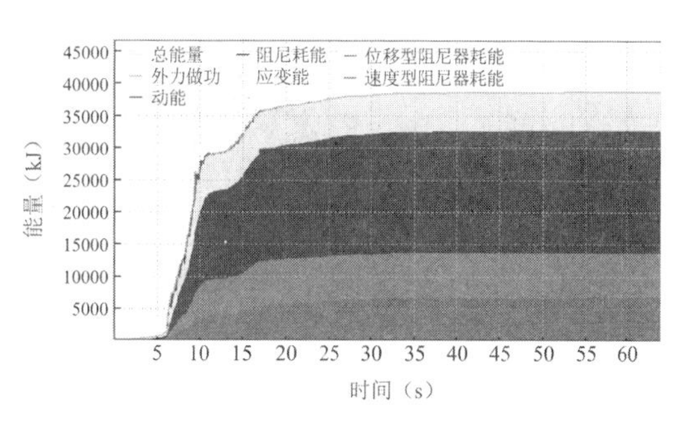


TH036TG045

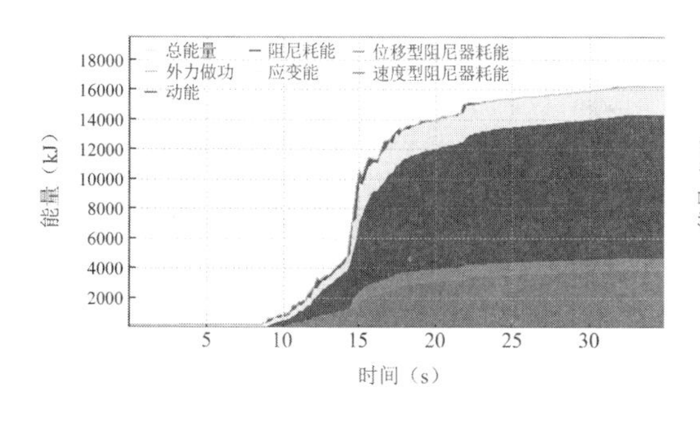


Northridge

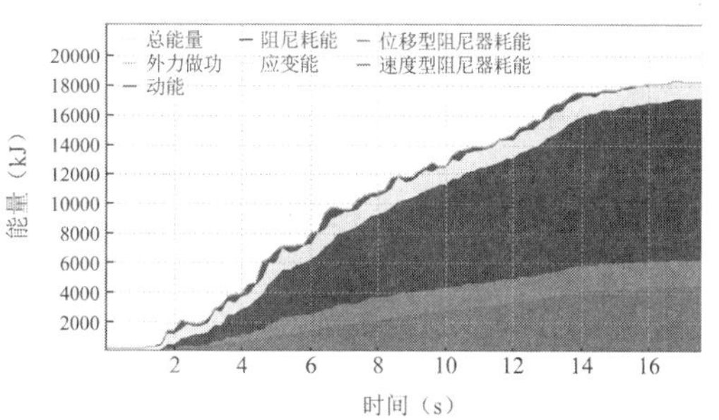


RH2TG045

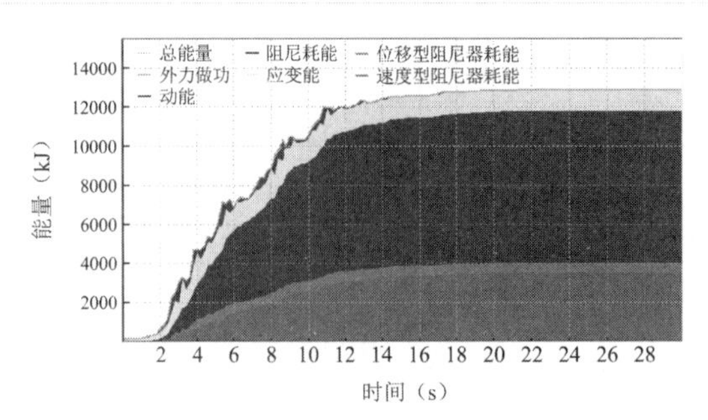


RH4TG045

图 4-112 X向罕遇地震时程能量曲线

注：红色为黏滞阻尼器消耗的能量。

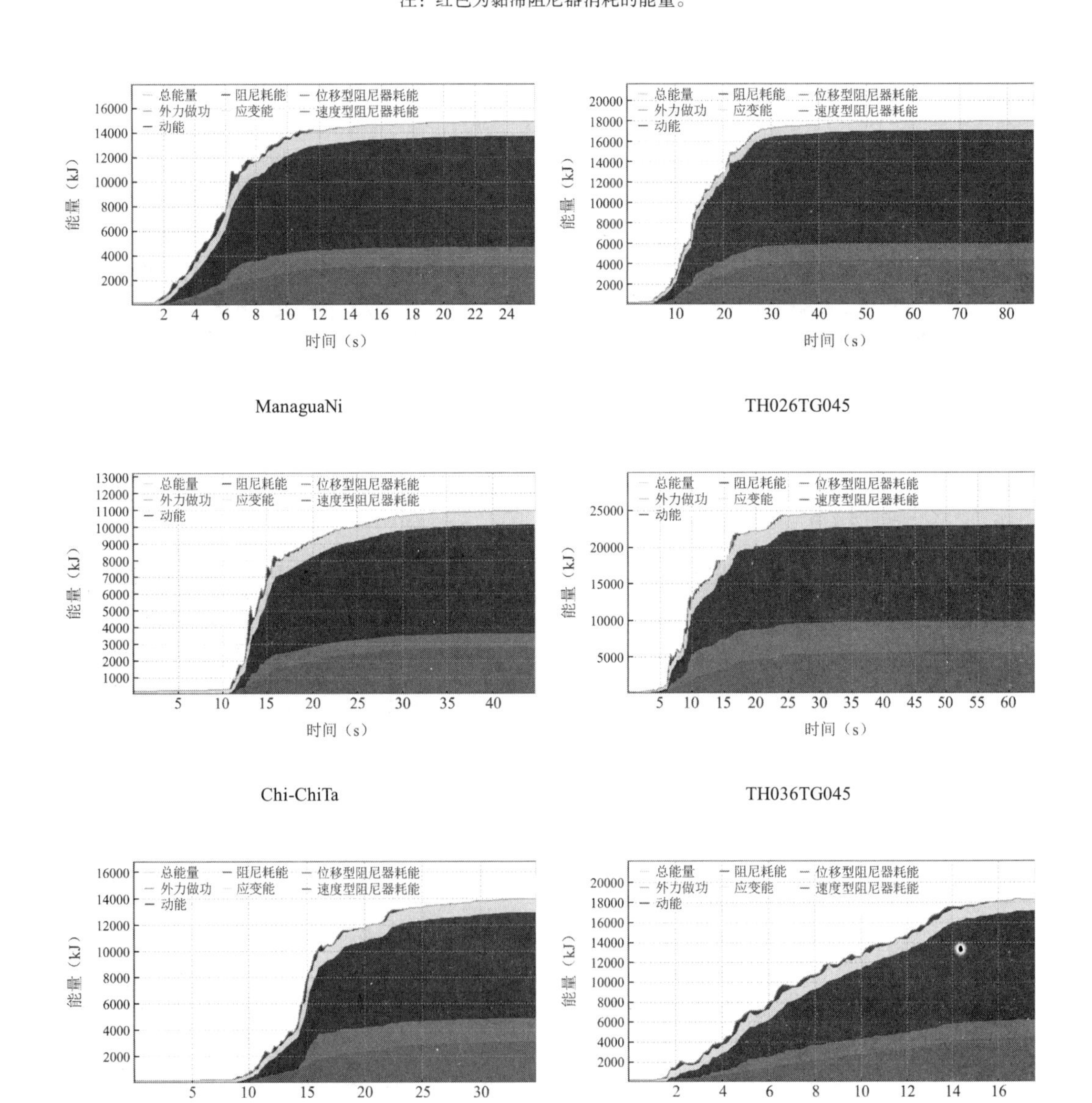

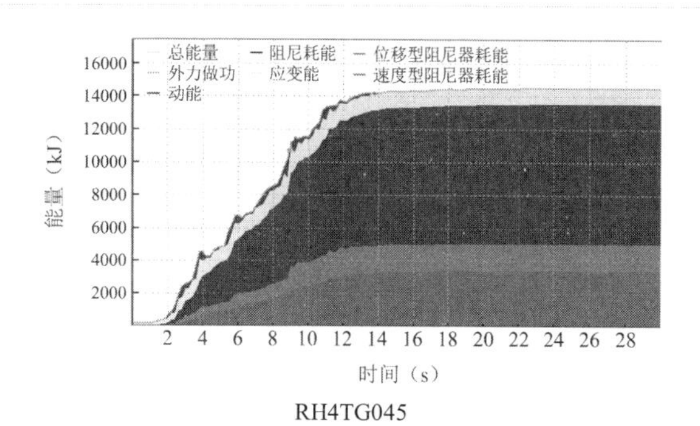


RH4TG045

图4-113　*Y*向罕遇地震时程能量曲线

注：红色为黏滞阻尼器消耗的能量。

## 4.7　屈曲约束支撑的施工检测验收和维护

### 4.7.1　屈曲约束支撑性能及检测

1）型式检验

型式检验应由具有检测资质的第三方进行检验。对原材料和产品，检验结果应全部符合《阻尼器》要求，否则为不合格。型式检验内容及要求按《阻尼器》第8.2.2条进行。

2）出厂检验

屈曲约束支撑性能由具有检测资质的第三方进行检验，抽检数量为同一工程同一类型同一规格数量的3%，且不少于2根，构造形式和约束屈服段材料相同且屈曲承载力在50%～150%范围内时划分为同一类型。产品的检验合格率应达到100%，检测后的产品不得再用于主体结构。试验时，依次在1/300、1/200、1/150、1/100支撑长度的位移值下拉伸和压缩往复各3次变形。试验得到的滞回曲线应稳定、饱满，具有正的增量刚度，且最后一级变形第3次循环的承载力不低于历经最大承载力的85%，历经最大承载力不高于屈曲约束支撑极限承载力计算值的1.1倍。屈曲约束支撑产品检测的力学性能应符合表4-28的规定。

屈曲约束支撑产品的力学性能　　表4-28

| | 序号 | 项目 | 性能要求 |
|---|---|---|---|
| 常规性能 | 1 | 屈服荷载 | 每个产品的屈服荷载实测值允许偏差应为屈服荷载设计值的±15%；实测值偏差的平均值应为设计值的±10% |
| | 2 | 屈服位移 | 每个实测产品的屈服位移的实测偏差应为设计值的±15%；实测值偏差的平均值应为设计值的±10% |
| | 3 | 弹性刚度 | 每个实测产品弹性刚度的实测值偏差应为设计值的±15%；实测值偏差的平均值应为设计值的±10% |
| | 4 | 屈曲后刚度 | 每个实测产品屈曲后刚度的实测值偏差应为设计值的±15%；实测值偏差的平均值应为设计值的±10% |
| | 5 | 极限荷载 | 每个实测产品极限荷载的实测偏差值应为设计值的±15%；实测值偏差的平均值应为设计值的±10% |
| | 6 | 极限位移 | 每个实测产品极限位移值不应小于极限位移设计值 |
| | 7 | 滞回曲线面积 | 任一循环中滞回曲线包络面积实测值偏差应为产品设计值的±15%；实测值偏差的平均值应为设计值的±10% |
| 疲劳性能 | 1 | 阻尼力 | 实测产品在设计位移（支撑长度的1/150）下连续加载30圈，任一个循环的最大、最小阻尼力应为所有循环最大、最小阻尼力平均值的±15% |

续表

| | 序号 | 项目 | 性能要求 |
|---|---|---|---|
| 疲劳性能 | 2 | 滞回曲线 | 实测产品在设计位移下连续加载30圈，任一个循环中位移在零时的最大、最小阻尼力应为所有循环中位移在零时的最大、最小阻尼力平均值的±15%；<br>实测产品在设计位移下，任一个循环中阻尼力在零时的最大、最小位移应为所有循环中阻尼力在零时的最大、最小位移平均值的±15% |
| | 3 | 滞回曲线面积 | 实测产品在设计位移下连续加载30圈，任一个循环的滞回曲线面积应为所有循环的滞回曲线面积平均值的±15% |

### 4.7.2 屈曲约束支撑安装

（1）屈曲约束支撑工程应作为主体结构分部工程的一个子分部工程进行施工和质量验收，并应由施工单位、监理单位及设计单位确认后才能组织实施。

（2）屈曲约束支撑子分部工程的施工，宜结合主体结构的材料、体系，屈曲约束支撑形式及施工条件，对屈曲约束支撑子分部工程进行专项施工组织设计，确定施工技术方案。

（3）屈曲约束支撑子分部工程的施工作业，宜分为屈曲约束支撑进场验收和安装保护两个阶段。

（4）屈曲约束支撑的尺寸、变形、连接件位置及角度、螺栓孔位置及直径、高强度螺栓、焊接质量、表面防锈漆等，应符合设计文件的规定。

（5）厂家应根据各结构楼层的屈曲约束支撑节点深化图的要求进行预埋件、节点、连接件的加工制作。

（6）屈曲约束支撑进场验收时，应具有产品形式检验报告与抽样检验报告，屈曲约束支撑应经抽检合格后方可进场安装。进场验收要求按《屈曲约束支撑应用技术规程》T/CECS 817—2021 中的第7.2节内容执行。

（7）安装

①耗能型屈曲约束支撑与主体结构的安装顺序应采用后装法；

②安装要求按《屈曲约束支撑应用技术规程》T/CECS 817—2021 中的第7.3节、第7.4节内容执行；

③预埋安装时必须保持表面水平，用水平尺校平后妥善固定，预埋件下面的混凝土必须振捣密实，不得出现蜂窝麻面。若铺设找平，必须确保其强度。支撑安装前应对支撑连接的上下梁柱节点进行校核，主要校核内容包括节点与施工图的偏位（图4-114）以及节点板在安装过程中出现的平面偏移（图4-115）。当存在上述偏差时，应采用相应的措施予以纠偏、矫正后方可开始屈曲约束支撑的安装（图4-116）。

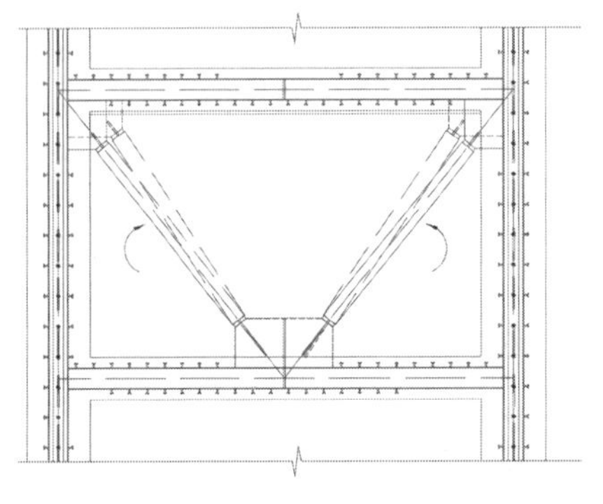

图4-114 节点板偏位

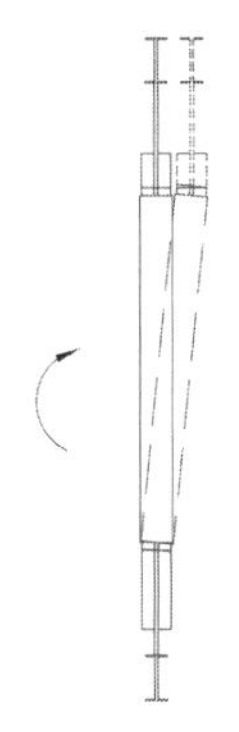

图4-115 节点板出平面位移

图 4-116　西安陆港第五小学屈曲约束支撑安装实拍

### 4.7.3　屈曲约束支撑的验收与维护

1）验收

（1）屈曲约束支撑专项工程施工应当作为结构分部工程的子分部工程，按照检验批、分项工程、子分部工程进行检查验收。每道工序完成后应当按照隐蔽工程要求检查验收，检验批质量验收合格，再对分项工程的质量验收，并形成专项检查验收报告。

（2）屈曲约束支撑验收除应符合国家现行有关施工及验收规范的规定外，尚应提交下列文件：

①屈曲约束支撑及预埋件供货企业的合法性证明文件；

②屈曲约束支撑及预埋件出厂合格证书；

③屈曲约束支撑及预埋件出厂检验报告、第三方检验报告、见证检验报告；

④屈曲约束支撑分部工程施工质量验收记录；

⑤隐蔽工程验收记录；

⑥屈曲约束支撑及其连接的施工安装记录；

（3）屈曲约束支撑子分部工程有关安全及功能的检验项目应按《屈曲约束支撑应用技术规程》T/CECS 817—2021 中表 7.5.1 的规定执行。

2）管理与维护

（1）屈曲约束支撑在正常使用情况下可不进行定期检查。

（2）屈曲约束支撑部件的改装、修理、更换或加固，应在有经验的专业工程技术人员的指导下进行。

（3）屈曲约束支撑在遭遇地震、强风、火灾等灾害后应进行应急检查，应急检查应包括目测检查（检查内容如表 4-29 所示）和抽样检查。屈曲约束支撑的应急检查抽样检验，应在结构中抽取在役的屈曲约束支撑，对基本性能进行原位测试或实验室测试，测试内容应能反应屈曲约束支撑在使用期间可能发生的性能参数变化。应急检查抽样检验的数量不应少于结构中屈曲约束支撑总量的 2%，且不应少于 2 根。

应急检查内容　　表 4-29

| 序号 | 检查内容 | 维护方法 |
| --- | --- | --- |
| 1 | 产生明显的积累损失和变形 | 更换 |
| 2 | 连接部位螺栓出现松动或焊缝有损伤 | 拧紧，补焊 |

续表

| 序号 | 检查内容 | 维护方法 |
|---|---|---|
| 3 | 屈曲约束支撑及其连接部位金属表面外露、锈蚀或损伤，防腐或防火涂层出现裂纹、起皮、剥落、老化等 | 重新涂装 |
| 4 | 屈曲约束支撑产生弯曲、局部变形 | 更换 |
| 5 | 周边存在限制屈曲约束支撑正常工作的障碍物 | 及时清除 |

## 4.8 黏滞阻尼器的施工检测验收和维护

### 4.8.1 黏滞阻尼器性能及检测

1）力学性能

黏滞阻尼器力学性能见表 4-30。

黏滞阻尼器力学性能　　表 4-30

| 序号 | 项目 | 性能要求 |
|---|---|---|
| 1 | 极限位移 | 每个产品极限位移实测值不应小于设计位移的 150%，当最大位移大于 100mm 时，实测值不应小于设计位移的 120% |
| 2 | 最大阻尼力 | 每个产品最大阻尼力的实测值偏差应为设计值的±15%；实测值偏差的平均值应为设计值的±10% |
| 3 | 阻尼系数 | |
| 4 | 阻尼指数 | |
| 5 | 滞回曲线面积 | 任一循环中滞回曲线包络面积实测值偏差应为产品设计值的±15%；实测值偏差平均值应为设计值的±10% |
| 6 | 极限速度 | 每个产品极限速度的实测值不应小于设计速度的 120% |

2）耐久性

黏滞阻尼器耐久性应符合表 4-31 的规定，且要求阻尼器在试验后无渗漏，无裂纹。

黏滞阻尼器耐久性　　表 4-31

| | 序号 | 项目 | 性能要求 |
|---|---|---|---|
| 疲劳性能 | 1 | 阻尼指数 | 每个产品阻尼指数的实测值偏差应为设计值的±15% |
| | 2 | 最大阻尼力 | 实测产品在设计速度下连续加载 30 圈，任一个循环的最大、最小阻尼力应为所有循环的最大、最小阻尼力平均值的±15% |
| | 3 | 滞回曲线 | 实测产品在设计速度下连续加载 30 圈，任一个循环中位移在零时的最大、最小阻尼力应为所有循环中位移在零时的最大、最小阻尼力平均值的±15%；<br>实测产品在设计速度下连续加载 30 圈，任一个循环中阻尼力在零时的最大、最小位移应为所有循环中阻尼力在零时的最大、最小位移平均值的±15% |
| | 4 | 阻尼系数 | 每个产品阻尼系数的实测值偏差应为设计值的±15% |
| | 5 | 滞回曲线面积 | 实测产品在设计位移下连续加载 30 圈，任一个循环的滞回曲线面积应为所有循环的滞回曲线面积平均值的±15% |
| | 6 | 密封性能 | 无渗漏，且阻尼力的衰减值不小于 5% |

### 4.8.2 黏滞阻尼器安装

1）安装施工资质

黏滞阻尼器安装施工单位应具备钢结构、特种工程资质。

2）黏滞阻尼器安装前准备

（1）安装前将阻尼器及连接板等配件运输至安装现场。

（2）安装前清除现场与阻尼器安装无关的杂物。

（3）安装前电源、扭力扳手、吊装葫芦、卷尺等工具准备齐全。

（4）测试安装点的实际安装尺寸，并以此对型钢等进行加工。

3）安装方法

（1）黏滞阻尼器在完成生产和试验后，运输到施工现场进行安装。

（2）黏滞阻尼器作为独立构件可单独或多个位置同时安装。

（3）黏滞阻尼器（剪力墙）安装工艺过程如下（必要时借助手动葫芦吊装）：

①按图 4-117～图 4-119 要求先将预埋件安装到位；

②将节点板、阻尼器、销轴、节点板等吊装到位；

③节点板焊接固定到位；

④阻尼器吊装到位，用销轴将阻尼器和节点板连接固定；

⑤阻尼器等碰撞处补涂油漆。

最终判断阻尼器的安装位置是否符合设计要求及安装后阻尼器整体美观协调性。

（4）黏滞阻尼器（人式支撑）安装工艺过程如下（必要时借助手动葫芦吊装）：

①按图要求先将预埋件安装到位；

②将节点板、阻尼器、销轴、支撑等吊装到位；

③支撑焊接固定到位，法兰与水平支撑焊接固定；

④阻尼器吊装到位，用销轴将阻尼器、节点板连接固定，节点板与法兰焊接固定；

⑤阻尼器等碰撞处补涂油漆。

最终判断阻尼器的安装位置是否符合设计要求及安装后阻尼器整体美观协调性。

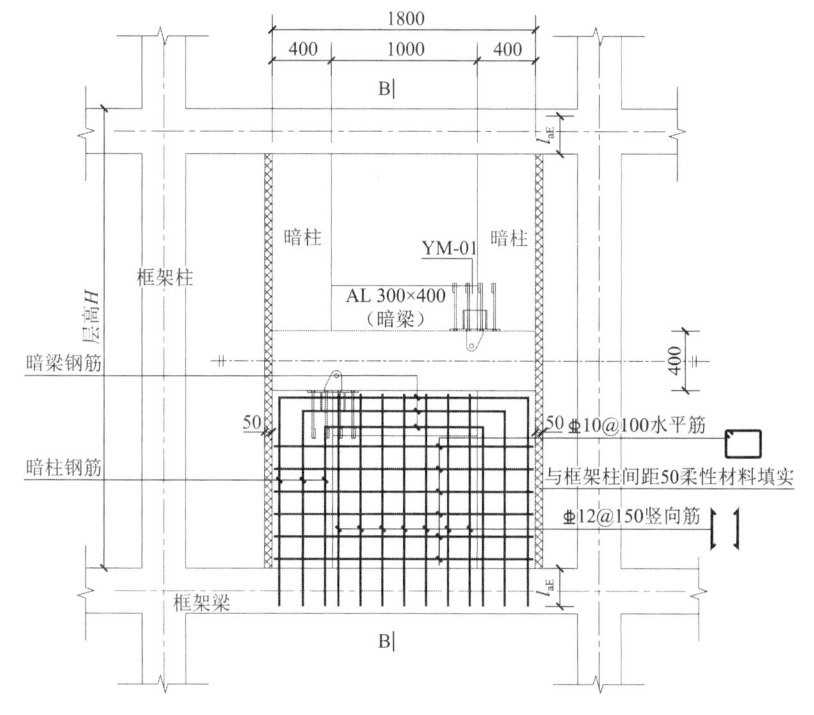


图 4-117　悬臂墙暗柱布置图

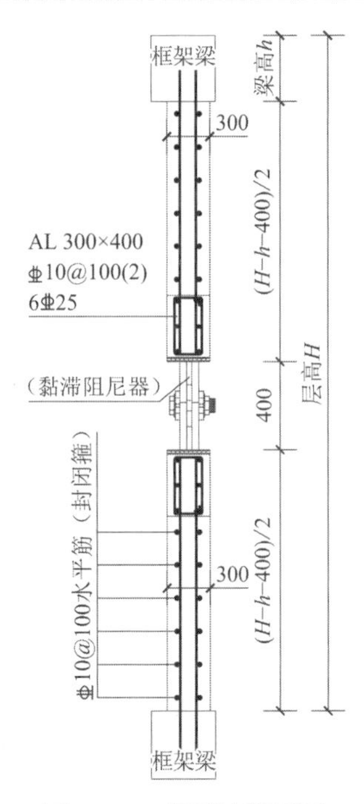


图 4-118　悬臂墙断面图

图 4-119　西安陆港第五小学黏滞阻尼器悬臂墙实拍

### 4.8.3　黏滞阻尼器的验收与维护

阻尼器在正常使用情况下一般 10 年或二次装修时应进行目测检查，在达到设计工作年限时应进行抽样检查。消能部件在遭遇地震、强风、火灾等灾害后应进行抽样检验。

日常主要检查阻尼器是否有黏滞阻尼材料泄漏、黏弹性材料层龟裂、老化等情况；黏滞消能器的导杆的外露摩擦截面出现腐蚀、表面污垢硬化结斑结块，结构构件是否有破损情况及表面质量情况。

检查承载原件包括附近钢结构是否有异常变形现象。

黏滞阻尼器的检验应由专业制造厂家进行检查，对于需要更换的阻尼器应在厂家专业人员指导下进行拆卸。

阻尼器包装采用滑木框架结构封闭箱，包装要求牢固、美观并符合铁路、公路、水路和航空等运输部门的有关规定。

阻尼器运输方式、路径和顺序遵循订货合同的要求，在整个运输过程中，应防止雨淋、受潮、装卸应轻放，并注意包装箱上的各种警告标志，装运货物不应散落。

阻尼器应存储在通风干燥的仓库内，不得与酸性、碱性或其他腐蚀性物质接触。

# 附　录

## 减震装置平面分布图

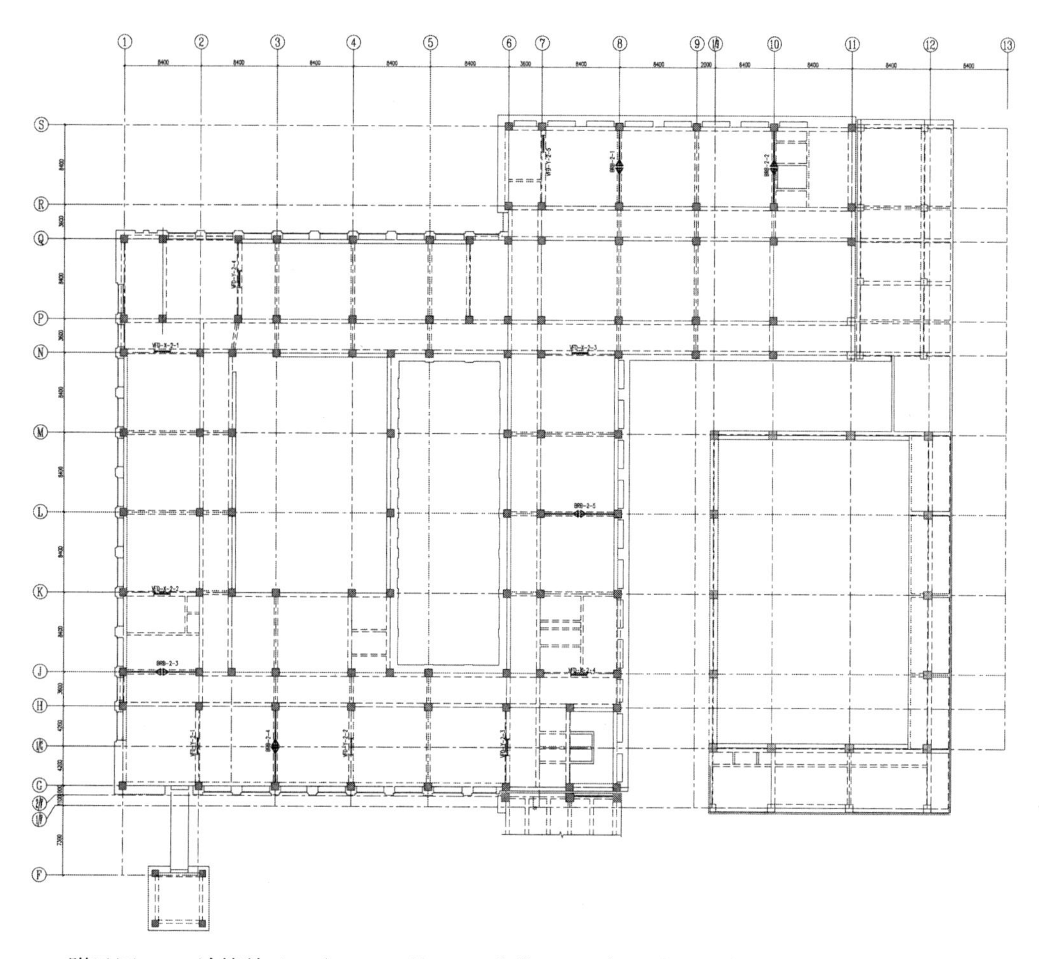

附录图 4-1　计算单元一（B、C 区）一层黏滞阻尼器与屈曲约束支撑（BRB）平面布置图

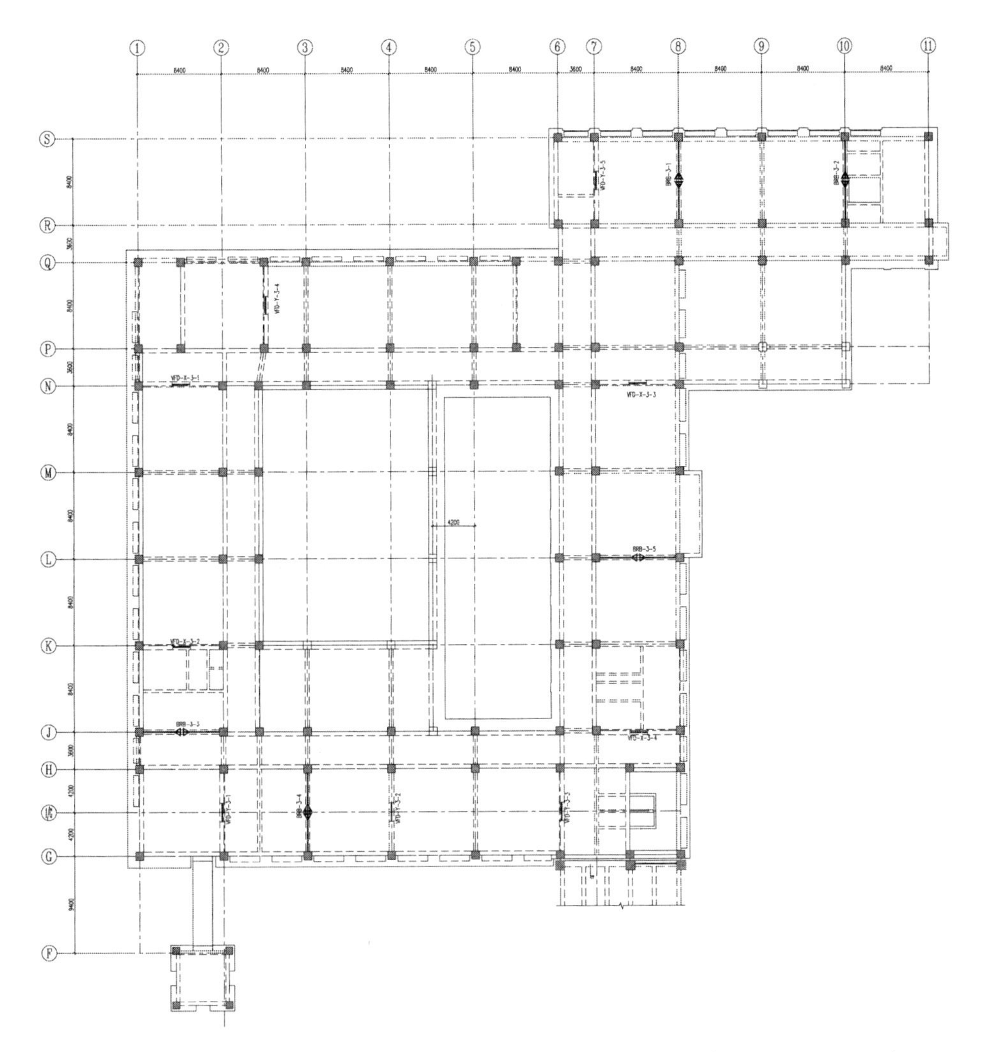

附录图 4-2　计算单元一（B、C 区）二层黏滞阻尼器与屈曲约束支撑（BRB）平面布置图

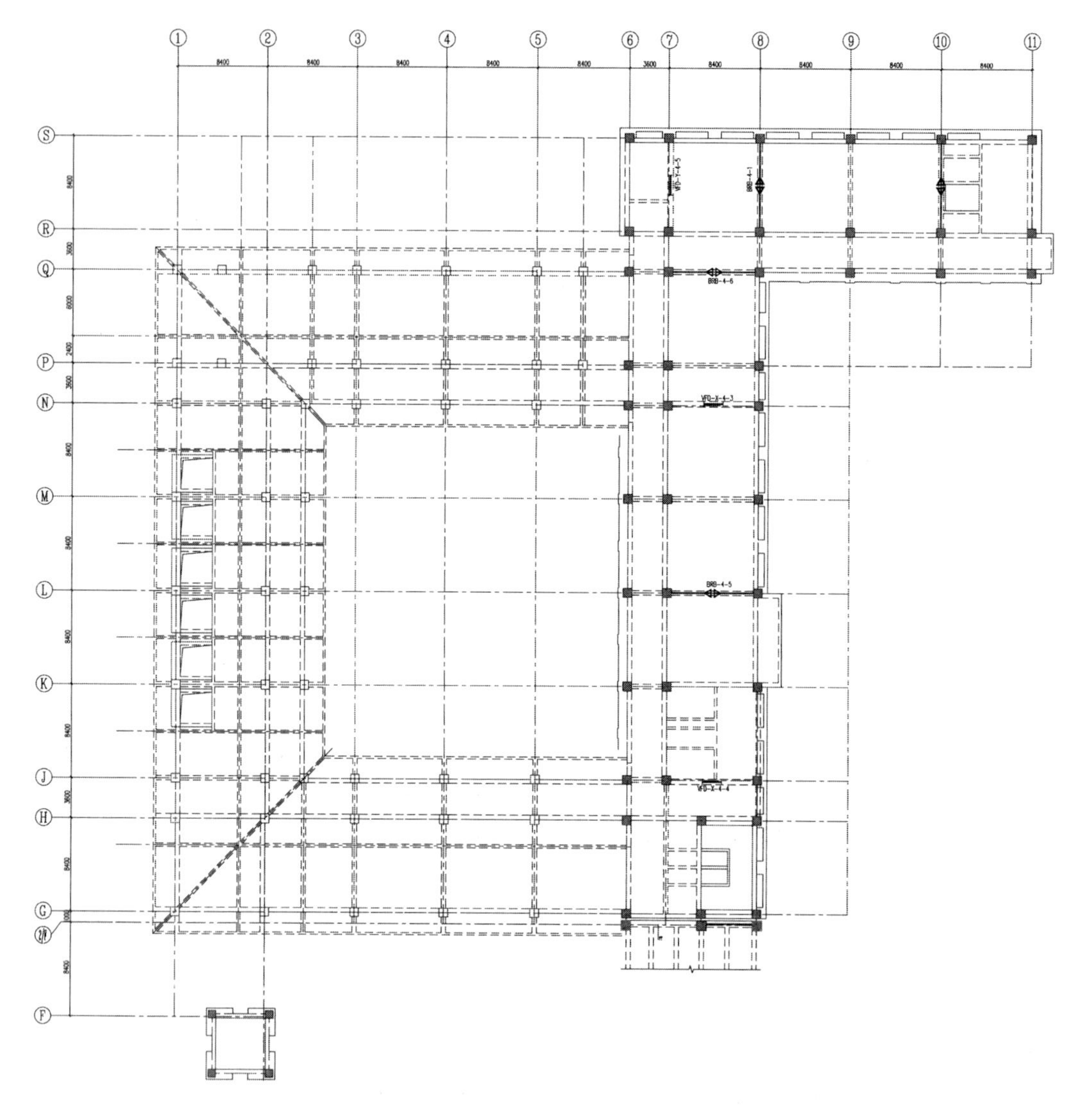

附录图 4-3　计算单元一（B、C 区）三层黏滞阻尼器与屈曲约束支撑（BRB）平面布置图

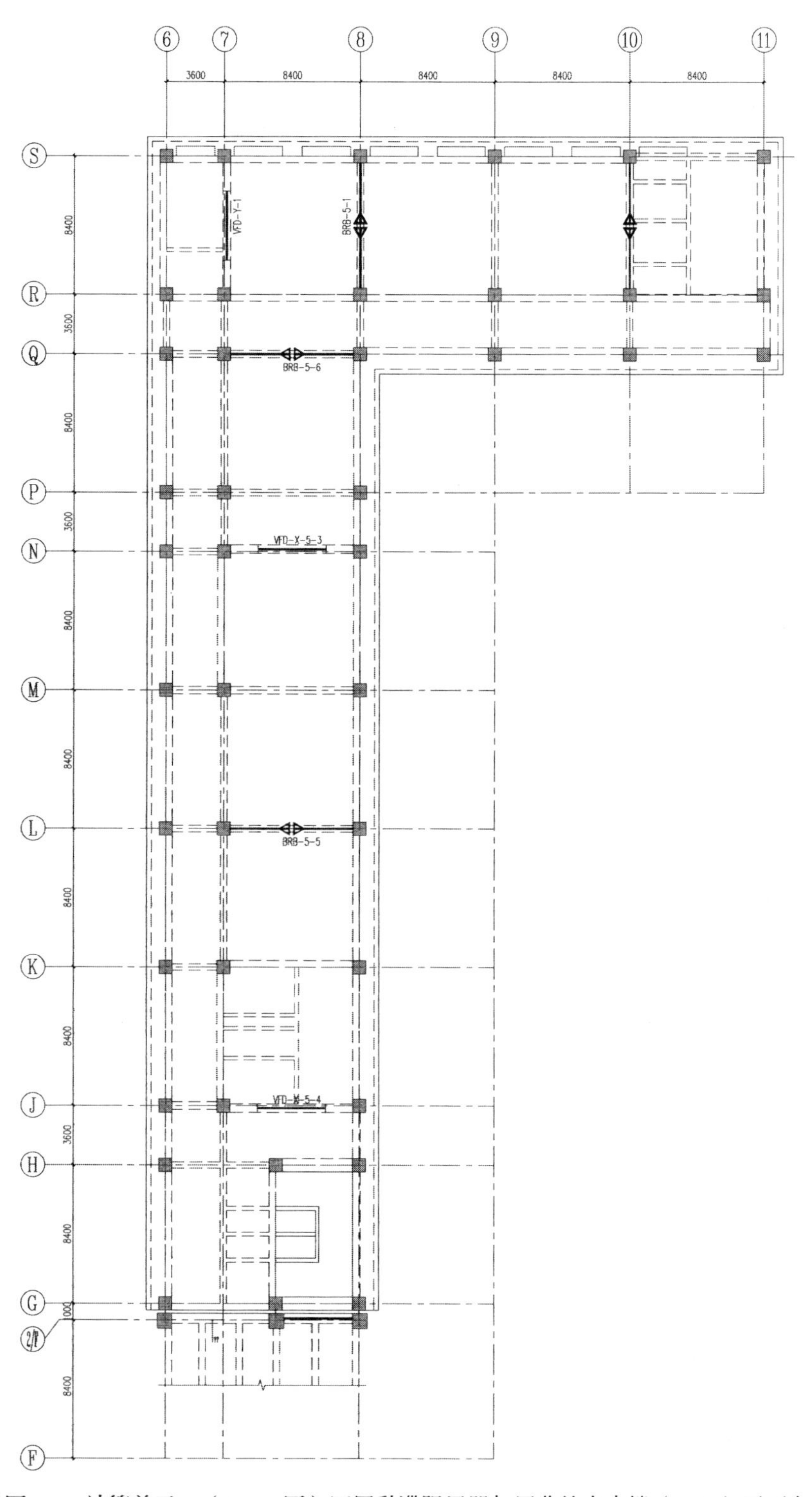


附录图 4-4　计算单元一（B、C 区）四层黏滞阻尼器与屈曲约束支撑（BRB）平面布置图

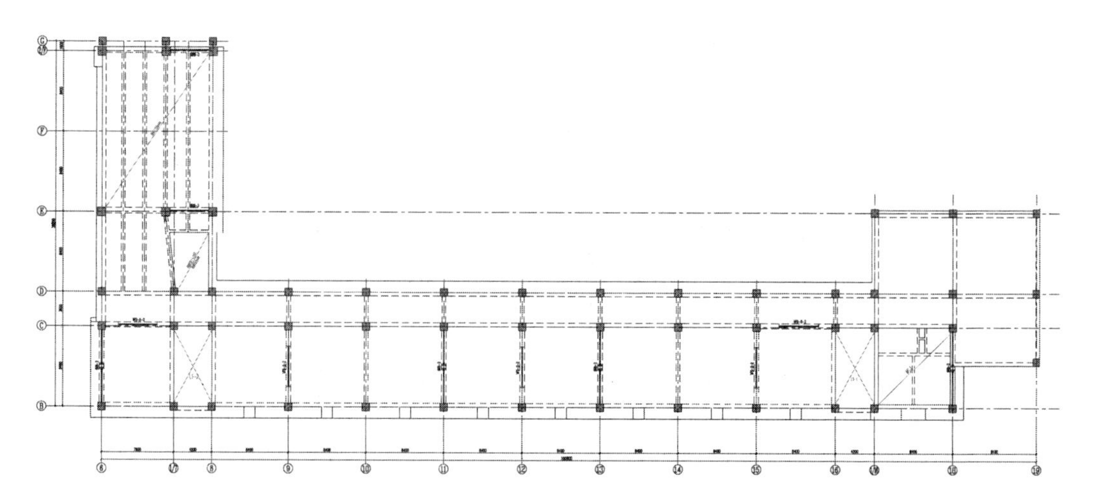

附录图 4-5 计算单元二（A 区）一层黏滞阻尼器与屈曲约束支撑（BRB）平面布置图

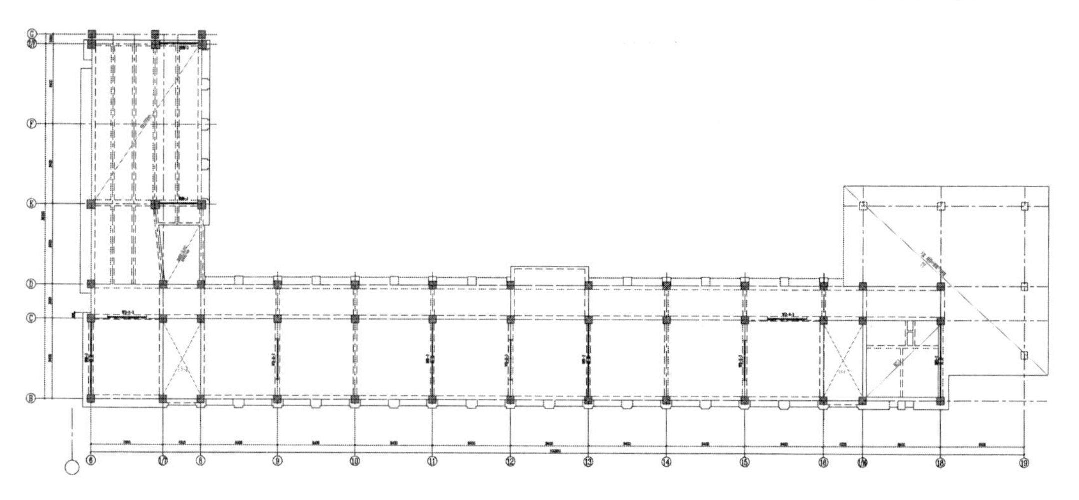

附录图 4-6 计算单元二（A 区）二层黏滞阻尼器与屈曲约束支撑（BRB）平面布置图

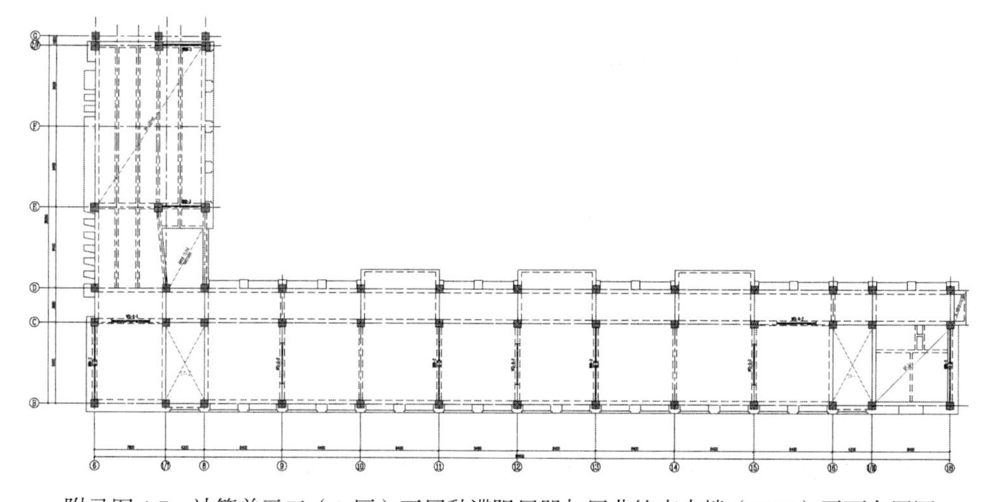

附录图 4-7 计算单元二（A 区）三层黏滞阻尼器与屈曲约束支撑（BRB）平面布置图

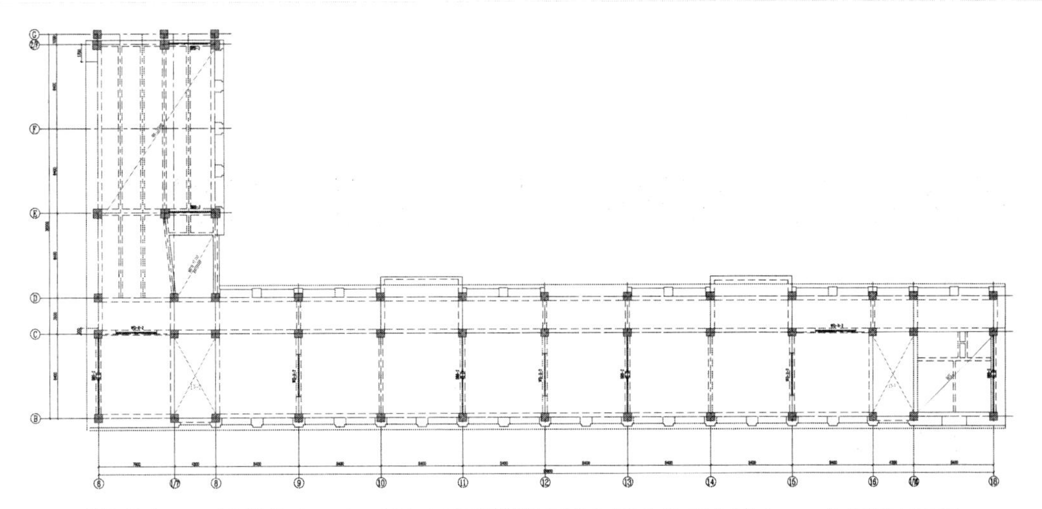

附录图 4-8　计算单元二（A 区）四层黏滞阻尼器与屈曲约束支撑（BRB）平面布置图

第 5 章

# 丝路创智谷金融中心 1 号楼超限抗震设计

## 5.1 工程概况

本项目由西安市高新区云创城市发展有限公司开发，位于科创金融组团，西太路与纬三十六路西北，具体见图 5-1。项目用地面积 33327.9m$^2$，总建筑面积 242948.7m$^2$。其中地上面积 169989.70m$^2$，地上共计 1 号、2 号、3 号三栋楼。1 号楼面积为 97478.22m$^2$，2 号楼面积为 56359.58m$^2$，3 号楼面积为 16035.47m$^2$，地下总面积为 72959m$^2$。1 号楼为超高层办公楼，地上 40 层，建筑总高度为 195m；2 号楼为超高层办公楼，地上 26 层，建筑总高度为 130m，房屋高度（室外地面至屋面板板顶的高度）为 120m；3 号楼为多层办公楼，地上 4 层，房屋总高度为 23m。地下 3 层，地下一层功能为车库、商业并与地铁、未来之瞳环隧相连。地下二层为车库与机房及配套用房，地下三层为车库、人防区并与未来之瞳环隧相连。

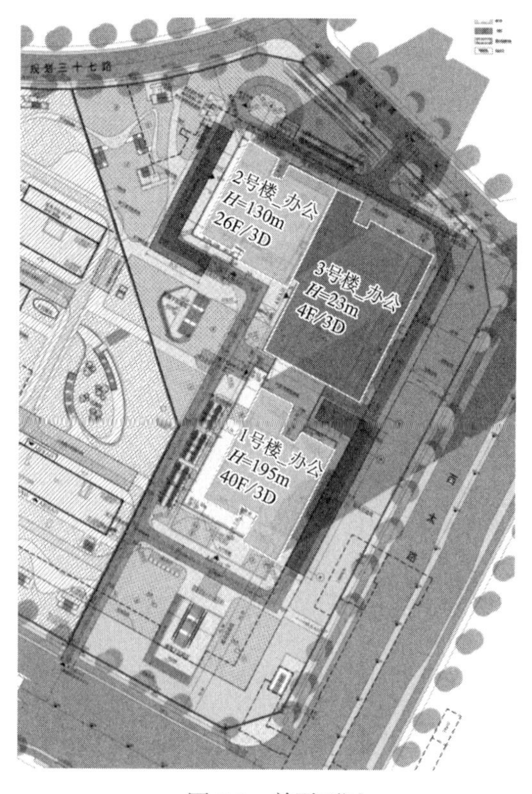


图 5-1　总平面图

地上设变形缝将1号、2号、3号楼分成三个独立的结构单元。本章研究对象为1号楼超高层办公楼。房屋高度（室外地面至屋面板板顶的高度）为180m，抗震设防分类为重点设防类。塔楼标准层平面建筑轮廓尺寸为44.6m×66.6m，高宽比为4.1；混凝土核心筒尺寸为20.6m×26.9m，核心筒高宽比为8.74。结构形式为钢结构外框架+钢筋混凝土核心筒+钢筋桁架楼承板。地下1层～8层、30～32层剪力墙为混凝土钢板剪力墙（加强层及上下层），9～17层钢筋混凝土剪力墙局部设置型钢（中震拉应力控制），其他部分则采用钢筋混凝土剪力墙。框架柱采用钢管混凝土柱，框架梁采用H型钢梁、箱形钢梁；在第二、第三避难层设置BRB伸臂桁架，作为减震措施。建筑立面见图5-2。

图5-2　建筑立面效果图

## 5.2　设计依据

1）有关本项目的审批文件，建筑、设备工种提供的资料及要求

2）现行设计规范、规程、标准

（1）《工程结构可靠性设计统一标准》GB 50153—2008

（2）《建筑工程抗震设防分类标准》GB 50223—2008

（3）《建筑结构可靠性设计统一标准》GB 50068—2018

（4）《建筑抗震设计规范》GB 50011—2010（2016年版）

（5）《建筑结构荷载规范》GB 50009—2012

（6）《高层建筑混凝土结构技术规程》JGJ 3—2010

（7）《混凝土结构设计规范》GB 50010—2010（2015年版）

（8）《建筑地基础设计规范》GB 50007—2011

（9）《湿陷性黄土地区建筑标准》GB 50025—2018

（10）《钢骨混凝土结构技术规程》YB 9082—2006
（11）《钢管混凝土结构技术规范》GB 50936—2014
（12）《高层民用建筑钢结构技术规程》JGJ 99—2015
（13）《钢结构设计标准》GB 50017—2017
（14）《组合结构设计规范》JGJ 138—2016
（15）《高层民用建筑设计防火规范》GB 50045—95（2005 年版）
（16）《低合金高强度结构钢》GB/T 1591—2008
（17）《建筑结构用钢板》GB/T 19879—2005
（18）《碳素结构钢》GB/T 700—2006
（19）《厚度方向性能钢板》GBT 5313—2010
（20）《中国地震动参数区划图》GB 18306—2015
（21）《建筑工程设计文件编制深度的规定（2017）》
（22）《超限高层建筑工程抗震设防专项审查技术要点》（建质〔2015〕67 号）
本章所依据的规范、规程、标准，若没注明其版本号时，皆以上述为准。
3）主要参考资料
（1）《全国民用建筑工程设计技术措施（结构）》；
（2）《钢结构设计手册》（第四版）、《建筑抗震设计手册》（第二版）等；
（3）机械工业勘察设计研究院有限公司提供的《丝路创智谷项目岩土工程勘察报告》。
4）建筑结构安全等级和使用年限（表 5-1）

结构控制指标 表 5-1

| 项　目 | 指　标 |
|---|---|
| 建筑结构安全等级 | 一级 |
| 设计使用年限 | 50 年 |
| 结构设计基准期 | 50 年 |

## 5.3 材料

本工程中的框架梁、柱和抗侧力支撑等主要抗侧构件，其钢材的抗拉性能、屈强比和冲击韧性的要求应符合《高钢规》第 4.1.4 条的规定。结构中使用的钢材牌号、类别及钢材强度设计值见表 5-2～表 5-4。各构件混凝土强度等级见表 5-5。

钢结构用钢材牌号 表 5-2

| 构件 | 板（壁）厚 | 钢材牌号 | 产品标准 |
|---|---|---|---|
| 框架梁、柱、支撑、肋板、连接板 | ＜40mm | Q355C | GB/T 1591—2018 |
| | ⩾40mm | Q355GJCZ15 | GB/T 19879—2015 |
| 次梁 | | Q235B/Q355B | GB/T 1591—2018 |
| 锚栓 | | Q235 | GB/T 700—2006 |
| 伸臂桁架弦杆 | 60mm | Q420GJCZ25 | GB/T 19879—2015 |

各构件钢筋类别 表 5-3

| 构件 | 梁柱纵筋 | 梁柱箍筋 | 板中钢筋 | 其他构造筋 |
|---|---|---|---|---|
| 钢筋类别 | HRB400 | HRB400 | HRB400 | HPB300 |

钢材强度设计值 表 5-4

| 牌号 | 厚度或直径（mm） | 抗拉、抗压、抗弯$f$（$N/mm^2$） | 抗剪$f_v$（$N/mm^2$） | 端面承压（刨平顶紧）$f_{ce}$（$N/mm^2$） |
|---|---|---|---|---|
| Q235 | ≤16 | 215 | 125 | 320 |
| Q355 | ≤16 | 310 | 175 | 400 |
| | >16，≤40 | 295 | 170 | |
| Q355GJB | >16，≤50 | 325 | 190 | 415 |
| | >50，≤100 | 300 | 175 | |
| Q420GJC | >35，≤50 | 380 | 197 | 417 |
| | >50，≤100 | 360 | 192 | |

注：以上按《高层民用建筑钢结构技术规程》规定取值。

各构件混凝土强度等级 表 5-5

| 构件 | 基础垫层 | 基础 | 地下室外墙 | 楼板 | 钢管混凝土柱 |
|---|---|---|---|---|---|
| 强度等级 | C15 | C40 | C40 | C40 | C60 |

## 5.4 荷载

### 5.4.1 风荷载及雪荷载

根据《建筑结构荷载规范》，风荷载及雪荷载按50年重现期确定，具体见表5-6。

风荷载及雪荷载 表 5-6

| 荷载 | 项目 | 指标 |
|---|---|---|
| 风荷载 | 基本风压 | $0.35kN/m^2$ |
| | 地面粗糙度 | B类 |
| | 体型系数 | 1.3 |
| | 阻尼比 | 0.04（不考虑黏滞阻尼器作用） |
| 雪荷载 | 基本雪压 | $0.25kN/m^2$ |

注：承载力计算时，基本风压放大1.1倍。

### 5.4.2 地震作用

根据《高规》第4.3.2条的规定，本工程存在局部大跨（跨度大于8m）转换构件，8度抗震设计时，除考虑水平地震作用外，尚应计入竖向地震作用。竖向地震应使用反应谱分析计算，且竖向地震作用标准值，不宜小于结构承受的重力荷载代表值与《高规》表 4.3.15 规定的竖向地震作用系数的乘积。本工程所在地设防烈度为 8 度，基本地震加速度为 0.2g，故竖向地震作用系数可取 0.10。

根据《抗规》、《中国地震动参数区划图》及地勘报告所述，本工程设计时所取用的地震参数及标准按表 5-7 采用。

**结构抗震参数与指标　　表 5-7**

| 项目 | | 指标 |
|---|---|---|
| 建筑工程抗震设防分类 | | 重点设防类 |
| 地震参数 | 抗震设防烈度 | 8 度 |
| | 场地类别 | Ⅱ类 |
| | 设计地震分组 | 第二组 |
| | 基本地震加速度 | 0.2g |
| | 特征周期（大震） | 0.4s（0.45s） |
| 水平地震影响系数最大值 | 小震 | 0.16 |
| | 中震 | 0.45 |
| | 大震 | 0.90 |
| 地震峰值加速度 | 小震 | $70cm/s^2$ |
| | 中震 | $200cm/s^2$ |
| | 大震 | $400cm/s^2$ |
| 结构阻尼比 | 小震 | 0.04 |
| | 中震 | 0.05 |
| | 大震 | 0.06 |

注：1. 结构阻尼比根据《高规》第 11.3.5 条采用。
2. 建筑工程抗震设防分类根据《建筑工程抗震设防分类标准》第 6.0.11 条采用。
3. 表中阻尼比未考虑减震装置作用。

### 5.4.3 使用荷载

1）恒荷载

根据建筑要求及面层、墙体做法，恒荷载标准值（不含结构梁板自重，其自重由程序自动计算）参见表 5-8。

**恒荷载标准值　　表 5-8**

| 分类 | 建筑功能区 | 恒荷载值（$kN/m^2$） | 备注 |
|---|---|---|---|
| 面载 | 静电地板楼面 | 2.0 | 降板高度为 120mm |
| | 核心筒内普通楼面 | 2.0 | 降板高度为 50mm |
| | 卫生间 | 2.5 | 降板高度为 120mm |
| | 普通屋面 | 5.0 | 上人 |
| | 600mm 厚种植屋面 | 16.0 | 裙房局部屋面 |

续表

| 分类 | 建筑功能区 | 恒荷载值（kN/m²） | 备注 |
|---|---|---|---|
| 线载 | 玻璃幕墙 | 2.0 | 根据陶板幕墙荷载取用 |
| | 核心筒内部填充墙 | 2.0 | 200mm 厚砌块，加双面抹灰，砌块重度不大于 6kN/m³ |

2）活荷载

楼面均布活荷载标准值按现行荷载规范取值，设计基准期为 50 年。活荷载标准值见表 5-9。

活荷载标准值　　表 5-9

| 建筑功能区 | 活荷载标准值（kN/m²） |
|---|---|
| 商业 | 4.0 |
| 办公室 | 2.5 |
| 办公室、会议室 | 3.0 |
| 走廊、门厅 | 3.0 |
| 楼梯间 | 3.5 |
| 空调机房、通信机房、风机房 | 8.0 |
| 配电间、档案 | 5.0 |
| 一层施工荷载 | 4.0 |
| 地下一层停车库（考虑施工荷载） | 4.0 |
| 种植屋面 | 3.0 |
| 普通屋面（上人） | 2.0 |
| 普通屋面（不上人） | 0.5 |
| 大空间办公 | 4.0 |

注：大空间办公活荷载考虑灵活布置活荷载取值：加气混凝土砌块 A3.5，干密度等级 B04，两侧抹灰共计 20mm，折算面荷载 1.2kN/m²，层高 4.3m，$1.2 \times (4.3 - 0.7)/3 + 2.5 = 4\text{kN/m}^2$。

## 5.4.4 荷载组合

1）非抗震组合

（1）$1.1 \times (1.3D + 1.5L)$

（2）$1.1 \times (1.0D + 1.5L)$

（3）$1.1 \times (1.3D + 1.5 \times 0.7L \pm 1.5W)$

（4）$1.1 \times (1.3D + 1.5L \pm 1.5 \times 0.6W)$

（5）$1.1 \times (1.0D + 1.5 \times 0.7L \pm 1.5W)$

（6）$1.1 \times (1.0D + 1.5L \pm 1.5 \times 0.6W)$

（7）$1.1 \times (1.3D \pm 1.5T)$

（8）$1.1 \times (1.3D + 1.5 \times 0.7L \pm 1.5T)$

（9）$1.1 \times (1.3D + 1.5L \pm 1.5 \times 0.6T)$

式中：$D$——永久荷载效应标准值；

$L$——活荷载效应标准值；

$W$——风荷载效应标准值。

2）抗震组合

（1）$1.3G \pm 1.4E_h$

（2）$1.3G \pm 1.4E_v$

（3）$1.3G \pm 1.4E_h \pm 0.5E_v$

（4）$1.3G \pm 1.4E_h \pm 1.5 \times 0.2W$

（5）$1.3G \pm 1.4E_h \pm 0.5E_v \pm 1.5 \times 0.2W$

式中：$G$——重力荷载代表值的效应；

$E_h$——水平地震作用标准值的效应；

$E_v$——竖向地震作用标准值的效应；

## 5.5 地基及基础工程

### 5.5.1 地形、地层分布及特性

1）地形及地貌

拟建项目场地位于西安市长安区西太路以西，纬三十六路以北，场地西侧紧邻丝路创智谷项目场地，北侧紧邻“未来之瞳”项目场地。拟建场地原地形整体较开阔、平坦。点地面标高介于417.32～425.23m之间。拟建场地地貌单元属一级洪积台地。

2）地层结构

地层结构参见表5-10。

地层结构　　表5-10

| 土层编号 | 土层描述 |
|---|---|
| 填土①$Q_4^{ml}$ | 主要由粉质黏土组成，含植物根系及少量灰渣、砖渣。局部为杂填土，含较多砖瓦碎块等建筑垃圾。该层厚度0.30～1.70m，层底标高416.50～419.79m |
| 黄土状土（粉质黏土）②$Q_4^{pl}$ | 以粉质黏土为主，局部相变为粉土。虫孔及大孔较发育，可见铁锰质斑点，偶见钙质结核及蜗牛壳碎片。该层不具湿陷性，属中压缩性土。该层局部夹有中细砂②$_1$夹层或透镜体 |
| 中细砂②$_1$夹层或透镜体 | 以中砂为主，局部为细砂。颗粒矿物成分主要以长石、石英为主，可见云母。实测标准贯入试验锤击数平均值$N = 17$击 |
| 黄土状土（粉质黏土）③$Q_4^{pl}$ | 虫孔较发育，可见铁锰质斑点，偶见钙质结核及蜗牛壳碎片。中压缩性土，局部地段夹有中细砂③$_1$夹层或透镜体 |
| 中细砂③$_1$夹层或透镜体 | 颗粒矿物成分主要以长石、石英为主，可见云母 |
| 粉质黏土④$Q_3^{pl}$ | 土质较匀，含有铁锰质斑纹和少量钙质结核，属中压缩性土。局部夹有中砂④$_1$夹层或透镜体 |
| 中砂④$_1$夹层或透镜体 | 以中砂为主，局部含少量圆砾颗粒。矿物成分主要以长石、石英为主，可见云母 |
| 粉质黏土⑤$Q_3^{pl}$ | 含有铁锰质斑纹和少量钙质结核，属中压缩性土。局部夹有中砂⑤$_1$夹层或透镜体 |
| 中砂⑤$_1$夹层或透镜体 | 颗粒矿物成分主要以长石、石英为主，可见云母 |
| 粉质黏土⑥$Q_3^{pl}$ | 含有铁锰质斑纹和少量钙质结核，属中压缩性土。局部有中砂⑥$_1$夹层或透镜体 |

续表

| 土层编号 | 土层描述 |
| --- | --- |
| 中砂⑥$_1$夹层或透镜体 | 以中砂为主，局部含少量圆砾颗粒。矿物成分主要以长石、石英为主，可见云母 |
| 粉质黏土⑦$Q_3^{pl}$ | 含有铁锰质斑纹和少量钙质结核，属中压缩性土。局部有中砂⑦$_1$夹层或透镜体 |
| 中砂⑦$_1$夹层或透镜体 | 以中砂为主，局部含少量圆砾颗粒。矿物成分主要以长石、石英为主，可见云母 |
| 粉质黏土⑧$Q_2^l$ | 含有铁锰质斑纹和少量钙质结核，属中压缩性土。局部有中砂⑧$_1$夹层或透镜体 |
| 中砂⑧$_1$夹层或透镜体 | 以中砂为主，局部含少量圆砾颗粒。矿物成分主要以长石、石英为主，可见云母 |
| 粉质黏土⑨$Q_2^l$ | 含有铁锰质斑纹和少量钙质结核，属中压缩性土。局部有中砂⑨$_1$夹层或透镜体 |
| 中砂⑨$_1$夹层或透镜体 | 以中砂为主，局部含少量圆砾颗粒。矿物成分主要以长石、石英为主，可见云母 |
| 粉质黏土⑩$Q_2^l$ | 含有铁锰质斑纹和少量钙质结核，属中压缩性土。该层局部有中砂⑩$_1$夹层或透镜体 |
| 中砂⑩$_1$夹层或透镜体 | 以中砂为主，局部含少量圆砾颗粒。矿物成分主要以长石、石英为主，可见云母 |
| 粉质黏土⑪$Q_2^l$ | 含有铁锰质斑纹和少量钙质结核，属中压缩性土。该层局部有中砂⑪$_1$夹层或透镜体 |
| 中砂⑪$_1$夹层或透镜体 | 以中砂为主，局部含少量圆砾颗粒。矿物成分主要以长石、石英为主，可见云母 |
| 粉质黏土⑫$Q_2^l$ | 含有铁锰质斑纹和少量钙质结核，属中压缩性土。该层局部有中砂⑫$_1$夹层或透镜体 |
| 中砂⑫$_1$夹层或透镜体 | 以中砂为主，局部含少量圆砾颗粒。矿物成分主要以长石、石英为主，可见云母 |
| 粉质黏土⑬$Q_2^l$ | 含有铁锰质斑纹和少量钙质结核，属中压缩性土。该层局部有中砂⑬$_1$夹层或透镜体 |
| 中砂⑬$_1$夹层或透镜体 | 以中砂为主，局部含少量圆砾颗粒。矿物成分主要以长石、石英为主，可见云母 |
| 粉质黏土⑭$Q_2^l$ | 含有铁锰质斑纹和少量钙质结核，属中压缩性土。该层局部有中砂⑭$_1$夹层或透镜体 |
| 中砂⑭$_1$夹层或透镜体 | 以中砂为主，局部含少量圆砾颗粒。矿物成分主要以长石、石英为主，可见云母 |

3）场地岩土工程评价

（1）湿陷性：拟建建筑物基础底面位于粉质黏土④、⑤层或中砂④$_1$夹层，基础底面位于地下水位以下，其下已没有湿陷性土层，因此不考虑地基土的湿陷性影响，各拟建建筑地基均可按一般地基土进行设计。

（2）地下水：拟建场地钻孔实测地下水位埋深为 8.2～16.6m，地下水位标高介于407.15～411.15m，属潜水类型。由于拟建场地内西侧丝路创智谷项目目前正在进行基坑降水，受其影响，场地地下水位变化差异较大，且处于实时变化中，因此本次勘察期间在钻孔中实测地下水位不稳定，不能反映拟建场地的稳定水位。拟建地下室均应进行防水防渗设计，结合《建筑工程抗浮技术标准》JGJ 476—2019 的有关规定，地下室的抗浮设计水位标高可按 416m 采用。

（3）腐蚀性：场地环境类别对于地下水为Ⅲ类，对于地下水位以上场地土为Ⅱ类。地下水及地基土对混凝土结构及钢筋混凝土结构中的钢筋具微腐蚀性。

### 5.5.2　地基基础

本工程层数多、基底反力大，天然地基经修正后也无法满足上部荷载要求，故采用桩筏基础。经试算，仅在墙下、柱下布桩，单桩承载力需求过大，经济性较差，因此选择筏板下均匀布桩。由于核心筒基底反力大，内筒与外框架柱基底反力相差明显，因此考虑进行桩筏基础变刚度设计。通过增加核心筒筏板下桩长、调整外框架筏板下桩距与桩长来调节内筒外框的竖向刚度，以期减小二者沉降差，减小筏板配筋。桩基采用钻孔灌注桩，地基土多为粉质黏土、中砂，有塌孔风险，故采用泥浆护壁反循环工艺，桩端、桩侧后注浆。桩径 1000m，桩长 62m，桩端持力层选择⑪粉质黏土，极限承载力标准值取 22500kN。

### 5.5.3 基础方案

地基基础控制指标见表 5-11。

地基基础控制指标　　表 5-11

| 项　目 | 指　标 |
|---|---|
| 地基基础设计等级 | 甲级 |
| 建筑桩基设计等级 | 甲级 |
| 岩土工程勘察等级 | 甲级 |

## 5.6 上部结构方案

### 5.6.1 结构体系、结构布置、结构特点

本工程采用混合结构，结构形式为钢结构外框架 + 钢筋混凝土核心筒 + 钢筋桁架楼承板。消能减震方案为屋顶调谐质量阻尼器（TMD）+ 屈曲约束支撑（BRB）伸臂桁架的复合减震系统。房屋高度（室外地面至屋面板板顶的高度）为 182.7m，抗震设防分类为重点设防类。塔楼标准层平面建筑轮廓尺寸为 44.6m × 66.6m，高宽比为 4.1；混凝土核心筒尺寸 19.60m × 27.15m，高宽比为 9.28。外框架柱在*X*方向分布距离为 13.2m，*Y*方向为 11m。核心筒与外框架柱在*X*向距离西侧为 9.1m，东侧为 9.9m，*Y*向南侧为 10.850m，北侧仅为 6m。地下 1 层～5 层、21～23 层剪力墙为型钢混凝土剪力墙，其他部分则采用钢筋混凝土剪力墙。框架柱采用钢管混凝土柱，框架梁采用 H 型钢梁、箱形钢梁。除加强层（31 层）外，所有钢梁均与核心筒铰接，铰接处钢梁作变截面处理，提高建筑走廊范围净高。

消能减震形式：利用核心筒凸出屋面部分，通过增设专属结构层、橡胶支座及黏滞阻尼器等，在屋顶形成一个天然的 TMD 减震系统。在第三避难层（31 层）设置加强层，设置 BRB 伸臂桁架，不设置环带桁架。伸臂桁架根部与剪力墙刚接，弦杆伸入混凝土墙内且贯通，墙内设钢斜腹杆。

从图 5-3 及图 5-4 可以看出，本工程结构主要有四大特点：（1）核心筒严重偏置；（2）核心筒立面上多处出现两层、三层通高，框架梁被打断或取消；（3）平面上*X*向框架梁从 6 层开始往上均不能拉通；（4）采用屋顶 TMD + BRB 伸臂桁架的复合减震系统。

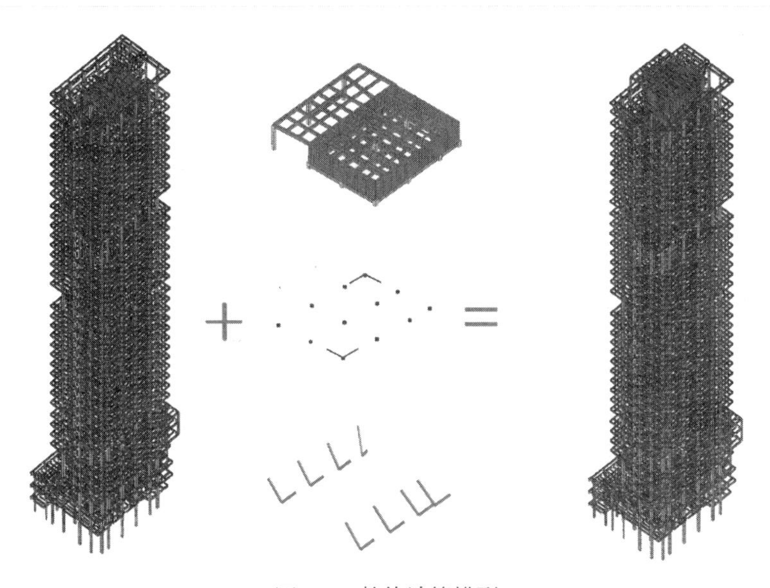

图 5-3　整体计算模型

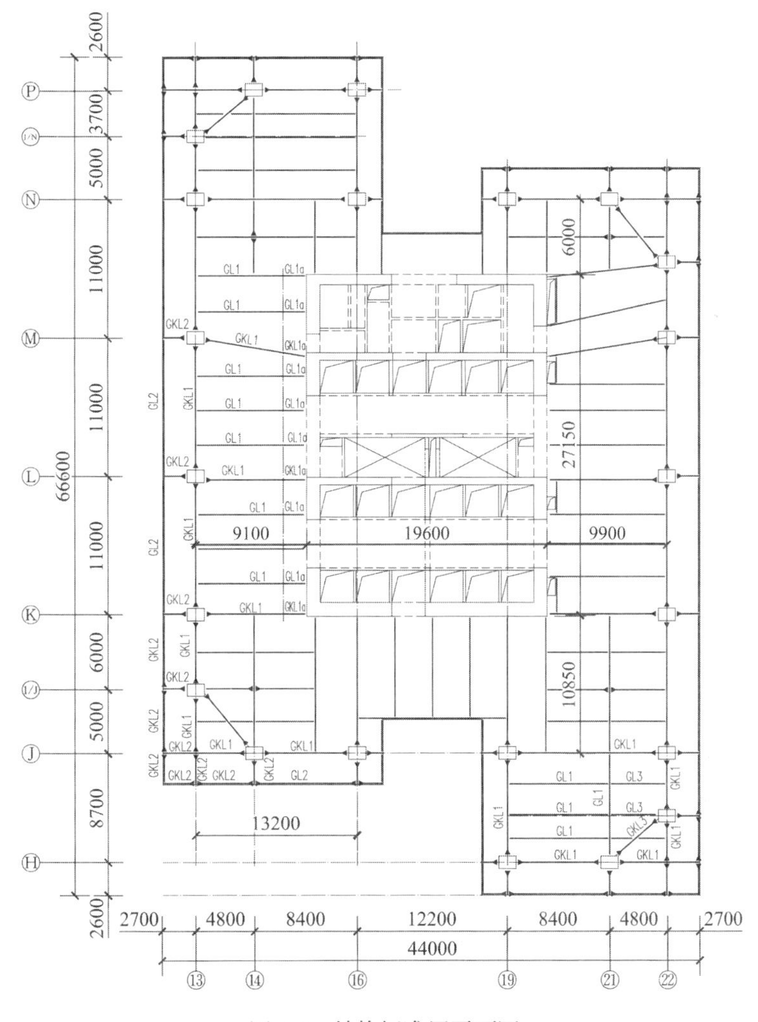


图 5-4　结构标准层平面图

## 5.6.2 结构构件布置

1）核心筒剪力墙及框架柱

（1）核心筒剪力墙：自基础顶延伸至整个结构的顶部，上下贯穿整个结构。由于5.6.1节结构特点（2）和（3），外框架部分被严重削弱，较保守地让核心筒剪力墙承担全部的地震剪力进行承载力计算。剪力墙抗震等级为特一级。

（2）框架柱：框架柱主控指标为轴压比与长细比。作为二道防线，根据规范进行调整。钢管混凝土框架柱抗震等级为一级，钢框架柱为二级；加强层及其上下层，共3层，钢管混凝土框架柱为特一级。地上钢管混凝土柱下插至基础，在地下形成型钢混凝土柱，柱脚置于基础顶。

核心筒剪力墙、框架柱相关信息见图5-5及表5-12。

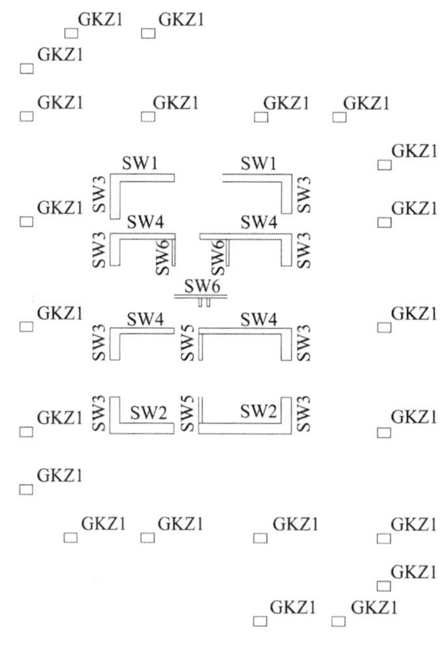


图5-5 核心筒剪力墙、框架柱编号图

注："SW-"表示剪力墙编号，"GKZ-"表示框架柱编号。

核心筒剪力墙、框架柱截面尺寸分布（mm） 表5-12

| 构件编号 | -3～5层 | 6～11层 | 12～17层 | 18～23层 | 24～29层 | 30～35层 | 35层以上 |
|---|---|---|---|---|---|---|---|
| SW1 | 800 | 800 | 700 | 700 | 600 | 600 | 600 |
| SW2 | 1100 | 1000 | 900 | 800 | 700 | 600 | 600 |
| SW3 | 1100 | 1000 | 900 | 800 | 700 | 600 | 600 |
| SW4 | 600 | 600 | 600 | 600 | 600 | 600 | 600 |
| SW5 | 400 | 400 | 400 | 400 | 400 | 400 | 400 |
| SW6 | 300 | 300 | 300 | 300 | 300 | 300 | 300 |
| GKZ1 | 1400 × 1000 | 1300 × 1000 | 1200 × 1000 | 1100 × 1000 | 1000 × 1000 | 1000 × 900 | 900 × 900 |

注：10层为第一避难层，22层为第二避难层，31层为第三避难层。

2）框架梁与组合梁

（1）框架梁：采用 H 型钢梁，抗震等级为一级。*X*、*Y* 两个方向柱距不同，为了兼顾建筑净高与设计加工难度，将框架梁高度定为 800mm。除加强层外，框架梁与核心筒墙体铰接相连，铰接处钢梁作变截面处理，提高建筑走廊范围净高。

（2）组合梁：核心筒与框架柱之间的次梁考虑组合梁作用，根据计算结果及构造措施设置栓钉及板钢筋。次梁与框架梁相似，与核心筒墙体铰接连接。梁截面详见表 5-13。

钢梁截面尺寸分布　　表 5-13

| 构件编号 | 截面尺寸（mm） | 说明 |
|---|---|---|
| GKL1 | H800 × 400 × 16 × 30 | Q355C |
| GKL1a | H380 × 400 × 16 × 30 | Q355C |
| GKL2 | H680 × 400 × 14 × 30 | Q355C |
| GKL3 | H800 × 300 × 16 × 30 | Q355C |
| GL1 | H550 × 200 × 12 × 30 | Q355B |
| GL1a | H380 × 200 × 12 × 30 | Q355B |
| GL2 | H680 × 200 × 14 × 30 | Q355B |
| GL3 | HM300 × 200 × 8 × 14 | Q235B |

### 5.6.3　消能减震系统及消能构件布置

1）消能减震系统

消能减震系统分为两个部分，分别为屋顶 TMD 减震系统与 BRB 伸臂桁架减震系统。

（1）屋顶 TMD 减震系统：由经典结构被动调谐减震控制理论可知，屋顶 TMD 减震系统由三个重要部分组成：质量、刚度与阻尼（图 5-6）。本次设计利用核心筒凸出屋面部分，通过增设专属结构层、橡胶支座及黏滞阻尼器，在屋顶形成一个质量、刚度与阻尼齐全的 TMD 减震系统。TMD 质量能达到结构总质量的 5%，多遇地震下能为主体提供 1.5%的附加阻尼比。本工程一共布置 15 个支座，其中 2 个 LNR900，10 个 LRB800，3 个 ESB。布置 4 个黏滞阻尼器（VFD）。支座力学性能参数见表 5-14，支座及黏滞阻尼器布置图见图 5-7。黏滞阻尼器力学性能参数见表 5-15。

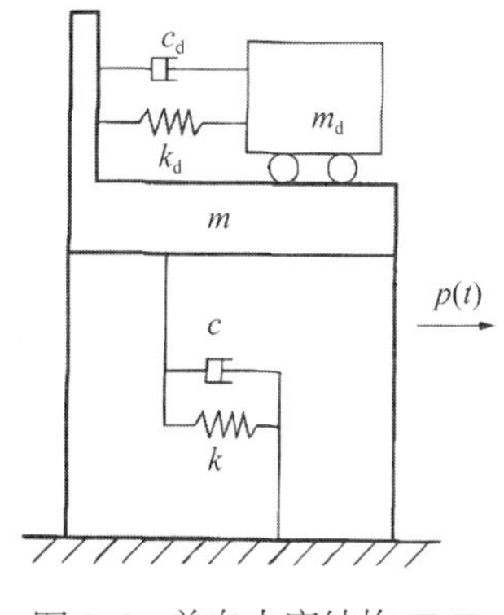


图 5-6　单自由度结构 TMD

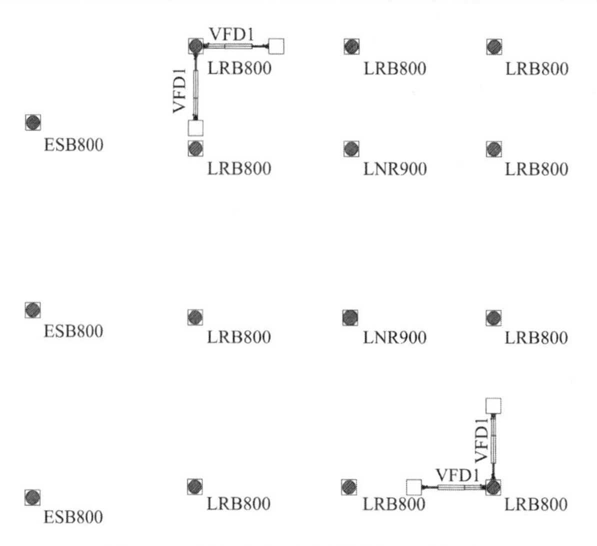


图 5-7　橡胶支座及黏滞阻尼器布置图

**支座力学性能参数**　　　　表 5-14

| 类别 | 符号 | 单位 | LNR900 | LRB800 | ESB800 |
|---|---|---|---|---|---|
| 使用数量 | $N$ | 套 | 2 | 10 | 3 |
| 有效直径 | $d$ | mm | 900 | 800 | — |
| 剪切弹性模量 | $G$ | MPa | 0.392 | 0.392 | — |
| 一次形状系数 | $S_1$ | — | 30 | 30 | — |
| 二次形状系数 | $S_2$ | — | 5 | 5 | — |
| 有效面积 | $A$ | $m^2$ | 0.636 | 0.5024 | — |
| 基准面压 | — | MPa | 12 | 12 | 15 |
| 竖向初始刚度 | $K_v$ | kN/m | 3.7E + 06 | 3.4E + 06 | — |
| 水平初始刚度 | $K_u$ | kN/m | 1350 | 15290 | — |
| 水平屈服力 | $Q_d$ | kN | — | 106 | — |
| 屈曲后水平刚度 | $K_d$ | kN/m | — | 1177 | — |
| 100%等效刚度 | $K_{eq}$ | kN/m | 1210 | 1830 | — |
| 100%等效阻尼比 | $\xi_{eq}$ | % | — | 23 | — |
| 250%等效刚度 | $K_{eq}$ | kN/m | — | 1130 | — |
| 支座安装高度 | — | mm | 318 | 318 | — |
| 橡胶层总厚度 | — | mm | 166 | 147 | — |
| 最大动摩擦系数 | — | — | — | — | < 0.3 |
| 最大水平位移 | — | mm | 495 | 440 | 440 |

**黏滞阻尼器（VFD）力学性能参数**　　　　表 5-15

| 阻尼系数$C$［$kN/(m/s)^{-1.0}$］ | 阻尼指数$\alpha$ | 设计位移（mm） | 设计速度（m/s） | 数量（个） |
|---|---|---|---|---|
| 3000 | 1.0 | ±440 | 0.67 | 4 |

（2）BRB 伸臂桁架减震系统：在风荷载作用下，在加强层设置伸臂桁架是减小结构水平位移的有效方法。但在地震作用下，由于伸臂桁架本身刚度很大，造成加强层抗侧刚度突变和抗剪承载力突变，加强层处的内力分布复杂，容易形成薄弱层，结构的损坏机理比较难实现“强柱弱梁”和“强剪弱弯”的延性屈服机制。因此需要在设计时采用“有限刚度加强层”的原则。原则要求：加强层只是弥补整体刚度的不足，以减小结构层间位移角。尽量减小加强层的刚度，减少结构刚度突变和内力巨增，使结构在罕遇地震作用下能呈现出“强柱弱梁”和“强剪弱弯”的延性屈服机制。

采用 BRB 伸臂桁架减震系统，将 BRB 作为伸臂桁架的斜腹杆，使伸臂桁架成为结构的“保险丝”。其具有以下优点：

①伸臂桁架斜腹杆的极限状态是 BRB 的延性拉、压屈服，而非传统支撑构件的非延性屈曲失效，既能降低斜撑自身刚度以实现“有效刚度加强层”原则，又能避免其相邻构件承受设计中所考虑的超载；

②BRB 避免了结构严重强度退化导致的斜腹杆屈曲破坏模式，使其在罕遇地震作用下仍能继续工作；

③BRB 的拉压屈服可以吸收大量的地震能量，从而提高整体结构抗震性能；

④BRB 比传统支撑更易于更换，地震后可更快地恢复结构的承载力。

2）消能构件布置

利用建筑第三个避难层（层高 5.4m）布置伸臂桁架，伸臂桁架在高度上的布置见图 5-8。伸臂桁架仅在*X*向布置，每侧布置 4 榀，共 8 榀。伸臂桁架的上下楼板均为 200mm 厚，楼板平面内做水平钢支撑，布置见图 5-9。

图 5-8　伸臂桁架楼层布置图

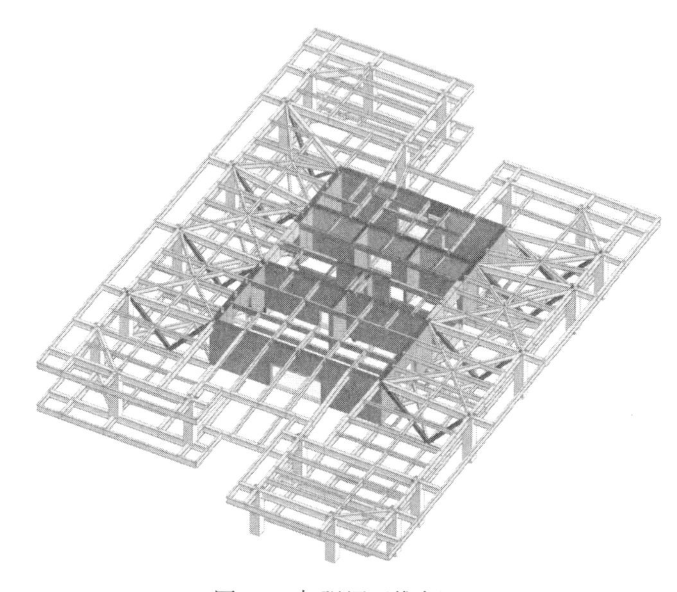

图 5-9　加强层三维布置图

多遇地震计算时，加强层楼板按弹性膜考虑，刚度不进行折减。设防地震、罕遇地震计算时，加强层楼板按照等效弹性方法考虑，对楼板轴向刚度进行折减，折减系数拟定为 0.2。

伸臂桁架弦杆采用 H 型钢，腹杆采用屈曲约束支撑（BRB），构件尺寸见表 5-16。

伸臂桁架截面尺寸信息　　表 5-16

| 构件编号 | 截面尺寸（mm） | 强度等级 |
|---|---|---|
| 上弦杆 | H800 × 400 × 40 × 40 | Q355C |
| 下弦杆 | H800 × 400 × 50 × 50 | Q420GJC |
| 斜腹杆 | 等效面积 80000mm$^2$ | Q355 |
| 水平支撑 | H550 × 200 × 12 × 30 | Q355C |

# 5.7 结构超限类别判定及加强措施

## 5.7.1 超限情况分析

根据《超限高层建筑工程抗震设防专项审查技术要点》（建质〔2015〕67 号）（以下简称《审查要点》）附件 1 中所述内容，对本工程的超限情况作如下判定。为准确清楚起见，本节引用附件中的表格时，用“超限表号”代替附件“表号”。

房屋高度（m）超过下列规定的高层建筑工程　　超限表 1

| 项目 | 简要涵义 | 指标判断 | 超限结论 |
|---|---|---|---|
| 高度 | 8 度区（0.2g）钢框架-核心筒结构使用的最大高度为 120m | 182.7 | 是 |

同时具有下列 3 项及 3 项以上不规则的高层建筑工程（不论高度是否大于表 1）　　超限表 2

| 序 | 不规则类型 | 简要涵义 | 指标判断 | 超限结论 |
|---|---|---|---|---|
| 1a | 扭转不规则 | 考虑偶然偏心的扭转位移比大于 1.2 | 裙房部分 1.24，塔楼部分 1.17 | 是 |
| 1b | 偏心布置 | 偏心率大于 0.15 或相邻层质心相差大于相应边长 15% | 裙房部分偏心率 18%，塔楼部分偏心率 8% | 是 |
| 2a | 凹凸不规则 | 平面凹凸尺寸大于相应边长 30%等 | 25% | 否 |
| 2b | 组合平面 | 细腰形或角部重叠形 | 无 | 否 |
| 3 | 楼板不连续 | 有效宽度小于 50%，开洞面积大于 30%，错层大于梁高 | 有效宽度大于 50% | 否 |
| 4a | 刚度突变 | 相邻层刚度变化大于 70%（按高规考虑层高修正时，数值相应调整）或连续三层变化大于 80% | 比值最小为 0.955（加强层下一层） | 是 |
| 4b | 尺寸突变 | 竖向构件收进位置高于结构高度 20%且收进大于 25%，或外挑大于 10%和 4m，多塔 | 无 | 否 |
| 5 | 构件间断 | 上下墙、柱、支撑不连续，含加强层、连体类 | 加强层 | 是 |
| 6 | 承载力突变 | 相邻层受剪承载力变化大于 80% | 最大值为 0.79 | 是 |
| 7 | 局部不规则 | 局部的穿层柱、斜柱、夹层、个别构件错层或转换，或个别楼层扭转位移比略大于 1.2 等 | 是 | 是 |

注：深凹进平面在凹口设置连梁，当连梁刚度较小不足以协调两侧的变形时，仍视为凹凸不规则，不按楼板不连续的开洞对待；序号 a、b 不重复计算不规则项；局部的不规则，视其位置、数量等对整个结构影响的大小判断是否计入不规则的一项。

具有下列2项或同时具有下表和表2中某项不规则的高层建筑工程（不论高度是否大于表1）

超限表3

| 序 | 不规则类型 | 简要涵义 | 指标判断 | 超限结论 |
|---|---|---|---|---|
| 1 | 扭转偏大 | 裙房以上的较多楼层考虑偶然偏心的扭转位移比大于1.4（表2之1项不重复计算） | 1.18 | 否 |
| 2 | 抗扭刚度弱 | 扭转周期比大于0.9，超过A级高度的结构扭转周期比大于0.85 | 0.7 | 否 |
| 3 | 层刚度偏小 | 本层侧向刚度小于相邻上层的50%（表2之4a项不重复计算） | 0.955 | 否 |
| 4 | 塔楼偏置 | 单塔或多塔与大底盘的质心偏心距大于底盘相应边长的20%（表2之4b项不重复计算） | 18% | 否 |

具有下列某一项不规则的高层建筑工程（不论高度是否大于表1）　　超限表4

| 序 | 不规则类型 | 简要涵义 | 超限结论 |
|---|---|---|---|
| 1 | 高位转换 | 框支墙体的转换构件位置：7度超过5层，8度超过3层 | 否 |
| 2 | 厚板转换 | 7～9度设防的厚板转换结构 | 否 |
| 3 | 复杂连接 | 各部分层数、刚度、布置不同的错层，连体两端塔楼高度、体型或沿大底盘某个主轴方向的振动周期显著不同的结构 | 否 |
| 4 | 多重复杂 | 结构同时具有转换层、加强层、错层、连体和多塔等复杂类型的3种 | 否 |

注：仅前后错层或左右错层属于表2中的一项不规则，多数楼层同时前后、左右错层属于本表的复杂连接。

具有下列某一项不规则的高层建筑工程（不论高度是否大于表1）　　超限表5

| 序 | 不规则类型 | 简要涵义 | 指标判断 | 超限结论 |
|---|---|---|---|---|
| 1 | 特殊类型高层建筑 | 抗震规范、高层混凝土结构规程和高层钢结构规程暂未列入的其他高层建筑结构，特殊形式的大型公共建筑及超长悬挑结构，特大跨度的连体结构等 | 无 | 否 |
| 2 | 大跨屋盖建筑 | 空间网格结构或索结构的跨度大于120m或悬挑长度大于40m，钢筋混凝土薄壳跨度大于60m，整体张拉式膜结构跨度大于60m，屋盖结构单元的长度大于300m，屋盖结构形式为常用空间结构形式的多重组合、杂交组合以及屋盖形体特别复杂的大型公共建筑 | 无 | 否 |

1）超限判定结论

高度是否超限判别：根据超限表1（超限高层建筑工程高度超限判别）及《钢管混凝土结构技术规范》GB 50936—2014，本工程地上结构总高度约182.7m，超过规范8度区（0.2g）钢框架-核心筒结构使用的最大高度为120m的规定，故建筑高度超限。

2）不规则性是否超限判别：

根据超限表2～表5的内容，逐条对照检查，结构存在的超限情况如下：

（1）扭转不规则、偏心布置；

（2）刚度突变；

（3）构件间断；

（4）承载力突变；

（5）局部不规则。

根据《审查要点》，本工程属于需进行超限高层建筑工程抗震设防专项审查的项目。

### 5.7.2 针对超限的加强措施

1）整体加强

采用比常规结构更高的抗震设防目标，重要构件均采用中震或大震下的性能标准进行设计。采用两种空间结构计算软件（YJK 和 MIDAS）相互对比验证，并通过弹性时程分析对反应谱的结果进行调整。

采用有限元分析软件进行结构大震下的弹塑性时程分析，分析耗能机制，控制大震下层间位移角不大于 1/100，并对计算中出现的薄弱部位进行加强。

采用有限元分析软件，对重要的节点进行详细的有限元分析。

采用有限元软件单独进行减震分析。通过小震弹性时程分析、大震弹塑性时程分析，得到小震下可靠的附加阻尼比，在大震下验证支座的位移、阻尼器的出力和位移情况。

2）不规则性加强

（1）扭转不规则、偏心布置：裙房部分：加强外框架刚度、提高结构抗扭刚度；塔楼部分：由核心筒北向侧偏置，通过调整墙厚，将楼层刚心南移，将偏心率调至满足规范要求。

（2）刚度突变、承载力突变：将突变楼层指定为薄弱层与软弱层，楼层地震剪力放大 1.25 倍。

（3）构件间断（加强层）：采用“有限刚度加强层原则”进行设计、BRB 伸臂桁架减震体系，加强层及其上下层框架柱抗震等级提高到特一级。

（4）局部不规则（穿层柱）：采用直接分析法进行复核。

（5）针对 5.6.1 节中提到的结构特点（2）：“核心筒立面上多处出现两层、三层通高，框架梁被打断或取消”，在构件设计中考虑核心筒剪力墙承担所有地震剪力，框架部分仍然按照二道防线（$0.2V_0$）进行调整。在报告第 11 章对二道防线的设计的实现进行专项分析。

### 5.7.3 结构抗震性能目标

根据《抗规》《高规》对结构抗震性能化设计方法要求，制定了本工程抗震性能目标：结构抗震性能目标参照 C 级。结构性能设计的具体要求见表 5-17。

结构抗震性能目标　　表 5-17

| 地震水准 | | 多遇地震 | 设防烈度地震 | 罕遇地震 |
|---|---|---|---|---|
| 性能水准 | | 完好无损 | 轻度损坏 | 中等损坏 |
| 层间位移角限值 | | $h$/670 | — | $h$/100 |
| 关键构件 | 核心筒主要墙肢底部加强部位核心筒主要墙肢加强层及上下层 | 弹性 | 抗弯不屈服、抗剪弹性 | 抗剪不屈服、抗剪截面满足要求 |
| | 加强层伸臂桁架弦杆 | 弹性 | 不屈服 | 个别构件屈服 |
| | 钢管混凝土通高柱及相连的框架梁 | 弹性 | 抗弯不屈服、抗剪弹性 | 不屈服 |
| | 四角长悬挑梁、托柱梁 | 弹性 | 不屈服 | 个别构件屈服，轻微损伤 |
| | 隔震支墩及与之相连框架梁、柱 | 弹性 | 不屈服 | 个别构件屈服，轻微损伤 |
| 普通竖向构件 | 核心筒主要墙肢其他部位 | 弹性 | 抗弯不屈服、抗剪弹性 | 部分构件中度损坏、抗剪截面满足要求 |
| | 钢管混凝土柱（非通高）、钢柱 | 弹性 | 抗弯不屈服、抗剪弹性 | 部分构件中度损伤、个别构件屈服 |
| | 裙房钢支撑 | 弹性 | 不屈服 | 个别构件屈服 |

续表

| | | | | |
|---|---|---|---|---|
| 耗能构件 | 钢框架梁 | 弹性 | 允许部分构件屈服 | 大部分构件屈服 |
| | 斜腹杆 BRB | 弹性 | 不屈服 | 允许屈服、<br>钢材应力不超过极限强度 |
| | 连梁 | 弹性 | 允许部分构件屈服 | 大部分构件屈服、<br>允许部分发生严重破坏 |
| 加强层楼板 | | 弹性 | 允许部分构件屈服 | 大部分构件屈服、<br>允许部分发生严重破坏 |
| 节点 | | 弹性 | 不先于构件破坏 | |

## 5.8　结构弹性分析结果

### 5.8.1　计算软件、楼层嵌固部位

1）计算软件

结构在竖向荷载、风荷载和多遇地震作用（50年超越概率63.2%）下的内力及变形等，均按弹性方法分析。设计中，采用YJK软件（版本4.3.0）和MIDAS GEN 2022，两种软件计算模型如图5-10所示。

在进行重力荷载效应分析时，柱、墙轴向变形应考虑施工过程影响，施工过程的模拟采用分层加载法，以反映实际的施工状态。抗震计算时，考虑扭转耦联以计算结构的扭转效应。计算模型振型数取为25个，振型参与质量系数不小于90%。根据规范要求，对于周期比、位移比等抗震指标的计算，采用刚性板假定。在计算内力及配筋时，计算中采用弹性楼板假定。

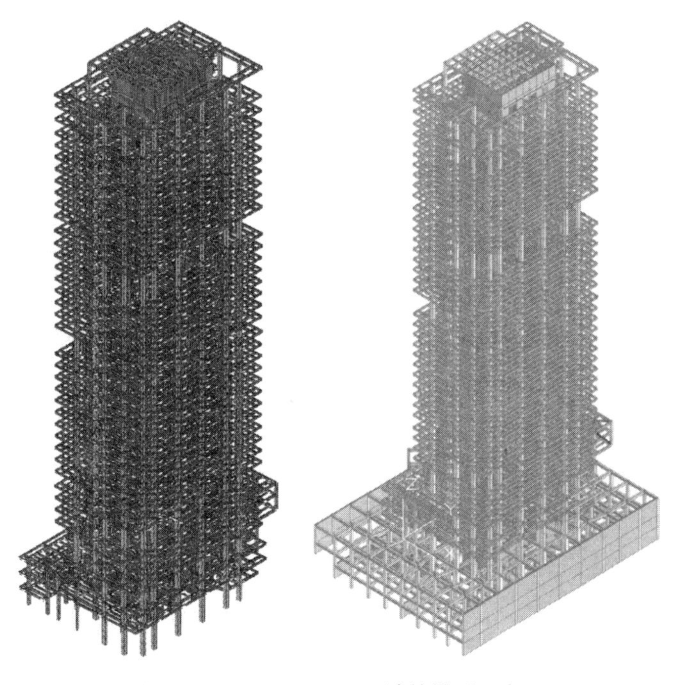

图5-10　MIDAS、YJK计算模型示意图

2）楼层嵌固部位

根据《高规》的规定，当地下室顶板作为上部结构嵌固部位时，地下 1 层与首层剪切刚度比不宜小于 2。计算地下室结构楼层刚度时，可考虑地上结构以外的地下室相关部位的结构，“相关部位”一般指地上结构外扩不超过三跨的地下室范围。首层等效侧向刚度比计算结果：$X$向为 2.11，$Y$向为 2.91，计算结果均满足规范要求，因此本项目地下室顶板可作为地上结构的嵌固部位。

## 5.8.2 主要计算结果

1）周期计算指标

根据 YJK 和 MIDAS 的分析，结构两个水平$X$、$Y$方向的振型质量参与系数均大于 90%，满足规范要求。计算结果见表 5-18。

YJK 和 MIDAS 主要计算结果对比　　表 5-18

| 计算软件 | | YJK | | MIDAS | |
|---|---|---|---|---|---|
| 计算振型数 | | 25 | | 25 | |
| 前三阶自振周期（s） | 第一平动周期（$T_1$） | 4.287 | $X$向平动 | 0.773 | $X$向平动 |
| | 第二平动周期（$T_2$） | 4.252 | $Y$向平动 | 0.686 | $Y$向平动 |
| | 第一转动周期（$T_t$） | 3.054 | 转动 | 0.569 | 转动 |
| $T_t/T_1$ | | 0.71 | | 0.31 | |
| 结构总质量（含地下室）（t）<br>（包括恒荷载、活荷载产生的质量） | | 227253.734 | | 2293108.272 | |

2）整体结构振型

YJK 与 MIDAS 计算得到的结构前 3 阶振型如图 5-11、图 5-12、图 5-13 所示。

图 5-11　YJK（左）、MIDAS（右）一阶振型

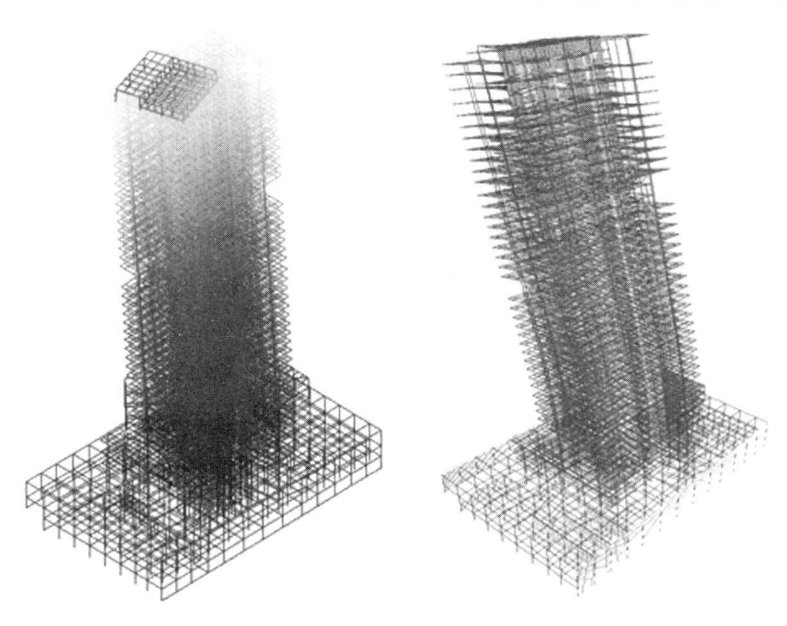

图 5-12 YJK（左）、MIDAS（右）二阶振型

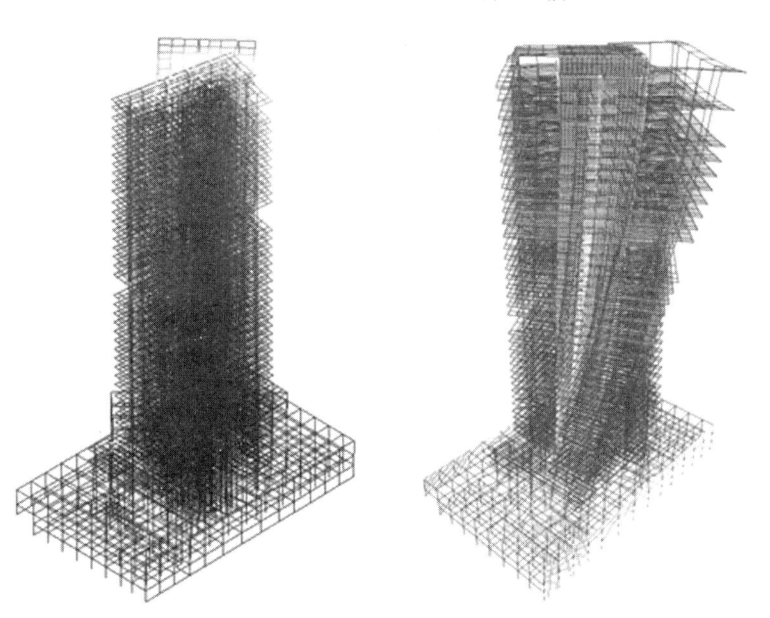

图 5-13 YJK（左）、MIDAS（右）三阶振型

3）剪重比

表 5-19 及图 5-14 为 YJK 和 MIDAS 两种软件在多遇地震作用下，结构各楼层对应于地震作用标准值的剪力和剪重比对比。根据 GB 50011—2010（2016 版）第 5.2.5 条及 JGJ 3—2010 第 4.3.12 条的规定，在多遇水平地震作用下，第一平动（$X$向）周期为 4.287s，$X$向水平剪力系数为 2.65%；第二平动（$Y$向）周期为 4.252s，$Y$向水平剪力系数为 2.68%。由 5.19 表计算数据可知，YJK 计算结果中：剪重比仅$Y$向少数层小于规范限值，其比值最小值为 0.91 > 0.85。根据《超限高层建筑工程抗震设防专项审查技术要点》第十三条（二）的要求，可以将剪力调整后进行设计。

结构楼层剪重比 表 5-19

| 层号 | YJK_X | 调整系数 | YJK_Y | 调整系数 | MIDAS_X | 调整系数 | MIDAS_Y | 调整系数 |
|---|---|---|---|---|---|---|---|---|
| 46 | 9.774% | 1.0 | 8.283% | 1.023 | 11.411% | 1.0 | 8.561% | 1.0 |
| 45 | 8.791% | 1.0 | 8.012% | 1.024 | 11.654% | 1.0 | 9.277% | 1.0 |
| 44 | 7.844% | 1.0 | 7.352% | 1.021 | 10.673% | 1.0 | 8.607% | 1.0 |
| 43 | 7.473% | 1.0 | 6.940% | 1.027 | 9.547% | 1.0 | 7.864% | 1.0 |
| 42 | 7.426% | 1.0 | 6.836% | 1.028 | 9.060% | 1.0 | 7.498% | 1.0 |
| 41 | 7.223% | 1.0 | 6.612% | 1.029 | 8.512% | 1.0 | 7.072% | 1.0 |
| 40 | 6.932% | 1.0 | 6.327% | 1.030 | 7.923% | 1.0 | 6.618% | 1.0 |
| 39 | 6.591% | 1.0 | 6.014% | 1.032 | 7.375% | 1.0 | 6.211% | 1.0 |
| 38 | 6.229% | 1.0 | 5.700% | 1.033 | 6.879% | 1.0 | 5.862% | 1.0 |
| 37 | 5.869% | 1.0 | 5.403% | 1.035 | 6.445% | 1.0 | 5.572% | 1.0 |
| 36 | 5.528% | 1.0 | 5.133% | 1.037 | 6.076% | 1.0 | 5.336% | 1.0 |
| 35 | 5.217% | 1.0 | 4.894% | 1.039 | 5.768% | 1.0 | 5.141% | 1.0 |
| 34 | 4.850% | 1.0 | 4.620% | 1.041 | 5.438% | 1.0 | 4.927% | 1.0 |
| 33 | 4.599% | 1.0 | 4.422% | 1.034 | 5.249% | 1.0 | 4.795% | 1.0 |
| 32 | 4.420% | 1.0 | 4.276% | 1.044 | 5.095% | 1.0 | 4.673% | 1.0 |
| 31 | 4.235% | 1.0 | 4.118% | 1.046 | 4.934% | 1.0 | 4.538% | 1.0 |
| 30 | 4.073% | 1.0 | 3.978% | 1.048 | 4.790% | 1.0 | 4.416% | 1.0 |
| 29 | 3.923% | 1.0 | 3.848% | 1.049 | 4.652% | 1.0 | 4.302% | 1.0 |
| 28 | 3.784% | 1.0 | 3.731% | 1.051 | 4.519% | 1.0 | 4.197% | 1.0 |
| 27 | 3.656% | 1.0 | 3.625% | 1.052 | 4.393% | 1.0 | 4.101% | 1.0 |
| 26 | 3.535% | 1.0 | 3.528% | 1.054 | 4.271% | 1.0 | 4.009% | 1.0 |
| 25 | 3.410% | 1.0 | 3.427% | 1.055 | 4.146% | 1.0 | 3.914% | 1.0 |
| 24 | 3.318% | 1.0 | 3.347% | 1.057 | 4.056% | 1.0 | 3.843% | 1.0 |
| 23 | 3.235% | 1.0 | 3.267% | 1.058 | 3.966% | 1.0 | 3.762% | 1.0 |
| 22 | 3.168% | 1.0 | 3.193% | 1.059 | 3.889% | 1.0 | 3.687% | 1.0 |
| 21 | 3.109% | 1.0 | 3.122% | 1.061 | 3.819% | 1.0 | 3.614% | 1.0 |
| 20 | 3.056% | 1.0 | 3.054% | 1.062 | 3.750% | 1.0 | 3.543% | 1.0 |
| 19 | 3.009% | 1.0 | 2.991% | 1.063 | 3.686% | 1.0 | 3.477% | 1.0 |
| 18 | 2.966% | 1.0 | 2.934% | 1.065 | 3.625% | 1.0 | 3.415% | 1.0 |

续表

| 层号 | YJK_X | 调整系数 | YJK_Y | 调整系数 | MIDAS_X | 调整系数 | MIDAS_Y | 调整系数 |
|---|---|---|---|---|---|---|---|---|
| 17 | 2.928% | 1.0 | 2.884% | 1.066 | 3.568% | 1.0 | 3.357% | 1.0 |
| 16 | 2.894% | 1.0 | 2.838% | 1.067 | 3.515% | 1.0 | 3.301% | 1.0 |
| 15 | 2.865% | 1.0 | 2.796% | 1.068 | 3.468% | 1.0 | 3.245% | 1.0 |
| 14 | 2.840% | 1.0 | 2.755% | 1.069 | 3.426% | 1.0 | 3.187% | 1.0 |
| 13 | 2.819% | 1.0 | 2.713% | 1.070 | 3.389% | 1.0 | 3.126% | 1.0 |
| 12 | 2.806% | 1.0 | 2.680% | 1.071 | 3.373% | 1.0 | 3.079% | 1.0 |
| 11 | 2.797% | 1.0 | 2.653% | 1.072 | 3.357% | 1.0 | 3.035% | 1.0 |
| 10 | 2.790% | 1.0 | 2.630% | 1.072 | 3.346% | 1.0 | 2.999% | 1.0 |
| 9 | 2.782% | 1.0 | 2.611% | 1.073 | 3.335% | 1.0 | 2.968% | 1.0 |
| 8 | 2.770% | 1.0 | 2.593% | 1.073 | 3.320% | 1.0 | 2.940% | 1.0 |
| 7 | 2.753% | 1.0 | 2.571% | 1.074 | 3.299% | 1.0 | 2.908% | 1.0 |
| 6 | 2.715% | 1.0 | 2.536% | 1.075 | 3.252% | 1.0 | 2.857% | 1.0 |
| 5 | 2.665% | 1.0 | 2.494% | 1.076 | 3.195% | 1.0 | 2.804% | 1.0 |
| 4 | 2.651% | 1.0 | 2.450% | 1.080 | 3.137% | 1.0 | 2.750% | 1.0 |

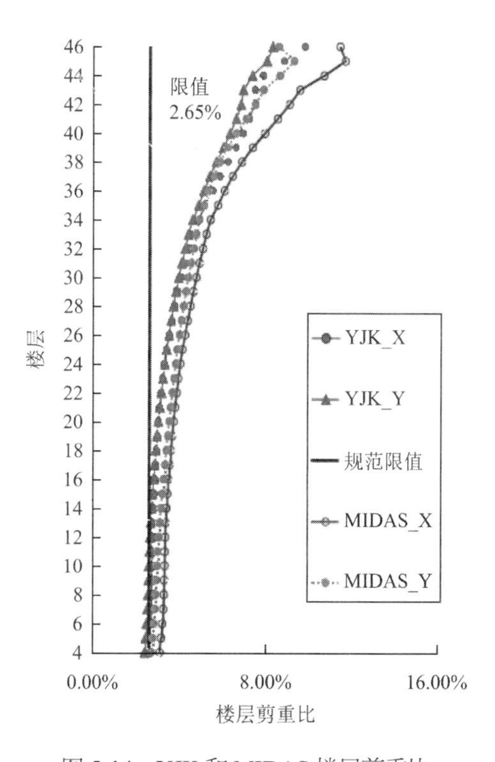


图5-14　YJK和MIDAS楼层剪重比

4）结构层间位移角

多遇地震作用下，$X$向和$Y$向楼层层间最大位移角均小于 1/670，满足规范要求。YJK 和 MIDAS 两种软件地上部分的计算结果及对比见图 5-15。

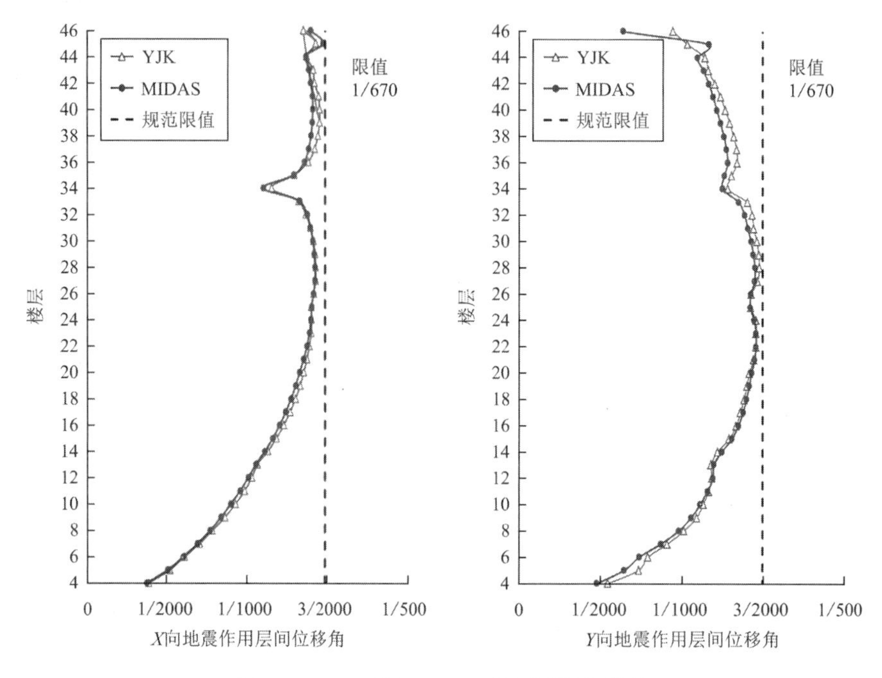


图 5-15　YJK 和 MIDAS 楼层层间位移角

5）最大扭转位移比

统计 YJK 在考虑偶然偏心影响的规定水平地震作用下，楼层竖向构件最大水平位移和楼层平均位移的比值（扭转位移比）计算结果见图 5-16。$Y$向不大于 1.2，$X$向仅裙房部分大于 1.2 但不大于 1.4，塔楼部分不大于 1.2。塔楼部分满足规范要求属于扭转规则，裙房部分属于扭转不规则。

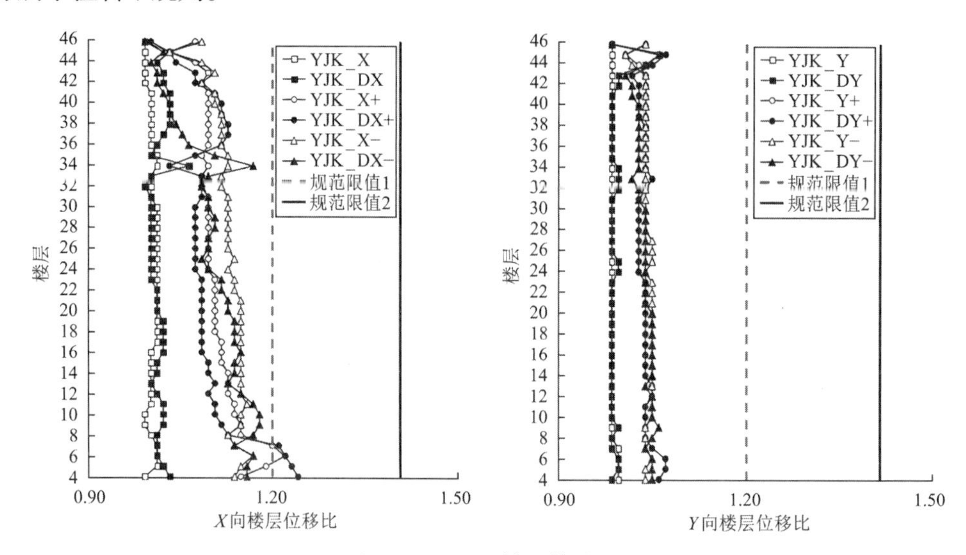


图 5-16　YJK 楼层位移比

6）楼层侧向刚度比及受剪承载力比

（1）侧向刚度比：按照《高规》第3.5.2条，对于框架-核心筒结构，楼层与相邻上层的侧向刚度比应按照式（3.5.2-2）计算，考虑层高修正的楼层侧向刚度比宜满足规范的要求。本结构的计算结果如图5-17所示，其中Ratx2、Raty2为$X$、$Y$方向本楼层侧移刚度与上一层相应楼层侧移刚度90%、110%或者150%的比值。110%指当本层层高大于相邻上层层高1.5倍时，150%指嵌固层。

计算结果表明：第4、33、44层侧向刚度比不满足规范要求，定义为薄弱层，根据《高规》第3.5.8条的要求将地震作用标准值的剪力放大1.25倍。

（2）受剪承载力比：按照《高规》第3.5.3条的规定，楼层抗侧力结构的层间受剪承载力不宜小于其相邻上一层受剪承载力的80%，不应小于其相邻上一层受剪承载力的75%。YJK计算结果见图5-17。计算结果表明：第8、25、34层楼层抗剪承载力不满足规范要求，定义为软弱层，根据《高规》第3.5.8条的要求将地震作用标准值的剪力放大1.25倍。

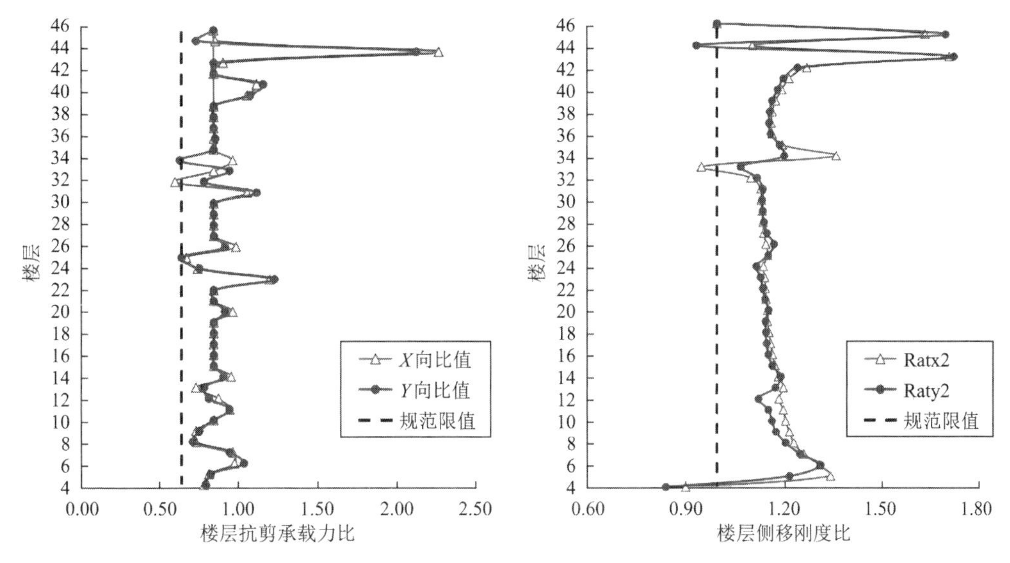


图5-17　YJK楼层抗剪承载力比、楼层侧移刚度比

7）框架柱地震剪力比和倾覆力矩百分比

一般的钢框架-核心筒结构体系，核心筒剪力墙是该体系的抗侧力第一道防线，最先发挥作用并承受大部分的侧向地震作用，当剪力墙遭到破坏后，结构刚度减小，所受地震作用也随之减弱，此时由承受小部分侧向作用的第二道防线——钢框架来发挥作用，防止结构发生倒塌。

多遇地震作用下，结构各楼层框架柱地震剪力比见图5-18。由图中数据可知：框架柱地震剪力比除下部个别楼层（8、9、13层）、加强层及其相邻上下层（32层）以外，多数楼层不低于基底剪力的8%且最大值不低于10%，最小值不低于5%。满足《超限高层建筑工程抗震设防专项审查技术要点》第四章第十一条（二）要求。

《高规》第8.1.3条第2款要求：“在规定的水平力作用下结构底层，当框架部分承受的地震倾覆力矩大于结构总倾覆力矩的10%但不大于50%时，按框架-剪力墙结构进行设计。”

多遇地震作用下，结构各楼层框架及剪力墙分配的倾覆力矩见图 5-19。由计算结果可知，满足规范要求，可以按照框架-剪力墙结构进行设计。

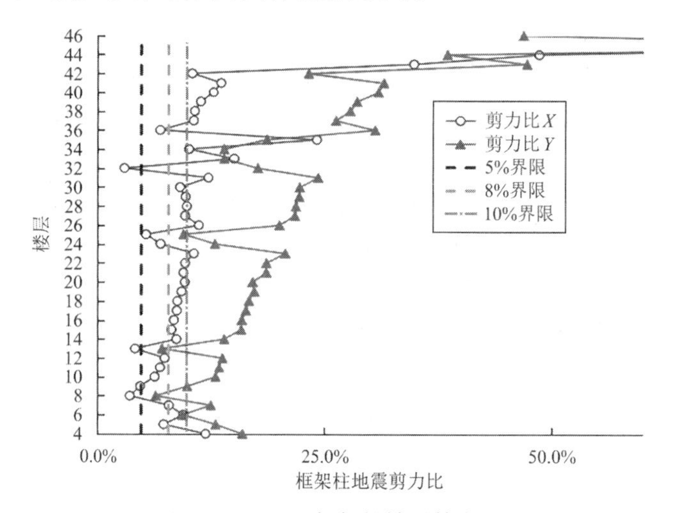


图 5-18　YJK 框架柱地震剪力比

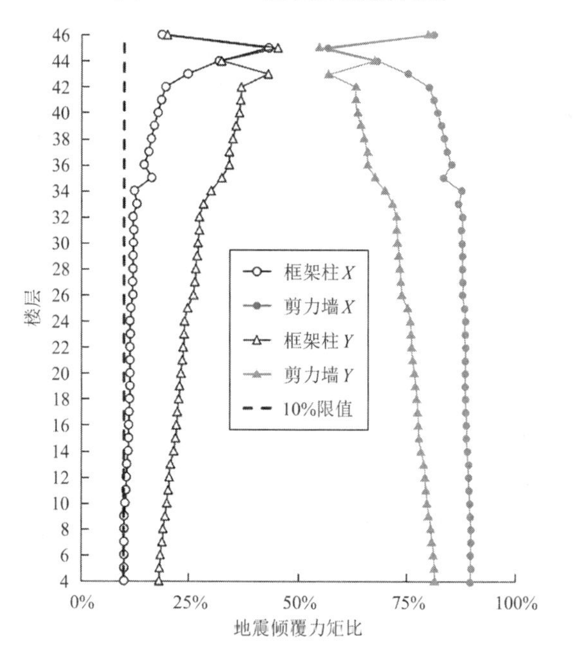


图 5-19　YJK 框架柱地震倾覆力矩比

## 5.8.3　多遇地震时程分析的计算

1）输入地震时程

根据《抗规》第 5.1.2 条，在波形的数量上，采用 2 组自然波和 1 组人工时程波，每组时程波包含两个方向的分量。波形的选择上，在符合有效峰值、持续时间等方面的要求外，还要满足基底剪力及高阶振型方面的有关要求。对于有效峰值多遇地震弹性时程分析，本工程处于 8 度地震区，设计基本地震加速度为 0.20g，峰值为 70cm/s$^2$。对于持续时间，根据《高规》，不宜小于建筑结构基本自振周期的 5 倍和 15s 的要求，针对本工程基本周期，选用不小于25s的有效时程长度。所以本次时程动力分析共进行3组地震动记录的模拟，分别为天然波1（TH078TG045，A1为主方向波，A2为次方向波）、天然波2（TH094TG045，B1为主方向波，B2为次方向波）和人工波（RGB1，C1为主方向波，C2为次方向波），正交水平方向和竖向的地震动记录按1∶0.85∶0.65进行三维输入，地震动信息、地震波时程曲线以及地震波主、次方向对应地震动反应谱如图5-20和图5-21所示。

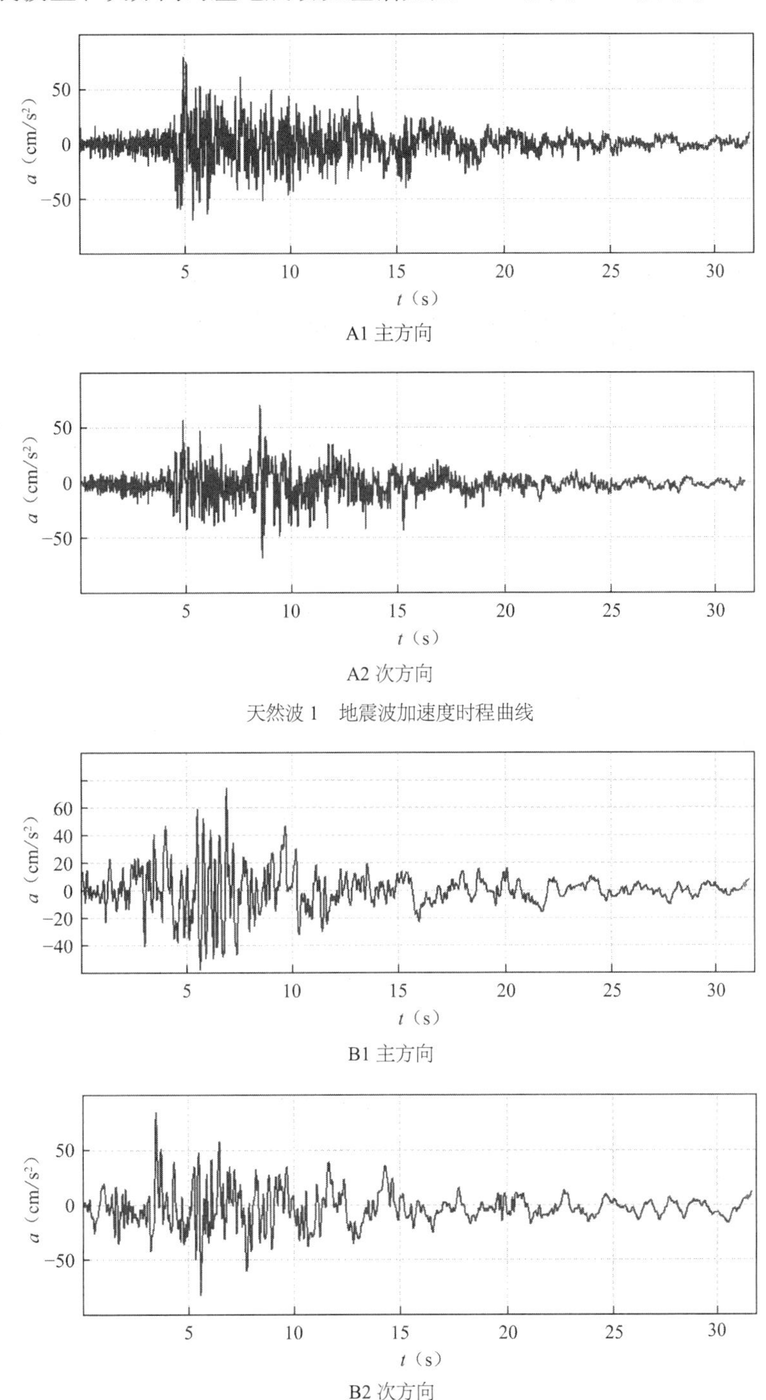


A1 主方向

A2 次方向

天然波1　地震波加速度时程曲线

B1 主方向

B2 次方向

天然波2　地震波加速度时程曲线

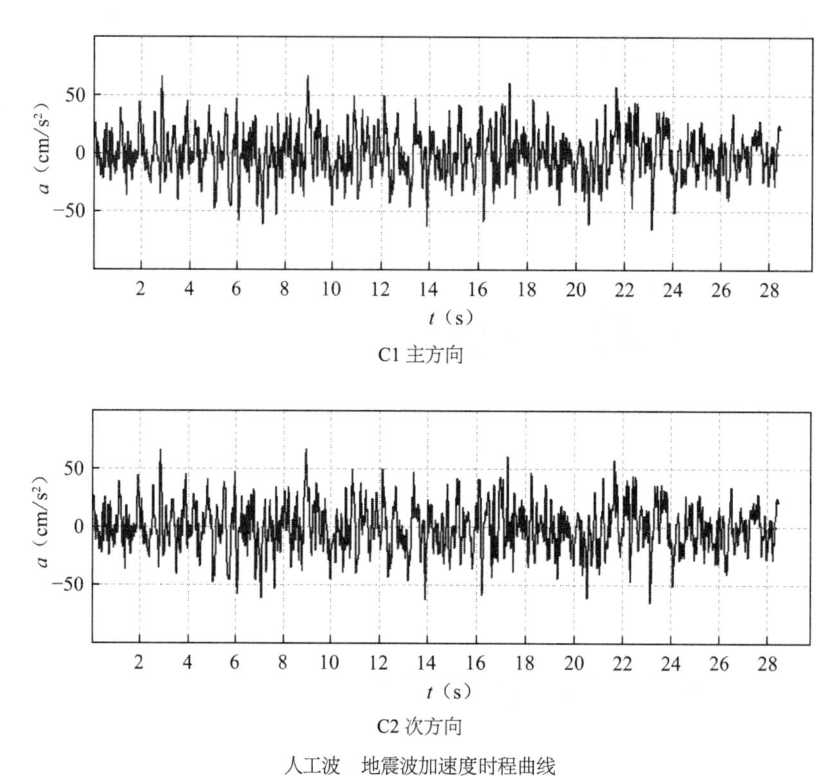


C1 主方向

C2 次方向

人工波　地震波加速度时程曲线

图 5-20　地震波加速度时程曲线

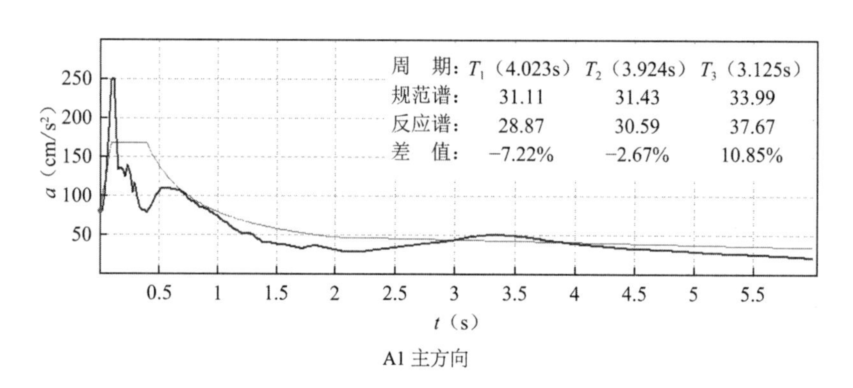


A1 主方向

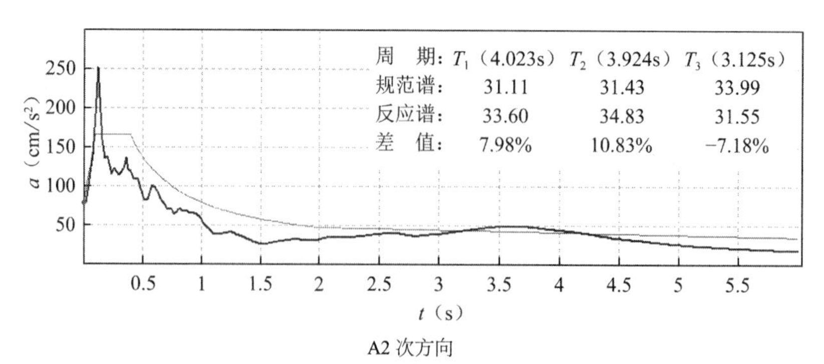


A2 次方向

天然波 1　地震波反应谱与规范谱对比

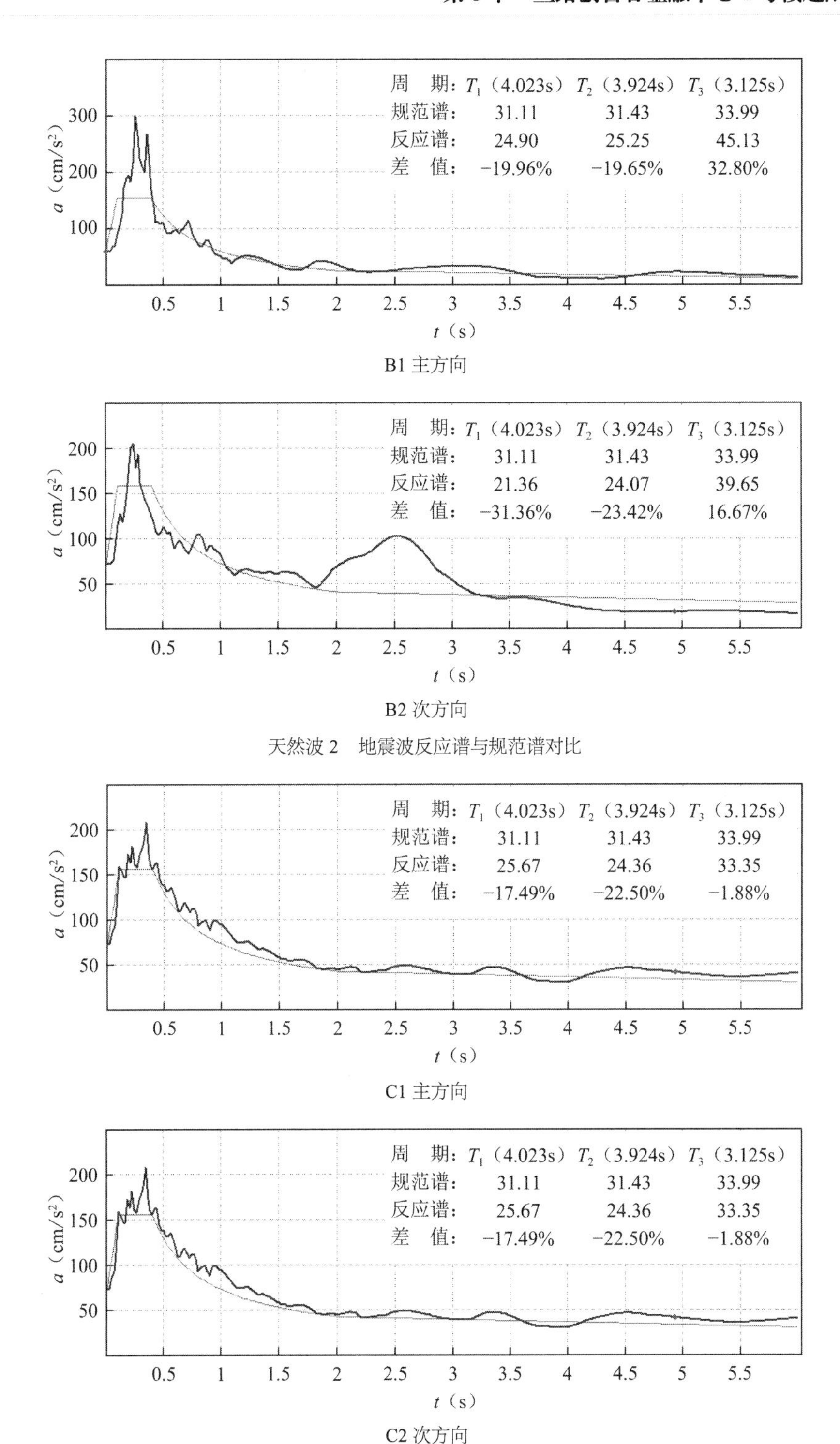


B1 主方向

B2 次方向

天然波 2　地震波反应谱与规范谱对比

C1 主方向

C2 次方向

人工波　地震波反应谱与规范谱对比

图 5-21　地震波主、次方向对应地震动反应谱与规范反应谱比较

2）地震时程反应分析结果

弹性时程分析所得的基底反力如表 5-20 所示，上述 3 组时程曲线$X$和$Y$方向地震作用

下的基底剪力处于 93%～108%之间，且包络值为反应谱的 108%，满足规范和超限审查的各项要求。

小震时程分析与反应谱基底剪力对比　　表 5-20

| 编号 | 类别 | 北馆 | |
|---|---|---|---|
| | | X向 | Y向 |
| 天然波 1 | 基底剪力（kN） | 42165 | 38406 |
| | 与反应谱比值 | 104% | 100% |
| 天然波 2 | 基底剪力（kN） | 42655 | 41225 |
| | 与反应谱比值 | 105% | 108% |
| 人工波 1 | 基底剪力（kN） | 42250 | 38161 |
| | 与反应谱比值 | 104% | 100% |
| 三条波包络值 | 基底剪力（kN） | 42655 | 41225 |
| | 与反应谱比值 | 105% | 108% |
| 规范谱 | 基底剪力（kN） | 40623 | 38227 |

3）时程分析对反应谱分析法的内力调整

本工程设计中按规范要求，将 3 条动力时程波各层剪力的包络值与反应谱进行比较，将放大调整系数按$X$及$Y$方向对反应谱分析结果进行调整。其$X$与$Y$方向具体计算结果见表 5-21 和表 5-22。

小震时程分析与反应谱楼层剪力对比（$X$向）　　表 5-21

| 层号 | 时程法剪力（kN） | CQC 法剪力（kN） | 比值 | 放大系数 |
|---|---|---|---|---|
| 1 | 42655 | 40622.65 | 1.05 | 1.05 |
| 2 | 41662.4 | 40299.11 | 1.03 | 1.03 |
| 3 | 40156.1 | 39544.37 | 1.02 | 1.02 |
| 4 | 38303.7 | 38447.9 | 1.00 | 1.19 |
| 5 | 37306.7 | 37597.21 | 0.99 | 1.25 |
| 6 | 36268.8 | 36824.17 | 0.98 | 1.18 |
| 7 | 34792 | 35932.95 | 0.97 | 1.04 |
| 8 | 34265.2 | 35021.82 | 0.98 | 1.00 |
| 9 | 33654.9 | 34092.95 | 0.99 | 1.00 |
| 10 | 33040.3 | 33176.28 | 1.00 | 1.00 |
| 11 | 32447.6 | 32202.1 | 1.01 | 1.01 |
| 12 | 31868.9 | 31456.09 | 1.01 | 1.01 |
| 13 | 31152.4 | 30770.55 | 1.01 | 1.01 |
| 14 | 30397.5 | 30111.18 | 1.01 | 1.01 |
| 15 | 29571.6 | 29468.31 | 1.00 | 1.00 |
| 16 | 29405.2 | 28829.86 | 1.02 | 1.02 |

续表

| 层号 | 时程法剪力（kN） | CQC法剪力（kN） | 比值 | 放大系数 |
|---|---|---|---|---|
| 17 | 29193.9 | 28204.01 | 1.04 | 1.04 |
| 18 | 28803.6 | 27596.07 | 1.04 | 1.04 |
| 19 | 28205.3 | 27026.34 | 1.04 | 1.04 |
| 20 | 27327.1 | 26487.04 | 1.03 | 1.03 |
| 21 | 26592.6 | 25960.86 | 1.02 | 1.02 |
| 22 | 26138.4 | 25497.98 | 1.03 | 1.03 |
| 23 | 25359.1 | 24959.91 | 1.02 | 1.02 |
| 24 | 24791.1 | 24549.88 | 1.01 | 1.01 |
| 25 | 24194.6 | 24148.63 | 1.00 | 1.00 |
| 26 | 23470.1 | 23726.46 | 0.99 | 1.00 |
| 27 | 23087.9 | 23273.45 | 0.99 | 1.00 |
| 28 | 22626.4 | 22786.38 | 0.99 | 1.00 |
| 29 | 22128.1 | 22251.82 | 0.99 | 1.00 |
| 30 | 21584.5 | 21755.04 | 0.99 | 1.00 |
| 31 | 20621.7 | 21082.87 | 0.98 | 1.00 |
| 32 | 19285.4 | 20311.17 | 0.95 | 1.00 |
| 33 | 18186.6 | 19735.29 | 0.92 | 1.00 |
| 34 | 17011.8 | 19052.87 | 0.89 | 1.00 |
| 35 | 15740.7 | 18204.62 | 0.86 | 1.00 |
| 36 | 14366.8 | 17128.96 | 0.84 | 1.00 |
| 37 | 12974.4 | 15771.94 | 0.82 | 1.00 |
| 38 | 11509.1 | 14097.67 | 0.82 | 1.00 |
| 39 | 9872.59 | 12133.63 | 0.81 | 1.00 |
| 40 | 8019.43 | 9897.92 | 0.81 | 1.00 |
| 41 | 4146.07 | 5801.24 | 0.71 | 1.00 |
| 42 | 3412.96 | 5076.53 | 0.67 | 1.00 |
| 43 | 2095.81 | 3585.97 | 0.58 | 1.00 |

小震时程分析与反应谱楼层剪力对比（*Y*向）　表5-22

| 层号 | 时程法剪力（kN） | CQC法剪力（kN） | 比值 | 放大系数 |
|---|---|---|---|---|
| 1 | 41244.8 | 38227.04 | 1.08 | 1.08 |
| 2 | 40931 | 40479.73 | 1.01 | 1.01 |
| 3 | 40153.4 | 39608.67 | 1.01 | 1.01 |
| 4 | 39057.6 | 38470.63 | 1.02 | 1.02 |
| 5 | 37940.3 | 37684.5 | 1.01 | 1.01 |

续表

| 层号 | 时程法剪力（kN） | CQC 法剪力（kN） | 比值 | 放大系数 |
|---|---|---|---|---|
| 6 | 36813.4 | 36998.27 | 1.00 | 1.00 |
| 7 | 35474.4 | 36256.83 | 0.98 | 1.00 |
| 8 | 34639.5 | 35537.03 | 0.97 | 1.00 |
| 9 | 34501.1 | 34823.85 | 0.99 | 1.00 |
| 10 | 34969.2 | 34128.95 | 1.02 | 1.02 |
| 11 | 35559.8 | 33363.17 | 1.07 | 1.07 |
| 12 | 35626.5 | 32756.07 | 1.09 | 1.09 |
| 13 | 35129.1 | 32171.73 | 1.09 | 1.09 |
| 14 | 33957.2 | 31591.68 | 1.07 | 1.07 |
| 15 | 32334.2 | 31022.21 | 1.04 | 1.04 |
| 16 | 30798.4 | 30462.8 | 1.01 | 1.01 |
| 17 | 30187.6 | 29919.91 | 1.01 | 1.01 |
| 18 | 30077.3 | 29383.89 | 1.02 | 1.02 |
| 19 | 29711 | 28848.5 | 1.03 | 1.03 |
| 20 | 28870.5 | 28283.71 | 1.02 | 1.02 |
| 21 | 27516.9 | 27653.5 | 1.00 | 1.00 |
| 22 | 26599.5 | 27020.47 | 0.98 | 1.00 |
| 23 | 26017.1 | 26229.28 | 0.99 | 1.00 |
| 24 | 25832.3 | 25601.59 | 1.01 | 1.01 |
| 25 | 25457.3 | 25001.08 | 1.02 | 1.02 |
| 26 | 24772.5 | 24402.37 | 1.02 | 1.02 |
| 27 | 23916.4 | 23792.99 | 1.01 | 1.01 |
| 28 | 23099.5 | 23154.93 | 1.00 | 1.00 |
| 29 | 22076.3 | 22449.08 | 0.98 | 1.00 |
| 30 | 21195.9 | 21596.25 | 0.98 | 1.00 |
| 31 | 19827.6 | 20851.61 | 0.95 | 1.00 |
| 32 | 18120 | 19730 | 0.92 | 1.00 |
| 33 | 17469.8 | 18933.43 | 0.92 | 1.00 |
| 34 | 16596.3 | 18084.9 | 0.92 | 1.00 |
| 35 | 15512.7 | 17144.41 | 0.90 | 1.00 |
| 36 | 15308.2 | 16057.63 | 0.95 | 1.00 |
| 37 | 14939.6 | 14765.64 | 1.01 | 1.01 |
| 38 | 13951.9 | 13220.17 | 1.06 | 1.06 |
| 39 | 12739.6 | 11431.15 | 1.11 | 1.11 |
| 40 | 10487.7 | 9402.07 | 1.12 | 1.12 |

续表

| 层号 | 时程法剪力（kN） | CQC 法剪力（kN） | 比值 | 放大系数 |
|---|---|---|---|---|
| 41 | 5033.99 | 5526.71 | 0.91 | 1.00 |
| 42 | 3943.95 | 4715.15 | 0.84 | 1.00 |
| 43 | 2851.31 | 3092.49 | 0.92 | 1.00 |

4）时程分析与反应谱分析其他结果对比

弹性时程分析与振型分解反应谱法层间位移角对比曲线如图 5-22 所示。

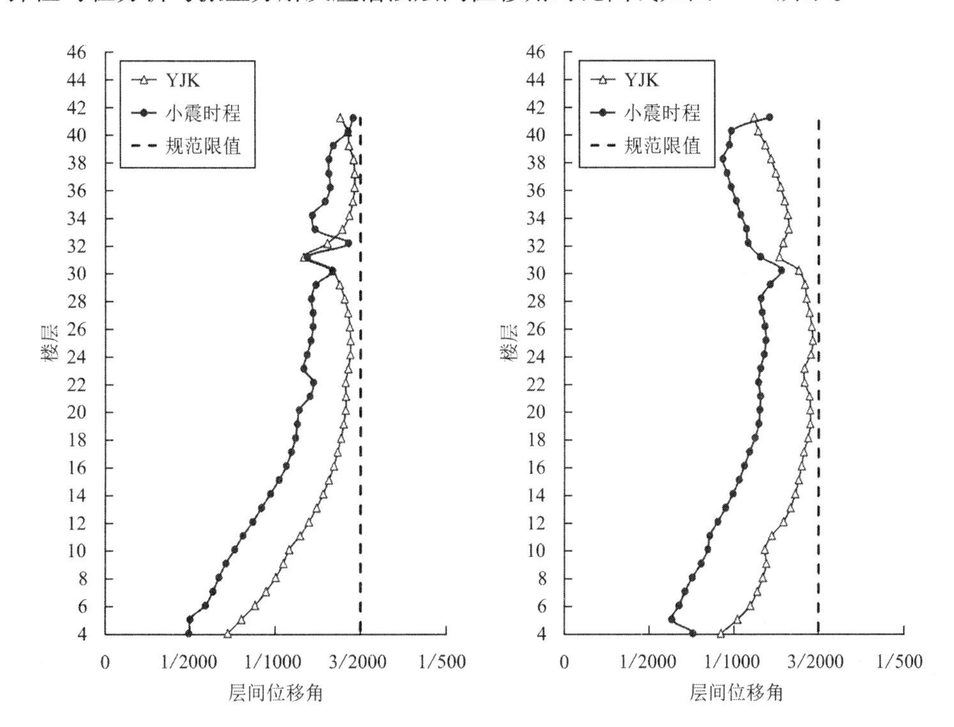


图 5-22　小震时程与反应谱层间位移角曲线对比

5）弹性时程分析总结

（1）每条时程曲线计算所得的结构底部剪力均大于振型分解反应谱法计算结果的65%，3 条时程曲线计算所得的结构底部剪力包络值大于振型分解反应谱法计算结果的 80%，因此选用的地震波满足规范的相关要求。

（2）时程分析法与振型分解反应谱法计算结果显示，二者计算的结构反应特征、变化规律基本一致，结果合理可信。

（3）由各楼层地震剪力的对比可知，结构各层层间剪力略大于反应谱计算结果，因此在施工图设计计算中将各层反应谱地震力按上述表格数据放大进行构件的设计和计算。

## 5.8.4　多遇地震减隔震元件性能与结构附加阻尼比评估

1）支座性能评估

通过多遇地震时程分析得到的支座内力和变形包络值，进行支座验算，结果见图 5-23。结果表明：支座在多遇地震下性能满足规范要求。

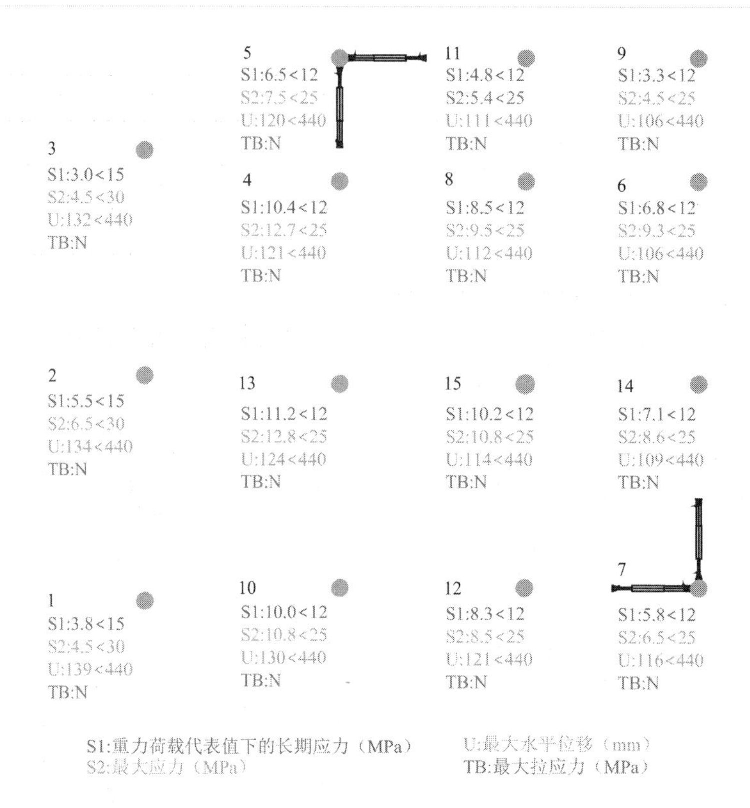


图 5-23　多遇地震支座验算结果

2）VFD 性能评估

选取天然波 1（RGB1）为例，多遇地震$X$、$Y$方向典型黏滞阻尼器滞回曲线如图 5-24 所示，$X$、$Y$方向分别作为主方向输入的结构能量曲线见图 5-25 和图 5-26。

从黏滞阻尼器滞回曲线与结构能量曲线可以看出，黏滞阻尼器工作正常，与支座（位移型阻尼器）一起为结构提供大量的阻尼耗能。二者附加阻尼比之和小于 25%，满足《建筑消能减震技术规程》JGJ 297—2013 第 6.3.6 条要求。

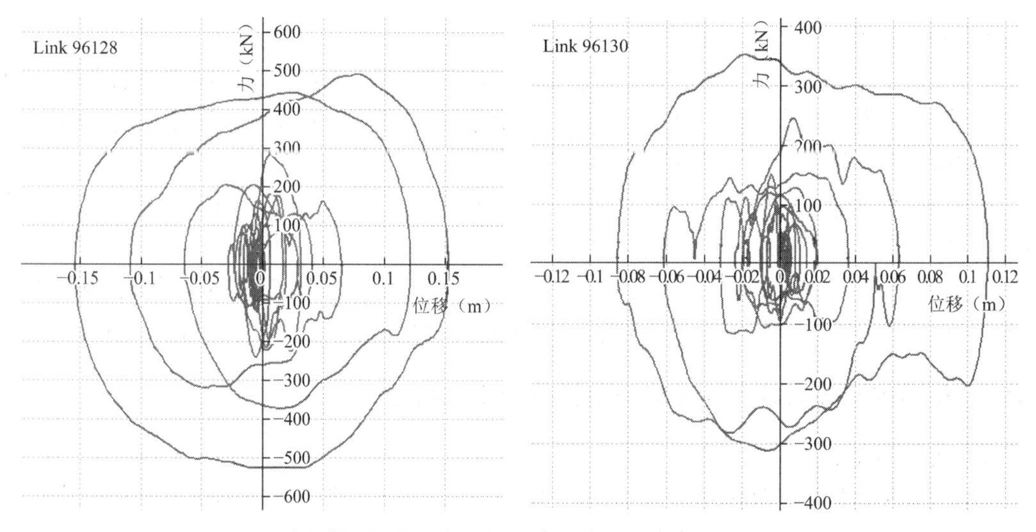


图 5-24　多遇地震$X$向（左图）、$Y$向（右图）典型 VFD 滞回曲线

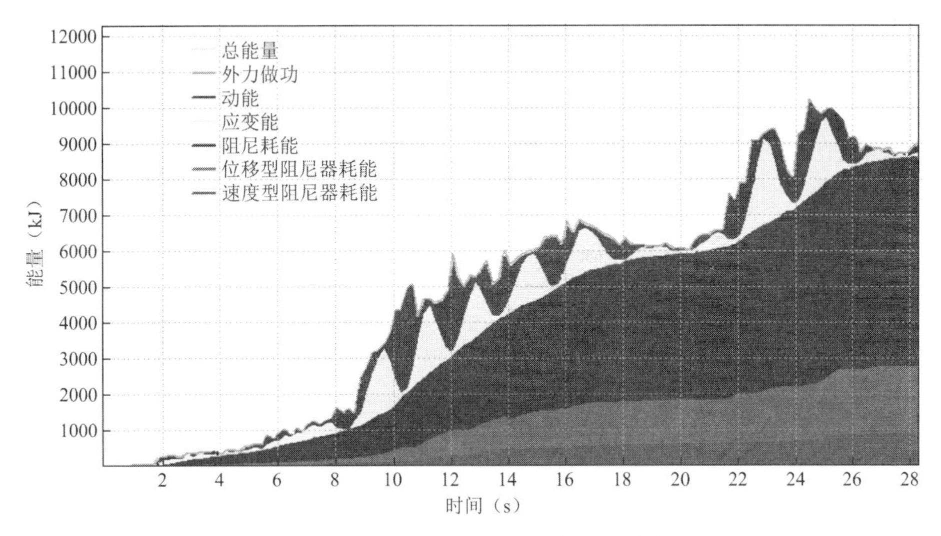


图 5-25 多遇地震X向主方向能量曲线

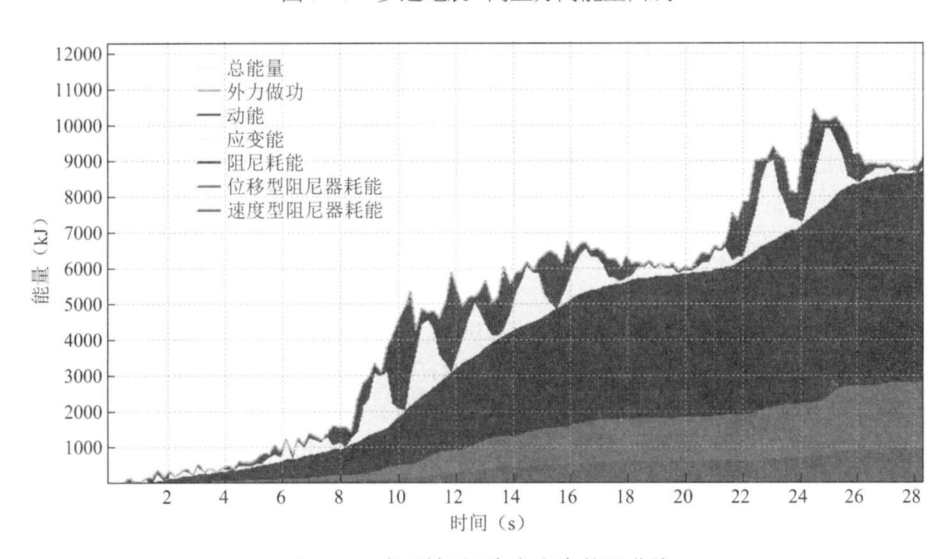


图 5-26 多遇地震Y向主方向能量曲线

采用能量法对附加阻尼比进行统计，统计结果见表 5-23。

**多遇地震能量法计算附加阻尼比（%）** 表 5-23

| 地震波 | 天然波 1 | 天然波 2 | 人工波 1 | 平均值 |
|---|---|---|---|---|
| *X* | 2.5 | 2.0 | 2.0 | 2.16 |
| *Y* | 2.4 | 2.1 | 2.0 | 2.16 |

多遇地震下*X*、*Y*两个方向的附加阻尼比均大于 2.0%，大于第 6.3.1 节中预估的 1.5% 的附加阻尼比。根据经验判断，仍将结构附加阻尼比定为 1.5%

3）BRB 性能评估

选取天然波 1（RGB1）为例，多遇地震*X*、*Y*方向典型 BRB 滞回曲线如图 5-27 所示，由图可见 BRB 并未屈服，满足性能目标的要求。

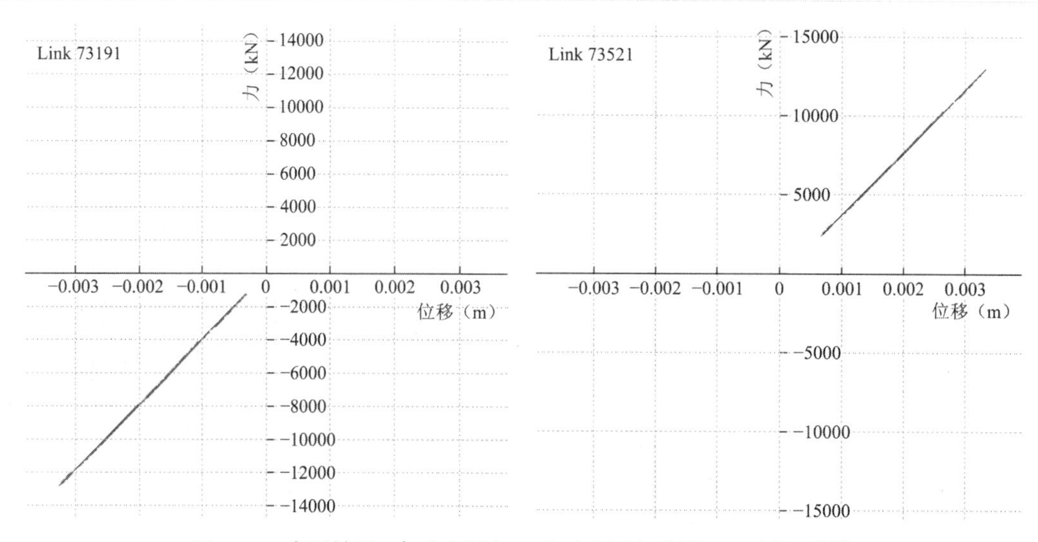


图 5-27　多遇地震$X$向（左图）、$Y$向（右图）典型 BRB 滞回曲线

## 5.8.5　风荷载及风振舒适度

由于本工程体型并不复杂，故仅取 YJK 程序自动加载的风荷载。

风荷载作用下，楼层的最大层间位移角：$X$方向为 1/1821；$Y$方向为 1/3868，均小于《高规》中 1/670 的限值要求。

风振舒适度验算：

风荷载下结构顶点的风振加速度：

$X$向顺风向顶点最大加速度（$m/s^2$）= 0.012；

$X$向横风向顶点最大加速度（$m/s^2$）= 0.005；

$Y$向顺风向顶点最大加速度（$m/s^2$）= 0.008；

$Y$向横风向顶点最大加速度（$m/s^2$）= 0.003。

根据计算结果，风荷载下结构顶点的风振加速度均小于《高规》规定的办公建筑小于 $0.25m/s^2$ 的要求。

## 5.8.6　通高柱计算长度分析与取值

由图 5-28 可知，本工程存在多处通高柱，有两层通高和三层通高。除高区以外，通高柱均考虑采用钢管混凝土柱。由于通高柱数量多及分布情况复杂，需要对通高柱的计算长度进行专门分析。

本工程主要抗侧力体系为钢筋混凝土核心筒，对于外围钢框架是可靠的侧向支撑。钢管混凝土柱的计算长度可以按照《钢结构设计标准》GB 50017—2017 附录 E 中无侧移框架柱计算（图 5-29），可以看出，无侧移框架柱计算长度的理论最大值为 1.0。图 5-30～图 5-33 为 YJK 程序根据规范自动计算的通高柱计算长度系数，从数值上可以看出，绝大部分（80%以上）的通高柱$X$及$Y$向计算长度系数大于 0.95，非常接近 1.0。说明通高柱灌注混凝土后自身线刚度与框架梁相比其数值较大，框架梁对其约束不明显，通高柱计算长度系数非常接近 1.0。因此对于大部分通高柱可以不用再对计算长度系数进行精细化分析。

首层局部有 6 根通高柱计算长度系数较小，其原因是这些柱下有地下室剪力墙存在，加大了对通高柱的约束，从而减小了其计算长度的计算值。为了保证通高柱计算长度的可靠性，偏保守地将这6根柱计算长度系数定为1.0，再进行承载力验算。验算结果表明，这6根通高柱承载力满足规范要求。

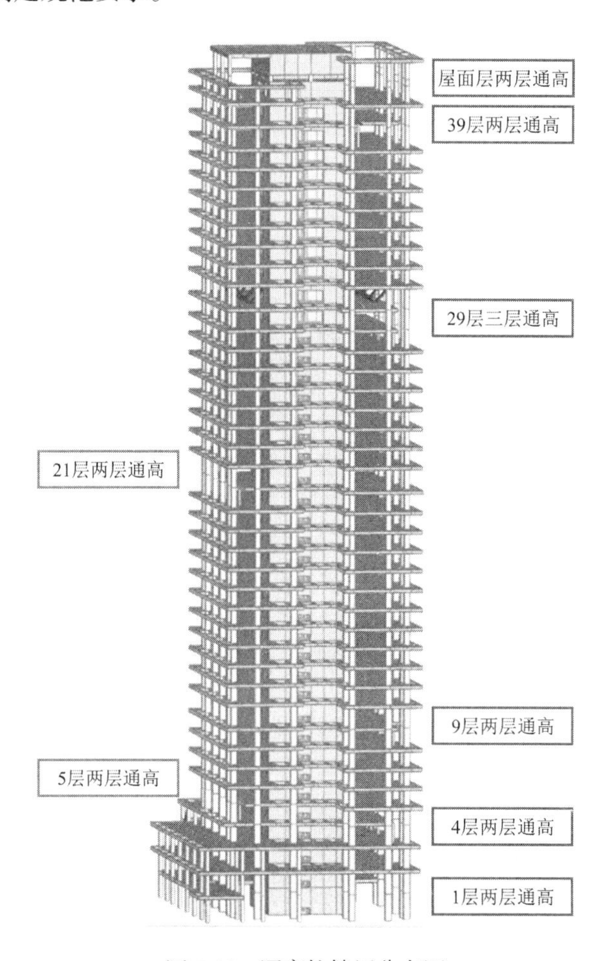


图5-28　通高柱楼层分布图

**表E.0.1　无侧移框架柱的计算长度系数$\mu$**

| $K_2$ \ $K_1$ | 0 | 0.05 | 0.1 | 0.2 | 0.3 | 0.4 | 0.5 | 1 | 2 | 3 | 4 | 5 | ≥10 |
|---|---|---|---|---|---|---|---|---|---|---|---|---|---|
| 0 | 1.000 | 0.990 | 0.981 | 0.964 | 0.949 | 0.935 | 0.922 | 0.875 | 0.820 | 0.791 | 0.773 | 0.760 | 0.732 |
| 0.05 | 0.990 | 0.981 | 0.971 | 0.955 | 0.940 | 0.926 | 0.914 | 0.867 | 0.814 | 0.784 | 0.766 | 0.754 | 0.726 |
| 0.1 | 0.981 | 0.971 | 0.962 | 0.946 | 0.931 | 0.918 | 0.906 | 0.860 | 0.807 | 0.778 | 0.760 | 0.748 | 0.721 |
| 0.2 | 0.964 | 0.955 | 0.946 | 0.930 | 0.916 | 0.903 | 0.891 | 0.846 | 0.795 | 0.767 | 0.749 | 0.737 | 0.711 |
| 0.3 | 0.949 | 0.940 | 0.931 | 0.916 | 0.902 | 0.889 | 0.878 | 0.834 | 0.784 | 0.756 | 0.739 | 0.728 | 0.701 |
| 0.4 | 0.935 | 0.926 | 0.918 | 0.903 | 0.889 | 0.877 | 0.866 | 0.823 | 0.774 | 0.747 | 0.730 | 0.719 | 0.693 |
| 0.5 | 0.922 | 0.914 | 0.906 | 0.891 | 0.878 | 0.866 | 0.855 | 0.813 | 0.765 | 0.738 | 0.721 | 0.710 | 0.685 |
| 1 | 0.875 | 0.867 | 0.860 | 0.846 | 0.834 | 0.823 | 0.813 | 0.774 | 0.729 | 0.704 | 0.688 | 0.677 | 0.654 |

图5-29　《钢结构设计标准》截图

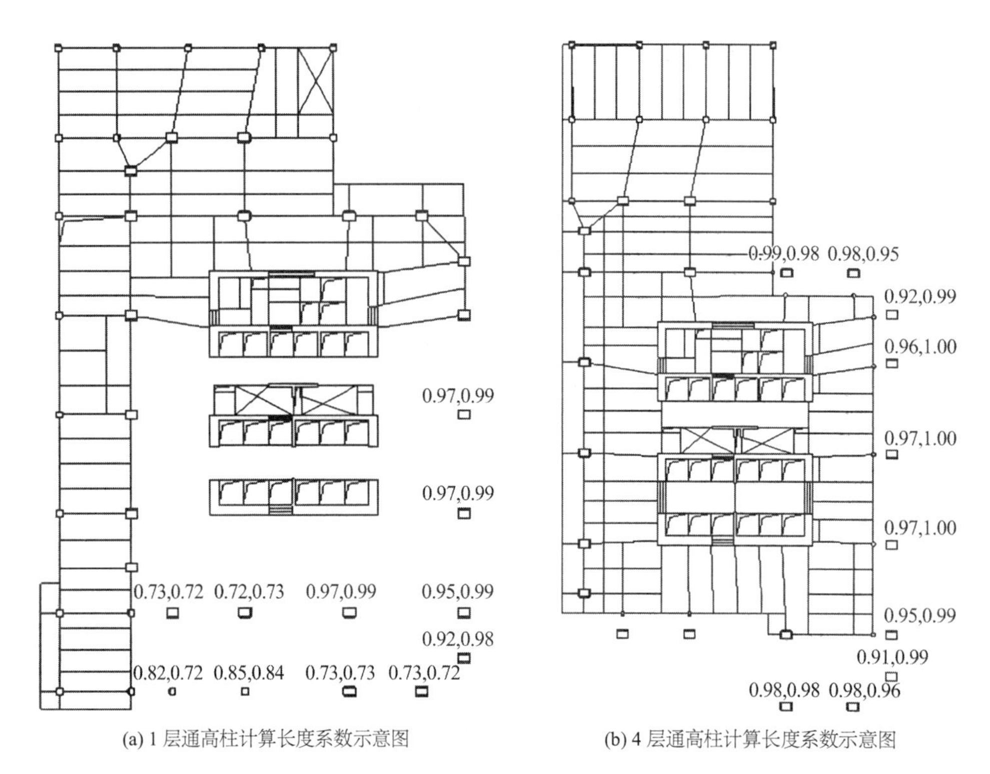


(a) 1 层通高柱计算长度系数示意图　　(b) 4 层通高柱计算长度系数示意图

图 5-30　1 层、4 层通高柱计算长度系数示意图

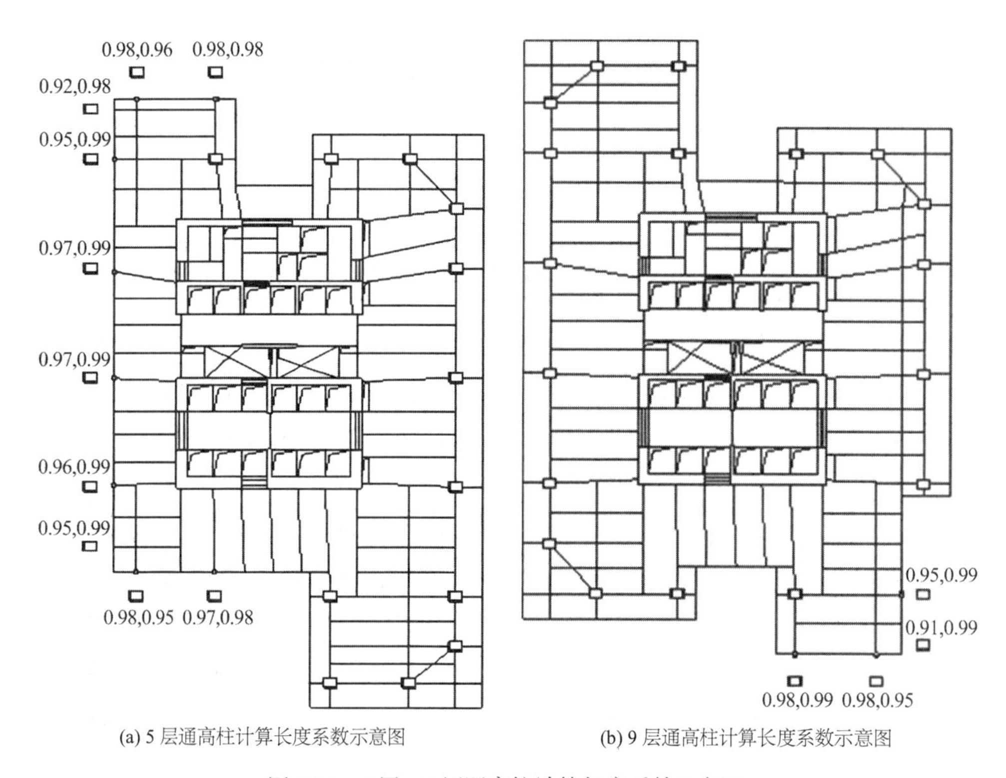


(a) 5 层通高柱计算长度系数示意图　　(b) 9 层通高柱计算长度系数示意图

图 5-31　5 层、9 层通高柱计算长度系数示意图

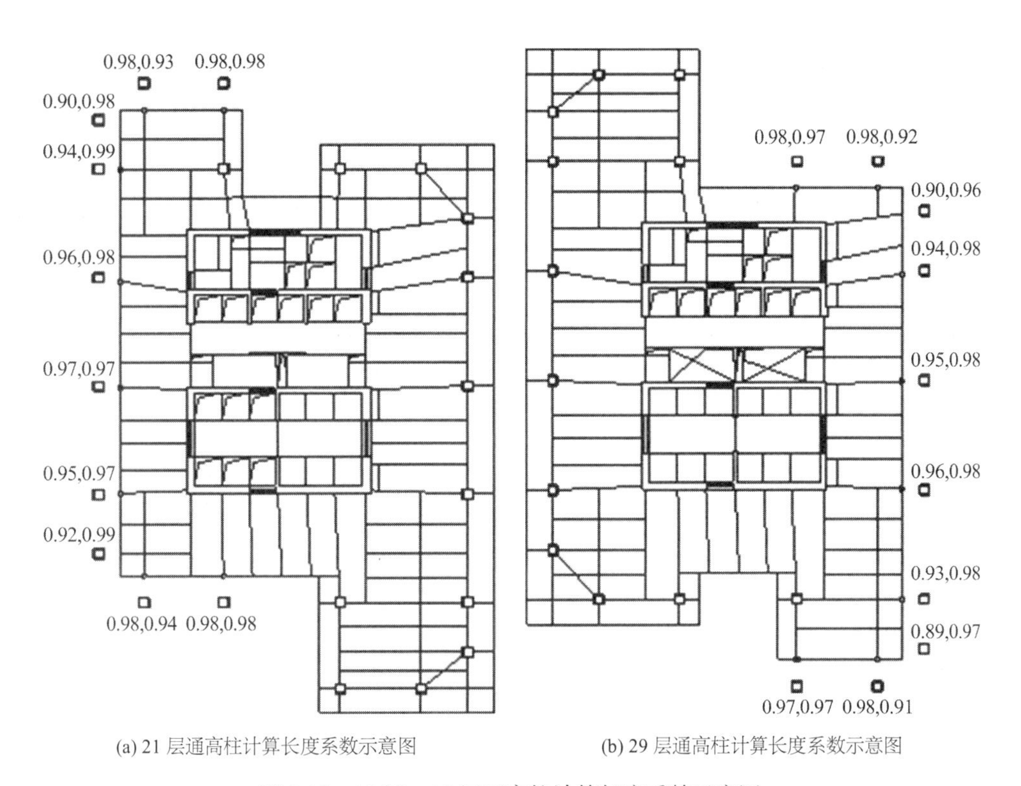


(a) 21 层通高柱计算长度系数示意图　　(b) 29 层通高柱计算长度系数示意图

图 5-32　21 层、29 层通高柱计算长度系数示意图

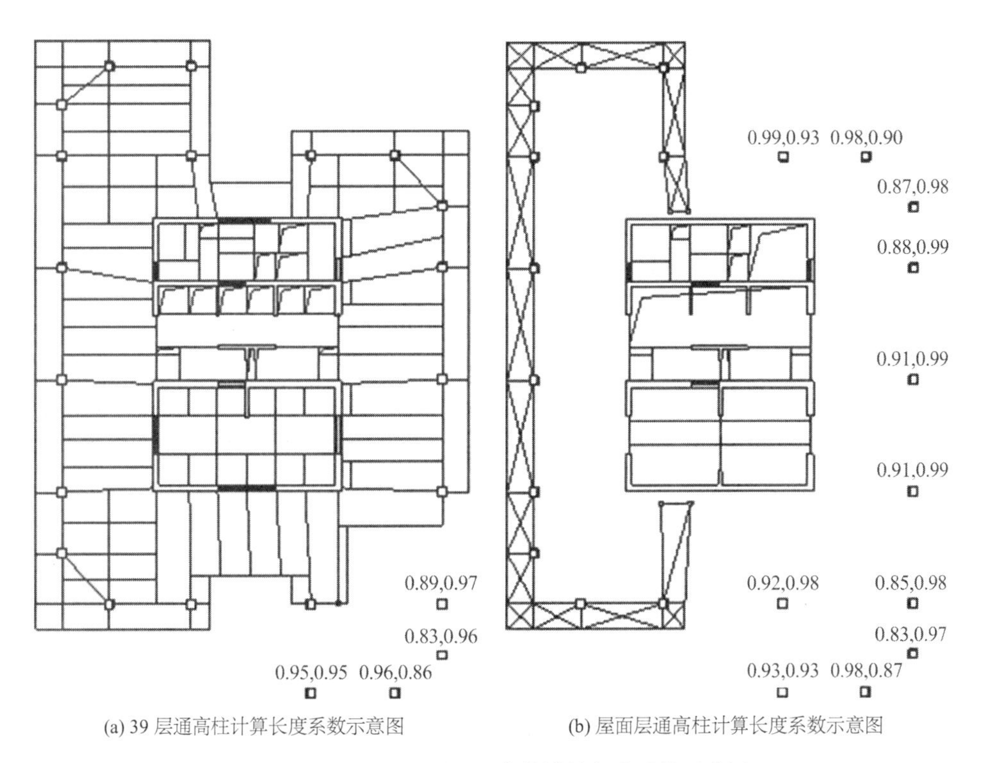


(a) 39 层通高柱计算长度系数示意图　　(b) 屋面层通高柱计算长度系数示意图

图 5-33　39 层、屋面层通高柱计算长度系数示意图

## 5.9 设防烈度地震和罕遇地震下结构构件验算

### 5.9.1 计算参数

按照设定的性能目标要求，针对不同的构件进行中震及大震不屈服验算。计算采用YJK软件，计算参数见表5-24。

中震和大震计算参数表　　表5-24

| 计算参数 | 中震弹性 | 中震不屈服 | 大震不屈服 |
|---|---|---|---|
| 作用分项系数 | 同小震弹性 | 1.0 | 1.0 |
| 材料分项系数 | 同小震弹性 | 1.0 | 1.0 |
| 抗震承载力调整系数 | 同小震弹性 | 1.0 | 1.0 |
| 材料强度 | 采用设计值 | 采用标准值 | 采用标准值 |
| 活荷载最不利布置 | 不考虑 | 不考虑 | 不考虑 |
| 风荷载计算 | 不考虑 | 不考虑 | 不考虑 |
| 周期折减系数 | 1.0 | 1.0 | 1.0 |
| 连梁刚度折减系数 | 0.4 | 0.4 | 0.3 |
| 地震作用影响系数 | 0.45 | 0.45 | 0.90 |
| 阻尼比 | 0.055 | 0.075 | 0.095 |
| 特征周期 | 0.46 | 0.46 | 0.51 |
| 构件内力调整 | 不调整 | 不调整 | 不调整 |
| 双向地震作用 | 考虑 | 考虑 | 考虑 |
| 偶然偏心 | 考虑 | 考虑 | 考虑 |
| 中梁刚度放大系数 | 同小震 | 同小震 | 1.0 |
| 计算方法 | 等效弹性计算 | 等效弹性计算 | 等效弹性计算 |

### 5.9.2 关键构件验算

根据结构的重要性程度及破坏后的影响，需要对关键构件进行加强处理。包括底部加强区核心筒主要墙肢、加强层伸臂桁架层弦杆、通高柱。

### 5.9.3 核心筒主要墙肢验算

由于剪力墙墙肢较多，计算结果选取较为典型的Q-1、Q-2、Q-3、Q-4、Q-5、Q-6、Q-7、Q-8、Q-13、Q-16进行分析统计。图5-34为核心筒主要剪力墙墙肢编号。

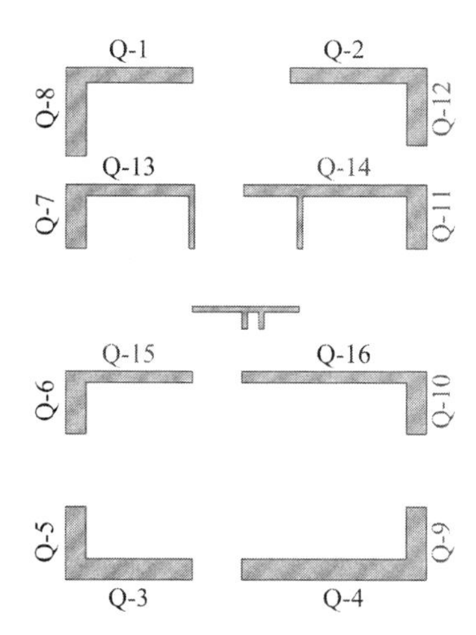


图 5-34　核心筒剪力墙墙肢编号示意图

按照设定的性能目标要求，核心筒剪力墙需要满足中震下抗弯不屈服、抗剪弹性，大震下抗剪不屈服的设计要求。

1）中震抗弯不屈服验算

核心筒边缘构件施工图设计时，按中震抗弯不屈服模型配筋。当边缘构件超筋时，采用在边缘构件中加设型钢或增大边缘构件面积的方式处理。由图 5-35 和图 5-36 可知，满足受弯不屈服的性能目标。

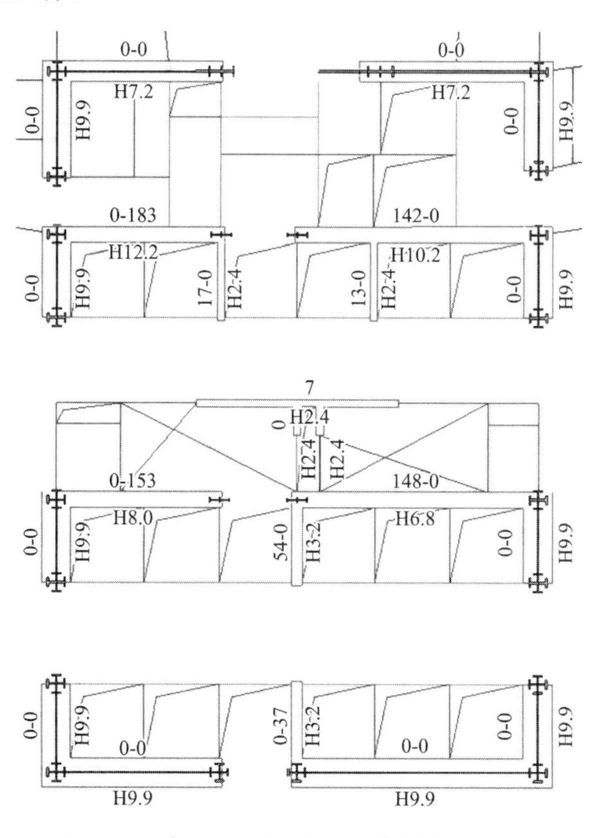


图 5-35　中震不屈服验算一层剪力墙配筋简图

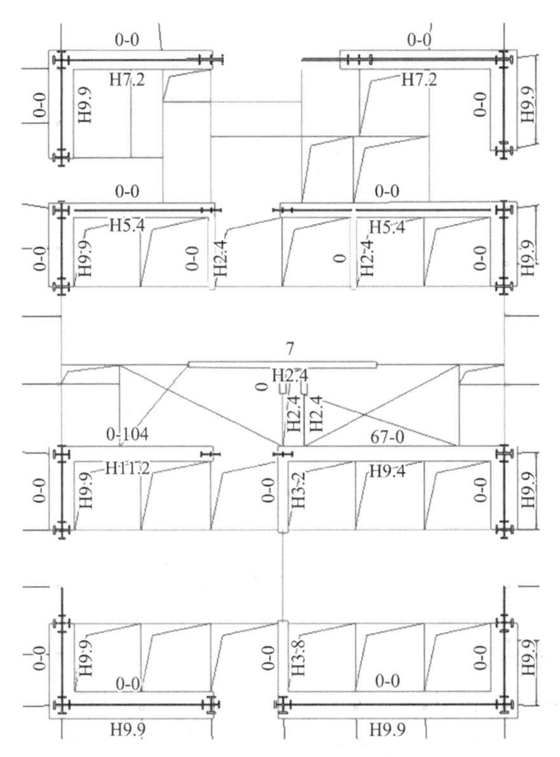


图 5-36　中震不屈服验算二层剪力墙配筋简图

2）中震抗剪弹性验算

中震抗剪弹性验算结果见表 5-25。

**设防烈度地震下底部加强区剪力墙墙肢截面抗剪弹性验算　　表 5-25**

| 楼层（计算模型层号） | 编号 | 墙厚（mm） | 墙高（m） | 剪力（kN） | 抗剪承载力（kN） | 验算结果 |
|---|---|---|---|---|---|---|
| 1层（4） | Q-1 | 800 | 6.00 | 14955 | 50216 | 满足 |
| | Q-2 | 800 | 6.00 | 15250 | 54641 | 满足 |
| | Q-3 | 800 | 6.00 | 24970 | 54690 | 满足 |
| | Q-4 | 800 | 6.00 | 37755 | 83069 | 满足 |
| | Q-5 | 1100 | 6.00 | 11460 | 27643 | 满足 |
| | Q-6 | 1100 | 6.00 | 11187 | 26658 | 满足 |
| | Q-7 | 1100 | 6.00 | 13757 | 29412 | 满足 |
| | Q-8 | 1100 | 6.00 | 16630 | 34287 | 满足 |
| | Q-13 | 600 | 6.00 | 12252 | 14834 | 满足 |
| | Q-16 | 600 | 6.00 | 14860 | 17840 | 满足 |
| 2层（5） | Q-1 | 800 | 5.40 | 15609 | 50216 | 满足 |
| | Q-2 | 800 | 5.40 | 16387 | 54641 | 满足 |
| | Q-3 | 1100 | 5.40 | 26417 | 54690 | 满足 |
| | Q-4 | 1100 | 5.40 | 41370 | 83069 | 满足 |

续表

| 楼层（计算模型层号） | 编号 | 墙厚（mm） | 墙高（m） | 剪力（kN） | 抗剪承载力（kN） | 验算结果 |
|---|---|---|---|---|---|---|
| 2层（5） | Q-5 | 1100 | 5.40 | 14549 | 27643 | 满足 |
| | Q-6 | 1100 | 5.40 | 12603 | 26658 | 满足 |
| | Q-7 | 1100 | 5.40 | 11699 | 29412 | 满足 |
| | Q-8 | 1100 | 5.40 | 20595 | 34287 | 满足 |
| | Q-13 | 600 | 5.40 | 17431 | 18840 | 满足 |
| | Q-16 | 600 | 5.40 | 19053 | 20367 | 满足 |
| 5层（8） | Q-1 | 800 | 4.30 | 10187 | 50216 | 满足 |
| | Q-2 | 800 | 4.30 | 12587 | 54641 | 满足 |
| | Q-3 | 1100 | 4.30 | 25618 | 54690 | 满足 |
| | Q-4 | 1100 | 4.30 | 38605 | 83069 | 满足 |
| | Q-5 | 1100 | 4.30 | 10942 | 27643 | 满足 |
| | Q-6 | 1100 | 4.30 | 18272 | 26754 | 满足 |
| | Q-7 | 1100 | 4.30 | 17487 | 29412 | 满足 |
| | Q-8 | 1100 | 4.30 | 13319 | 34287 | 满足 |
| | Q-13 | 600 | 4.30 | 19676 | 20157 | 满足 |
| | Q-16 | 600 | 4.30 | 18687 | 19301 | 满足 |
| 6层（9） | Q-1 | 800 | 4.30 | 10657 | 36240 | 满足 |
| | Q-2 | 800 | 4.30 | 10548 | 39442 | 满足 |
| | Q-3 | 1000 | 4.30 | 25618 | 54690 | 满足 |
| | Q-4 | 1000 | 4.30 | 36350 | 83069 | 满足 |
| | Q-5 | 1000 | 4.30 | 10312 | 20431 | 满足 |
| | Q-6 | 1000 | 4.30 | 14433 | 15983 | 满足 |
| | Q-7 | 1000 | 4.30 | 15320 | 17143 | 满足 |
| | Q-8 | 1000 | 4.30 | 13011 | 24554 | 满足 |
| | Q-13 | 600 | 4.30 | 21803 | 25354 | 满足 |
| | Q-16 | 600 | 4.30 | 19069 | 19772 | 满足 |

由表5-25可知中震弹性工况下，核心筒外围剪力墙抗剪截面不足，设置钢板后，均能满足设计要求。

部分剪力墙剪力超限不多，按《组合结构设计规范》JGJ 138—2016 第 9.1.5 条公式（9.1.5-5）：$V_{cw}=V-\frac{0.32}{\lambda}f_aA_{a1}$，考虑边缘构件中型钢对抗剪截面的有利作用后，均能满足设计要求。

以地上2层Q-13为例，$V=17431$kN，截面不满足抗剪要求，考虑边缘构件中的型钢作用，按型钢混凝土剪力墙计算，$V_{cm}=17431-2221=15210$kN，即可满足截面的抗剪要求。

3）大震抗剪不屈服验算

大震抗剪不屈服验算结果见表5-26。

罕遇地震下底部加强区剪力墙墙肢截面抗剪不屈服验算　　表5-26

| 楼层<br>（计算模型层号） | 编号 | 墙厚（mm） | 墙高（m） | 剪力（kN） | 抗剪承载力（kN） | 验算结果 |
|---|---|---|---|---|---|---|
| 1层（4） | Q-1 | 800 | 6.00 | 20149 | 64709 | 满足 |
| | Q-2 | 800 | 6.00 | 20729 | 65537 | 满足 |
| | Q-3 | 1100 | 6.00 | 32023 | 71716 | 满足 |
| | Q-4 | 1100 | 6.00 | 50309 | 108900 | 满足 |
| | Q-5 | 1100 | 6.00 | 15806 | 31858 | 满足 |
| | Q-6 | 1100 | 6.00 | 15609 | 30752 | 满足 |
| | Q-7 | 1100 | 6.00 | 18016 | 38474 | 满足 |
| | Q-8 | 1100 | 6.00 | 22228 | 45459 | 满足 |
| | Q-13 | 600 | 6.00 | 17285 | 23263 | 满足 |
| | Q-16 | 600 | 6.00 | 21120 | 28676 | 满足 |
| 2层（5） | Q-1 | 800 | 5.40 | 21424 | 64709 | 满足 |
| | Q-2 | 800 | 5.40 | 23416 | 65537 | 满足 |
| | Q-3 | 1100 | 5.40 | 35083 | 71716 | 满足 |
| | Q-4 | 1100 | 5.40 | 56766 | 108900 | 满足 |
| | Q-5 | 1100 | 5.40 | 20476 | 31858 | 满足 |
| | Q-6 | 1100 | 5.40 | 17844 | 30752 | 满足 |
| | Q-7 | 1100 | 5.40 | 16731 | 38474 | 满足 |
| | Q-8 | 1100 | 5.40 | 29298 | 45459 | 满足 |
| | Q-13 | 600 | 5.40 | 24790 | 30126 | 满足 |
| | Q-16 | 600 | 5.40 | 26620 | 32473 | 满足 |
| 5层（8） | Q-1 | 800 | 4.30 | 15231 | 64709 | 满足 |
| | Q-2 | 800 | 4.30 | 18678 | 65537 | 满足 |
| | Q-3 | 1100 | 4.30 | 35325 | 71716 | 满足 |
| | Q-4 | 1100 | 4.30 | 54708 | 108900 | 满足 |
| | Q-5 | 1100 | 4.30 | 15140 | 31858 | 满足 |
| | Q-6 | 1100 | 4.30 | 24391 | 30752 | 满足 |
| | Q-7 | 1100 | 4.30 | 24239 | 38474 | 满足 |
| | Q-8 | 1100 | 4.30 | 19411 | 45459 | 满足 |
| | Q-13 | 600 | 4.30 | 28310 | 34948 | 满足 |
| | Q-16 | 600 | 4.30 | 27391 | 31586 | 满足 |

续表

| 楼层（计算模型层号） | 编号 | 墙厚（mm） | 墙高（m） | 剪力（kN） | 抗剪承载力（kN） | 验算结果 |
|---|---|---|---|---|---|---|
| 6层（9） | Q-1 | 800 | 4.30 | 15617 | 47460 | 满足 |
| | Q-2 | 800 | 4.30 | 16149 | 51526 | 满足 |
| | Q-3 | 1000 | 4.30 | 32915 | 53206 | 满足 |
| | Q-4 | 1000 | 4.30 | 51428 | 80331 | 满足 |
| | Q-5 | 1000 | 4.30 | 14291 | 27464 | 满足 |
| | Q-6 | 1000 | 4.30 | 20001 | 25048 | 满足 |
| | Q-7 | 1000 | 4.30 | 21295 | 26894 | 满足 |
| | Q-8 | 1000 | 4.30 | 18899 | 33152 | 满足 |
| | Q-13 | 600 | 4.30 | 29617 | 35119 | 满足 |
| | Q-16 | 600 | 4.30 | 27687 | 32162 | 满足 |

表5-26计算结果显示：核心区剪力墙在大震不屈服工况下最大剪力未出现大于抗剪承载力，其中抗剪承载力按照钢板混凝土剪力墙抗剪承载力公式进行计算，材料强度采用标准值，个别构件抗剪不足，但未超过抗剪承载力的10%。综上所述，通过在剪力墙中设置足够的钢板，核心筒钢板混凝土墙、混凝土墙均能满足预设的性能目标要求。

4）中震拉应力验算

在设防烈度下，对小偏心受拉的混凝土剪力墙肢进行双向地震作用下的不屈服计算，并验算地震作用下名义拉应力与混凝土抗拉强度标准值的关系。按组合墙（ZHQ）全截面计算拉应力，组合墙编号如图5-37所示。当组合墙全截面名义拉应力超过一倍的混凝土抗拉强度标准值时，设置型钢及钢板来承担墙体所受的全部拉力。

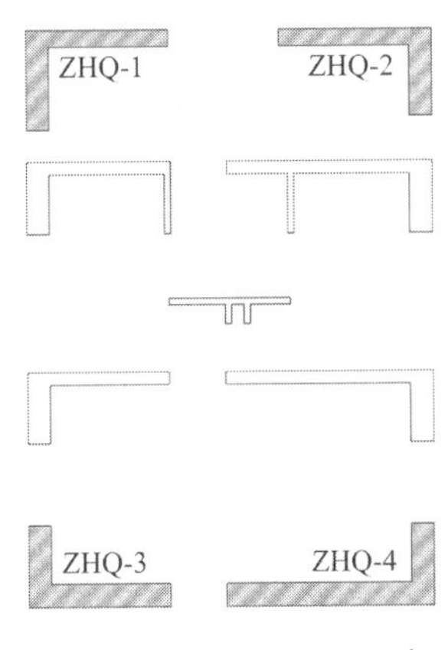


图5-37　组合墙编号示意

按《审查要点》要求，设置型钢后，平均名义拉应力（按型钢和混凝土弹性模量换算的原则将型钢截面面积等效为混凝土面积）不宜超过$2f_{tk}$，全截面型钢和钢板的含钢率超过2.5%时可按比例适当放松。根据相关分析，本条规定的初衷在于控制构件裂缝开展，保证构件在中震拉剪、压剪往复作用下具有足够的承载能力，而控制水平裂缝开展的措施可量化为将钢筋拉应力控制在约200MPa，可以推导出表5-27的对应关系。

含钢率与名义拉应力关系　　表 5-27

| 名义拉应力 | $2f_{tk}$ | $3f_{tk}$ | $4f_{tk}$ | $5f_{tk}$ | $6f_{tk}$ |
|---|---|---|---|---|---|
| 含钢率 | 2.5% | 3.8% | 5% | 6.3% | 7.5% |

本工程 4 个组合墙（ZHQ）所配型钢及钢板的含钢率如表 5-28 所示。

组合墙含钢率统计　　表 5-28

| | ZHQ-1 | ZHQ-2 | ZHQ-3 | ZHQ-4 |
|---|---|---|---|---|
| 1～5 层 | 6.86% | 6.99% | 7.07% | 6.45% |
| 6～8 层 | 4.44% | 4.50% | 4.27% | 3.96% |
| 9～11 层 | 2.00% | 2.05% | 1.96% | 1.48% |

按墙体含钢率，本工程 1～5 层按 $3f_{tk}$控制，6～8 层按 $2f_{tk}$控制，配置型钢及钢板后，均可满足拉应力要求，同时，所配型钢及钢板能承受最大工况下的中震拉力。

9 层以上按 $2f_{tk}$控制名义拉应力，配置型钢后，名义拉应力即可满足要求，同时，复核型钢承担所有拉力，均能满足要求。

5）总结

（1）底部 8 层核心筒墙体，大部分墙肢的拉应力介于 $2f_{tk}$和 $3f_{tk}$之间，按照要求，宜设置型钢及钢板承担墙体拉力，型钢及钢板总面积应大于 3.8%配筋率，且型钢及钢板应能承担墙体所有拉力。

（2）中部 9～17 层，墙肢的拉应力在 $2f_{tk}$左右，配置型钢使其名义拉应力小于 $2f_{tk}$，且型钢应能承担墙体所有拉力。

（3）18 层以上的核心筒墙体，所有全截面名义拉应力均小于$f_{tk}$，无需设置型钢。

## 5.9.4 加强层伸臂桁架弦杆验算

多遇地震计算时，楼板按弹性膜考虑。设防地震计算时，弦杆验算采用等效弹性方法计算结果。楼板采用弹性膜，对刚度进行折减，折减系数拟定为 0.2。伸臂桁架上下弦杆编号见图 5-38 和图 5-39。

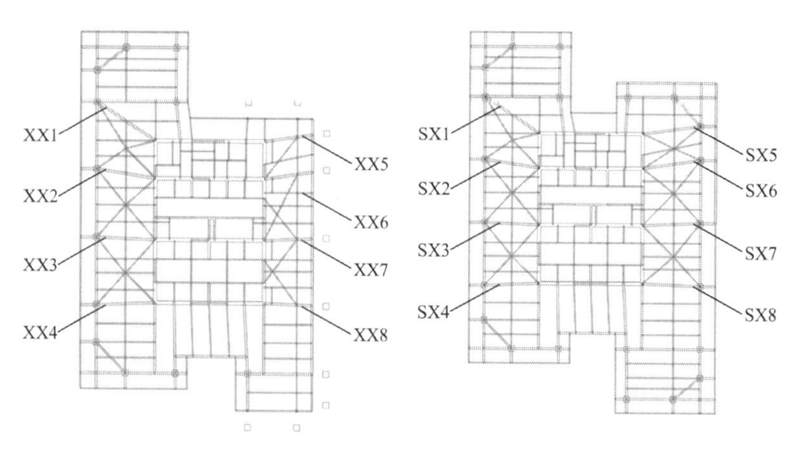


图 5-38　伸臂桁架下弦杆编号图　　　图 5-39　伸臂桁架上弦杆编号图

表5-29为多遇地震、设防地震下伸臂桁架上下弦杆应力比统计，表中数值显示，弦杆应力比绝大部分满足规范要求，个别下弦杆应力比超10%。由于设防地震等效弹性法偏保守，认为能满足性能目标的要求。

多遇地震、设防地震下伸臂桁架上下弦杆应力比统计　　表5-29

| 伸臂桁架下弦杆 | XX1 | XX2 | XX3 | XX4 | XX5 | XX6 | XX7 | XX8 |
|---|---|---|---|---|---|---|---|---|
| 多遇地震 | 0.61 | 0.75 | 0.83 | 0.74 | 0.72 | 0.72 | 0.85 | 0.88 |
| 设防地震 | 0.87 | 0.95 | 1.05 | 0.98 | 0.92 | 0.97 | 1.07 | 1.10 |
| 伸臂桁架上弦杆 | SX1 | SX2 | SX3 | SX4 | SX5 | SX6 | SX7 | SX8 |
| 多遇地震 | 0.39 | 0.52 | 0.61 | 0.51 | 0.50 | 0.57 | 0.75 | 0.65 |
| 设防地震 | 0.52 | 0.65 | 0.71 | 0.65 | 0.64 | 0.71 | 0.87 | 0.80 |

## 5.9.5 通高柱验算

由图5-10可知，本工程存在多处通高柱，有2层通高和3层通高。在5.8.6节中已经确定了通高柱的计算长度系数。本节进行中震、大震等效弹性分析，结果见图5-40～图5-47。结果显示，等效弹性分析结果显示应力比均小于1，满足7.3节中预设的性能目标。

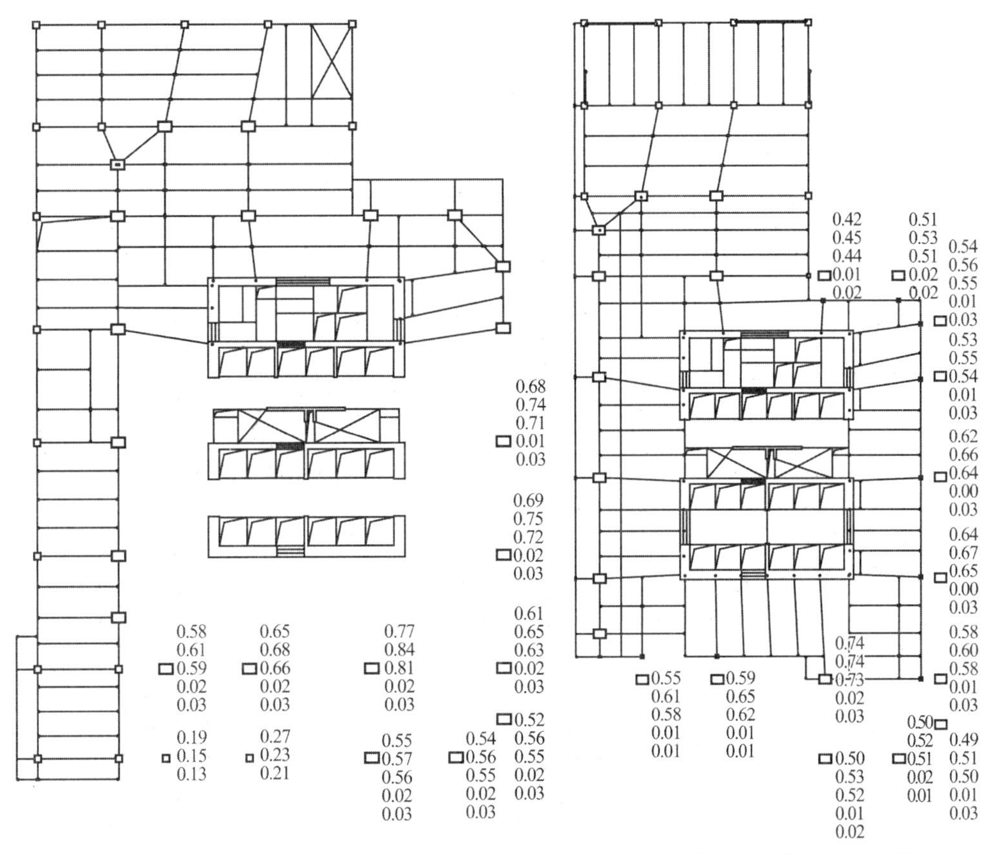


(a) 中震1层通高柱应力比示意图　　(b) 中震4层通高柱应力比示意图

图5-40　中震1层、4层通高柱应力比示意图

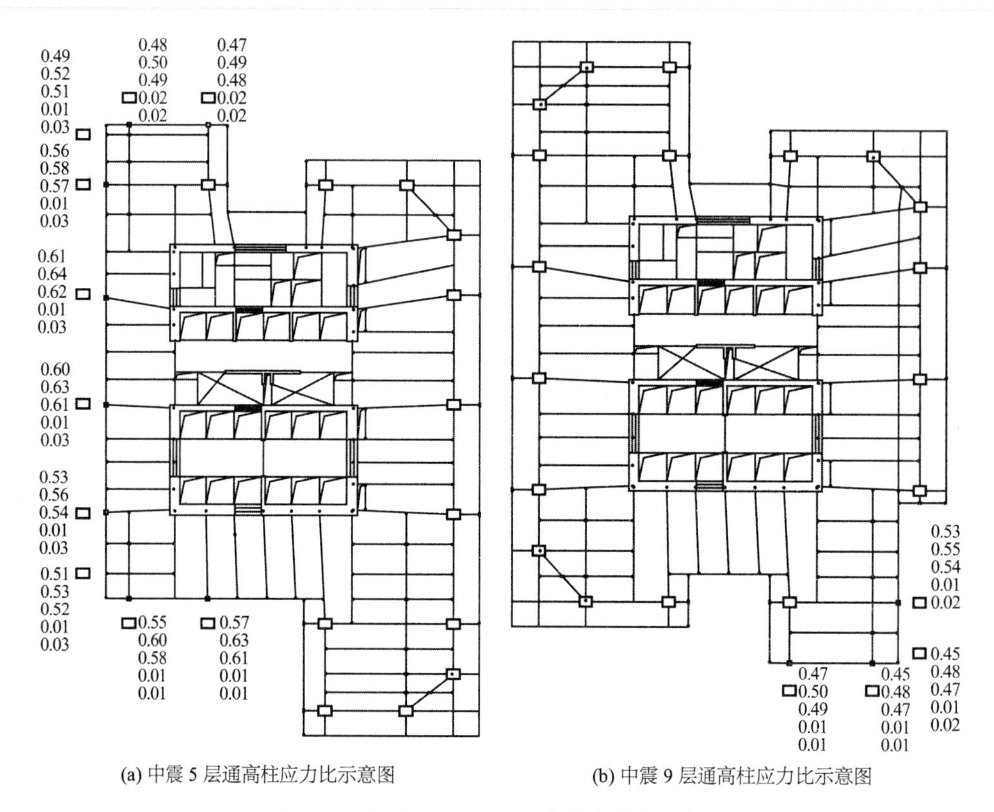

(a) 中震 5 层通高柱应力比示意图

(b) 中震 9 层通高柱应力比示意图

图 5-41 中震 5 层、9 层通高柱应力比示意图

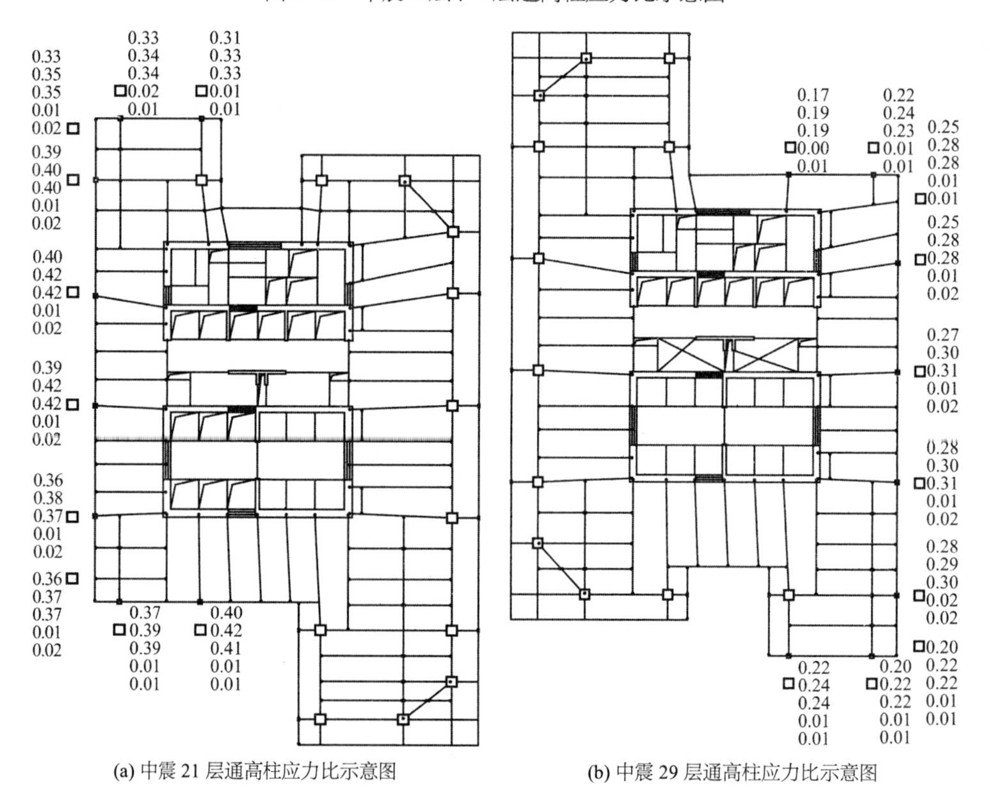

(a) 中震 21 层通高柱应力比示意图

(b) 中震 29 层通高柱应力比示意图

图 5-42 中震 21 层、29 层通高柱应力比示意图

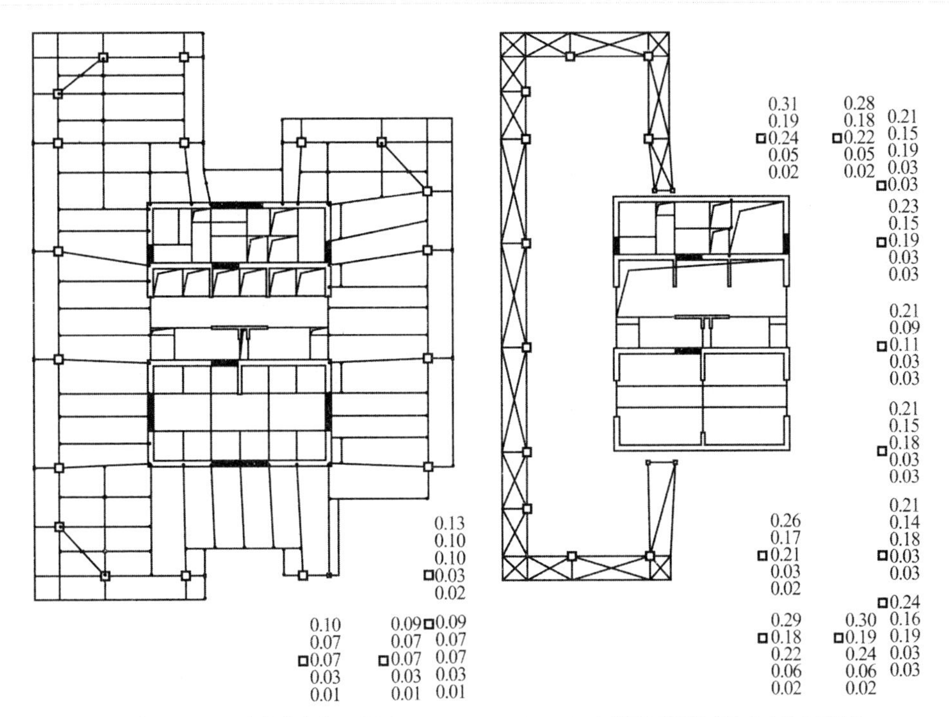


(a) 中震39层通高柱应力比示意图　　(b) 中震屋面层通高柱应力比示意图

图5-43　中震39层、屋面层通高柱应力比示意图

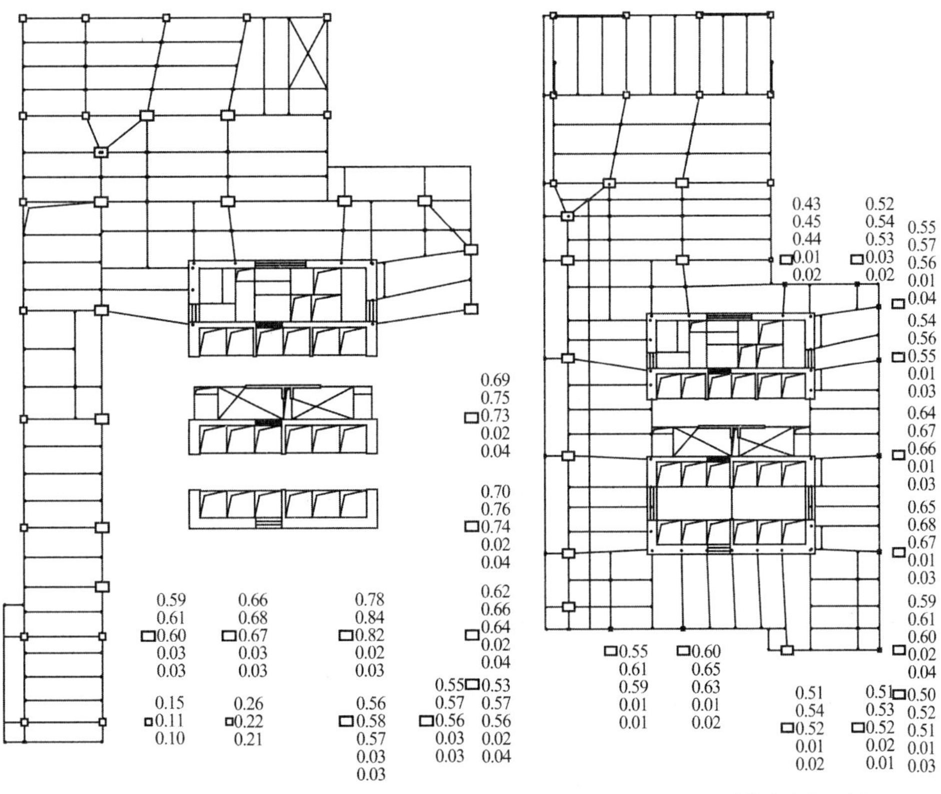


(a) 大震1层通高柱应力比示意图　　(b) 大震4层通高柱应力比示意图

图5-44　大震1层、4层通高柱应力比示意图

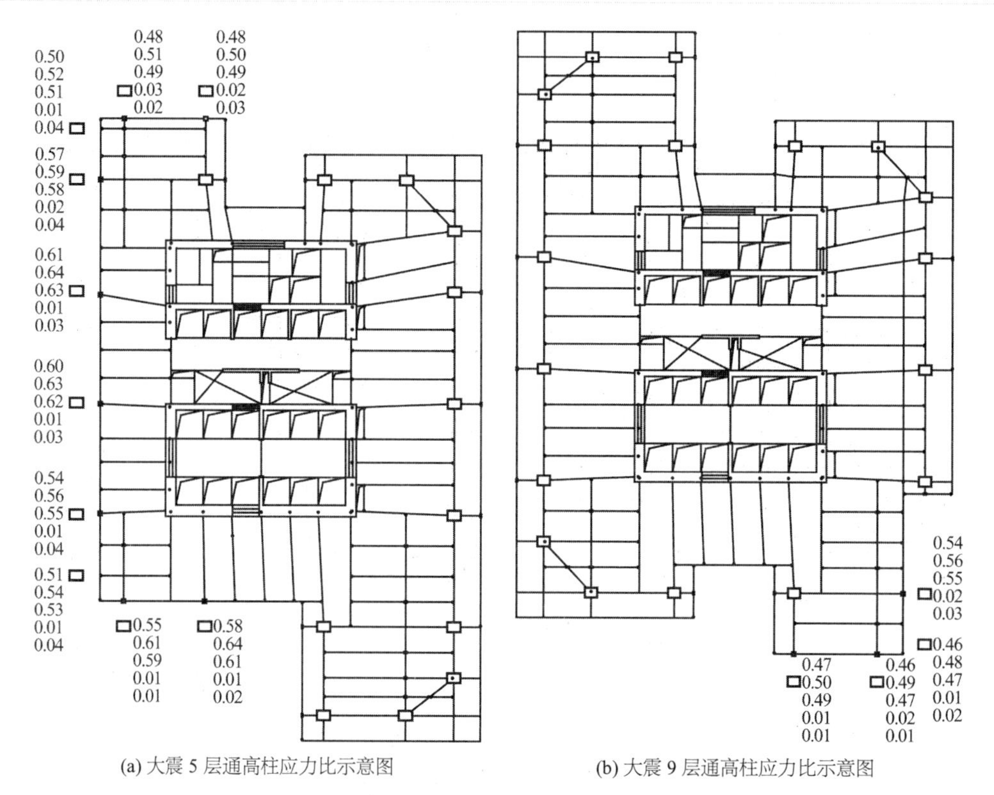


(a) 大震 5 层通高柱应力比示意图　　(b) 大震 9 层通高柱应力比示意图

图 5-45　大震 5 层、9 层通高柱应力比示意图

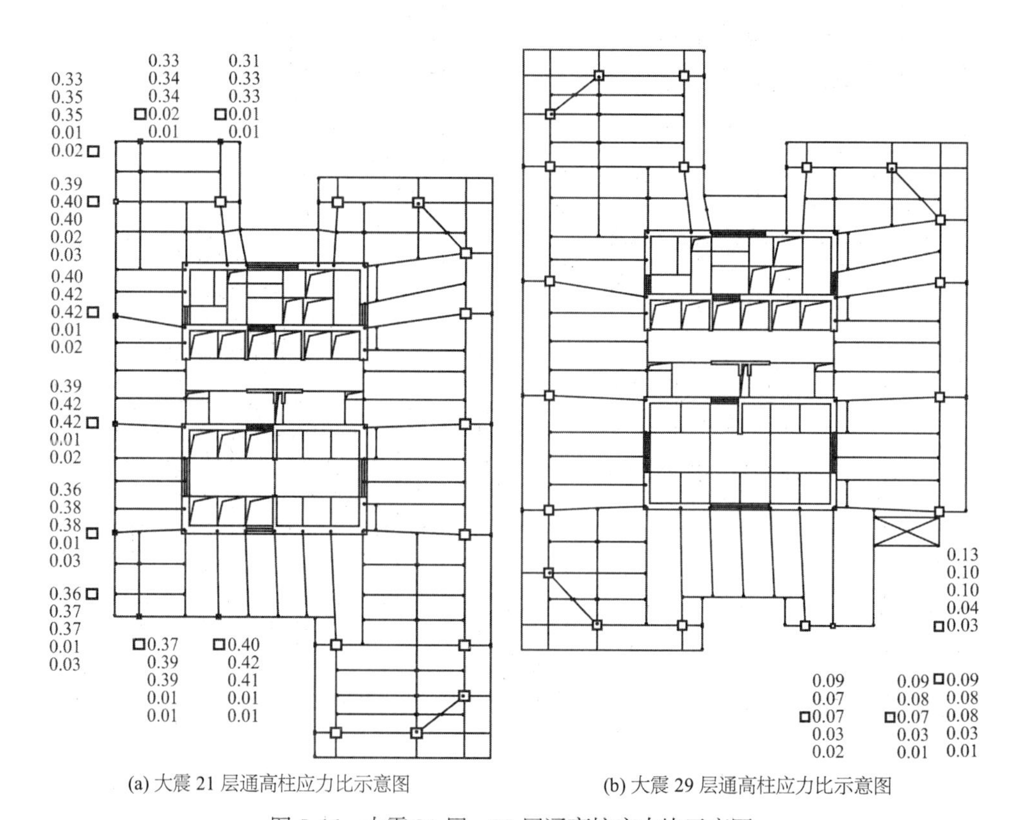


(a) 大震 21 层通高柱应力比示意图　　(b) 大震 29 层通高柱应力比示意图

图 5-46　大震 21 层、29 层通高柱应力比示意图

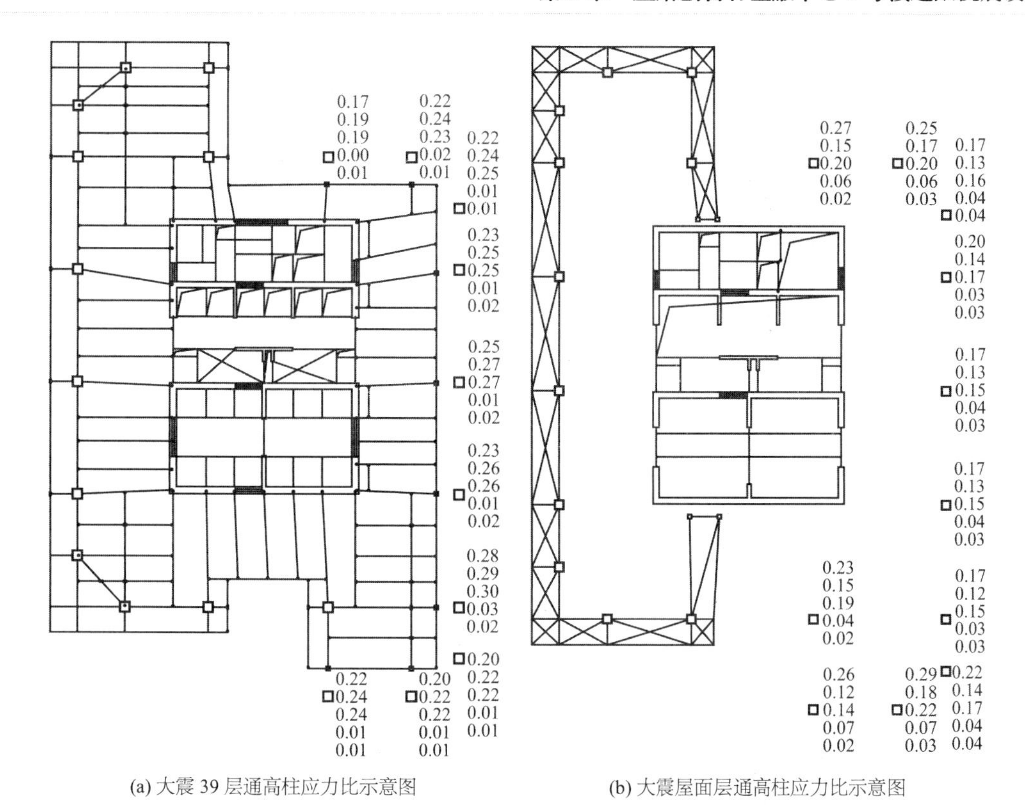


(a) 大震 39 层通高柱应力比示意图　　(b) 大震屋面层通高柱应力比示意图

图 5-47　大震 39 层、屋面层通高柱应力比示意图

## 5.10　二道防线有效性分析及规范调整系数评估

### 5.10.1　分析说明

对于钢框架-核心筒结构，小震作用下结构总体处于弹性状态，框架与核心筒各自分担的剪力基于双重体系协同工作的原理由其相对刚度决定。核心筒刚度大，承担了绝大部分的剪力（本工程假设剪力墙承担所有剪力），是抗震的第一道防线，在中、大震作用下连梁先进入塑性导致核心筒整体刚度下降，框架与核心筒的相对刚度提高导致内力重分布，一部分地震力从核心筒转至框架，因此框架作为抗震的第二道防线，需要具备一定的强度（承载力），保证能承接从核心筒转移的地震力。

### 5.10.2　二道防线有效性分析

本工程因为超限需要采取加强措施，假设剪力墙承担所有地震剪力，框架部分较弱，在地震中框架能否正常发挥二道防线的作用是本工程的一个关键点。通过研究大震弹塑性分析结果，以关键指标框架柱剪力比（框架柱剪力比 = 框架柱剪力/楼层总剪力）为主要研究对象，验证二道防线的有效性。具体见图 5-48 和图 5-49。

由图 5-48 和图 5-49 可知，地震初期，结构基本处于弹性状态，核心筒剪力墙承担绝大部分的地震力，框架柱剪力比较小。$X$向由于框架较弱，框架柱剪力比很小。因加强层处有伸臂桁架，框架柱剪力比有一个明显的突变。$Y$向框架较强，框架柱剪力比相对较大，但仍维持在 5%以下。

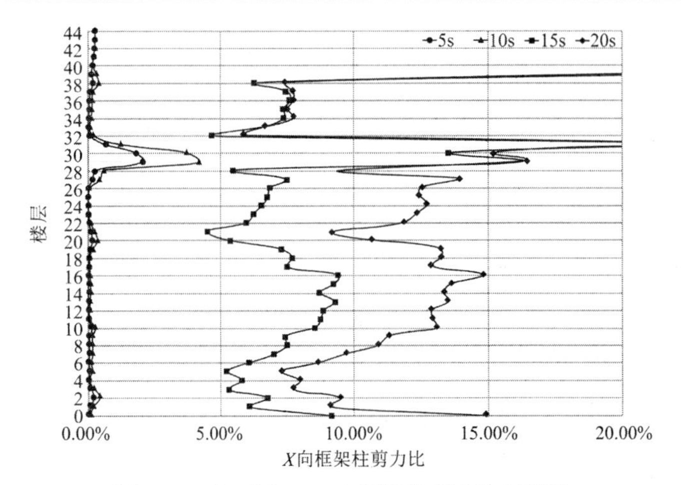


图 5-48　人工波 1　X向框架柱剪力比时程图

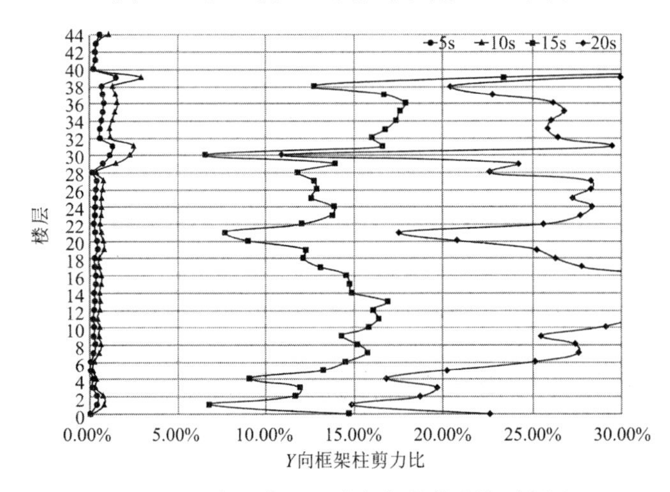


图 5-49　人工波 1　Y向框架柱剪力比时程图

地震过程中，连梁率先进入塑性，核心筒剪力墙刚度下降，框架部分几乎没有损伤，核心筒剪力墙的相对刚度在提高，框架柱剪力比在不断上升，承接了从核心筒转移的地震力。从 5s 至 20s，框架柱剪力比总的来说呈现出的是向上增长的趋势。X向与Y向的区别在于，X向框架较弱，在各阶段框架柱剪力比绝对值均偏小。

以上分析表明，框架能够有效地发挥二道防线的作用，在核心筒剪力墙刚度降低之后，能承担转移的地震力。

## 5.10.3　规范调整系数评估

《高规》第 9.1.11 条第 3 款中提到：“当框架部分分配的地震剪力标准值小于结构底部总剪力标准值的 20%，但其最大值不小于结构底部总剪力标准值的 10%时，应按结构底部总地震剪力标准值的 20%和框架部分楼层地震剪力标准值中最大值的 1.5 倍二者的较小值进行调整。”人工波 1 作用下，框架柱基底剪力比全过程最大值计算结果见图 5-50 和图 5-51。

由图 5-50 和图 5-51 可知，框架柱剪力比最大值出现在底层。这与小震反应谱法结果（图 5-52 和图 5-53）一致（不含加强层及上下层）。因此根据规范要求：框架部分分配的地震剪力值为结构底部总地震剪力标准值的20%。由图5-50和图5-51可知，除Y向底层以外均满足规范要求。

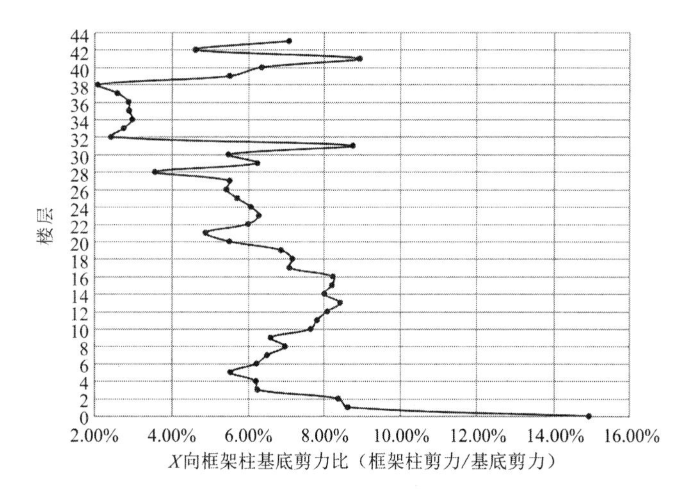


图5-50　人工波1　X向框架柱基底剪力比全过程最大值示意图

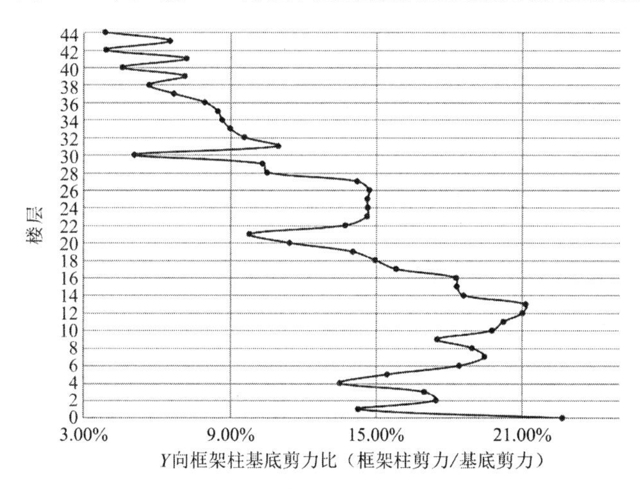


图5-51　人工波1　Y向框架柱基底剪力比全过程最大值示意图

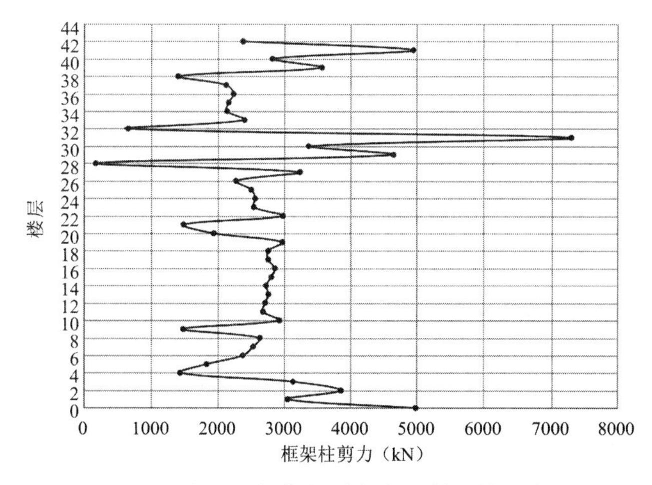


图5-52　小震反应谱法X向框架柱剪力楼层分布图

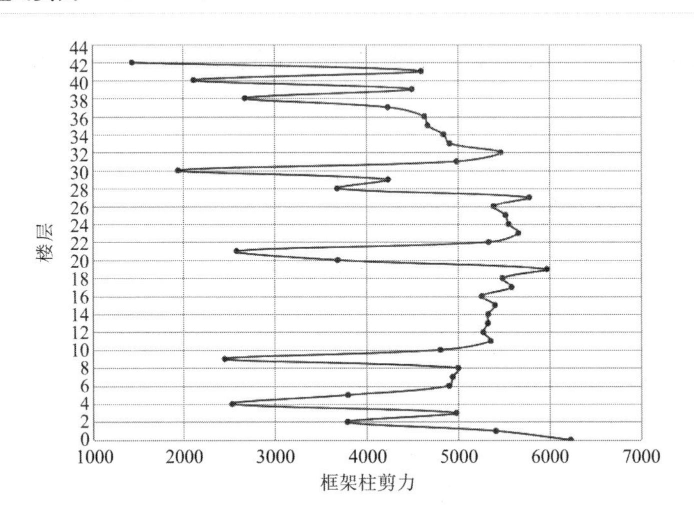


图 5-53　小震反应谱法*Y*向框架柱剪力楼层分布图

*Y*向框架柱剪力/基底剪力为 0.22，大于规范要求。因此小震反应谱计算时将*Y*向地震力放大 1.1 倍，复核底层钢管混凝土柱是否满足规范要求。由图 5-54 可知，底层钢管混凝土柱应力比均大于 1.0，满足规范要求。

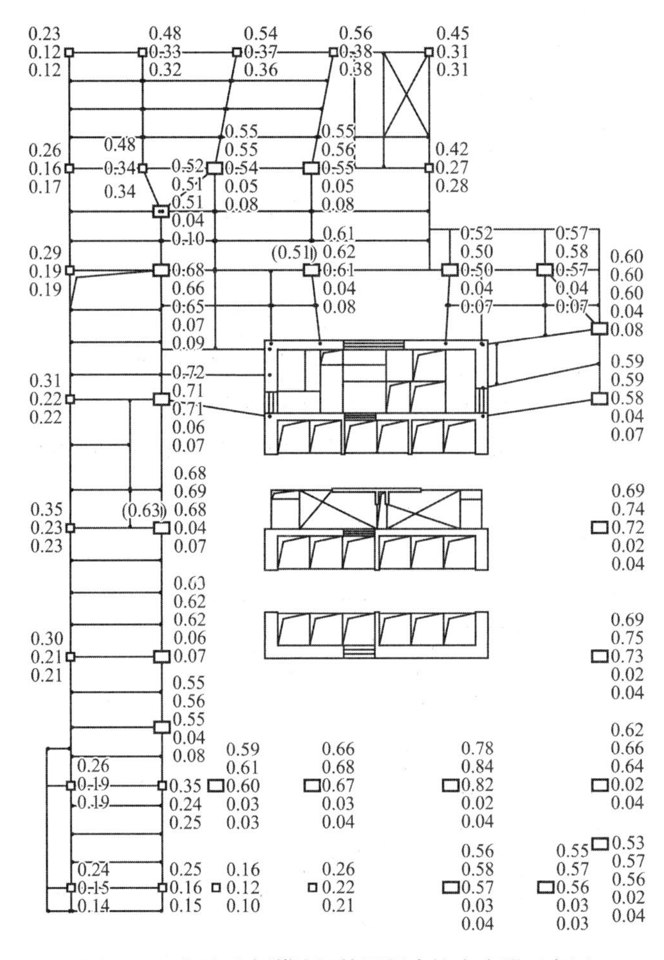

图 5-54　小震反应谱法钢管混凝土柱应力比示意图

# 5.11　加强层伸臂桁架典型节点有限元分析

选取加强层伸臂桁架关键节点进行计算，采用通用有限元程序 ANSYS 进行分析，通过实体单元 SOLID45 对三维节点进行模拟。该单元由 8 个节点定义，每个节点有 3 个自由度，即沿节点坐标系*X*、*Y*和*Z*方向的平动位移，单元几何模型如图 5-55 所示，可退化为五面体的棱柱体单元或四面体单元。

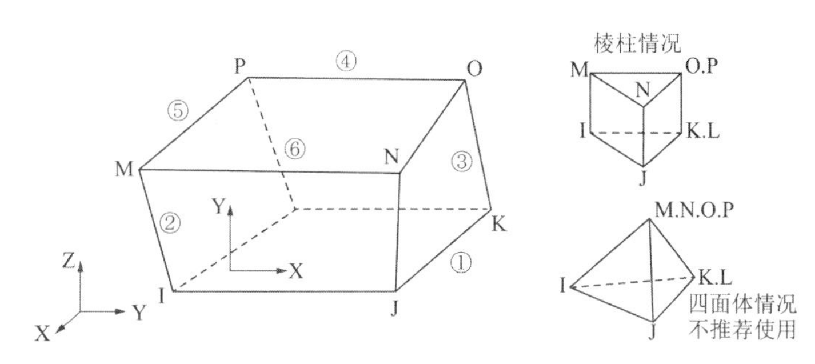


图 5-55　SOLID45 单元几何模型

## 5.11.1　关键节点有限元模型

节点主要由钢梁、支撑、节点板和钢骨组成，节点板与钢梁及钢骨柱连接处设置加劲板，所有构件均采用 SOLID45 实体单元模拟，主要分析对象为支撑与节点板的应力，故不考虑混凝土墙对钢骨的有利影响，有限元模型如图 5-56 所示。

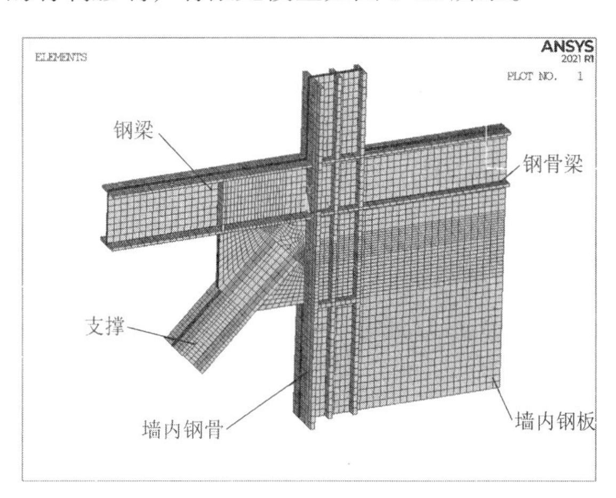


图 5-56　典型节点有限元模型

节点内力从 YJK 中震作用下的分析结果提取，在 YJK 分析模型中，提取支撑与钢梁同工况下的节点端内力，设计指标为中震不屈服。节点中震的基本组合值如表 5-30 所示。

对比了各种设计工况下，钢梁及支撑的内力，可知由重力荷载 +*X*向地震控制的组合内力最大，这主要是由于水平地震作用通过支撑传递到节点上，水平力起控制作用，故表中数据只列出了最不利工况下的内力。

最不利工况下的内力　　表 5-30

| 第 31 工况<br>中震 | 节点内力 | | |
|---|---|---|---|
| | $V$（kN） | $N$（kN） | $M$（kN） |
| 钢梁 | −178.6 | 2500 | −3357.5 |
| 支撑 | — | 20140 | — |

## 5.11.2 地震作用组合下节点的应力和变形

中震不屈服阶段，提取节点构件最不利工况的 von Mises 应力及节点应变云图见图 5-57。

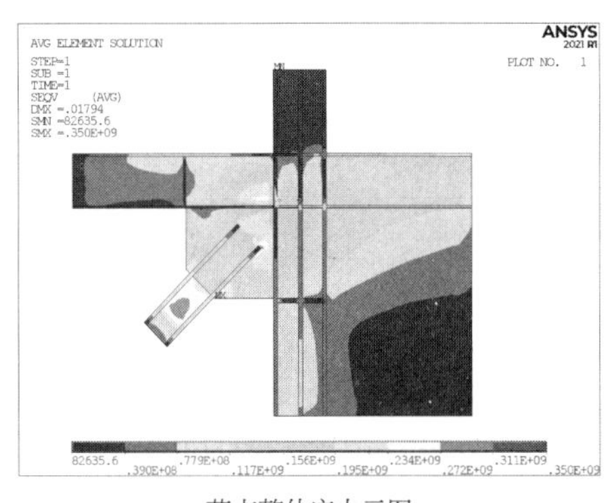

节点整体应力云图

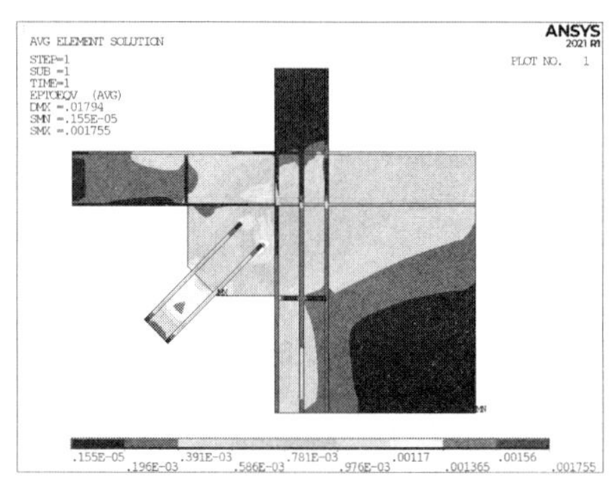

节点整体应变云图

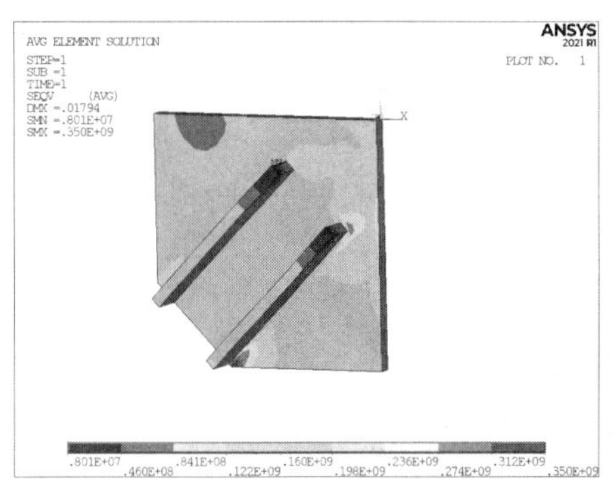

节点板应力云图

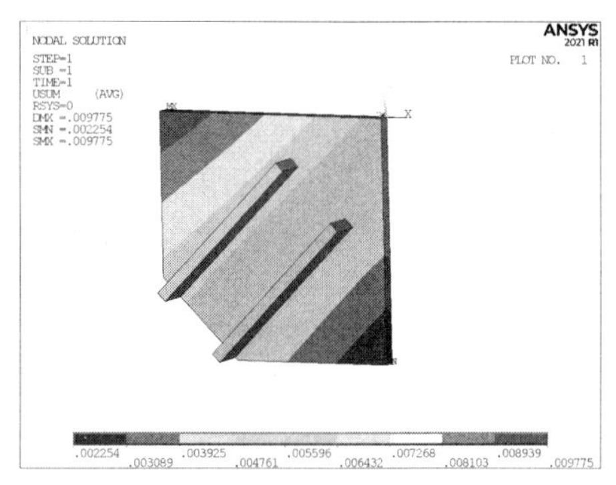

节点板应变云图

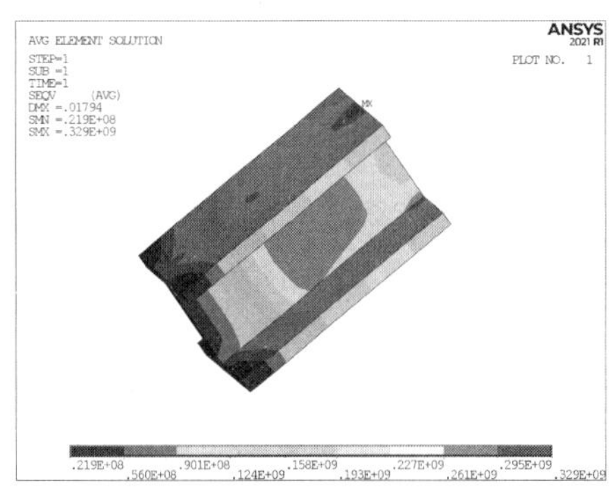

支撑应力云图

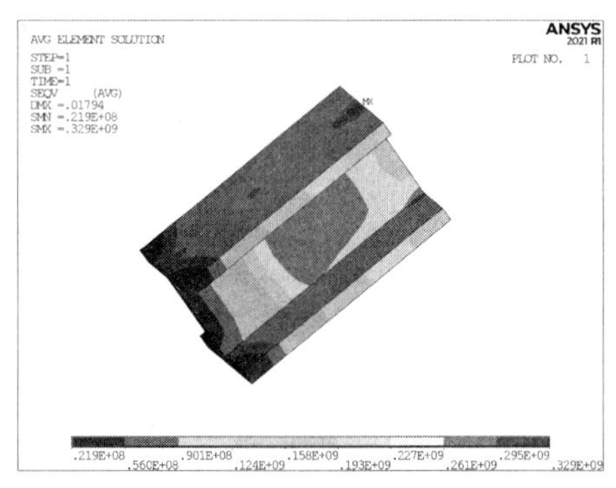

支撑应变云图

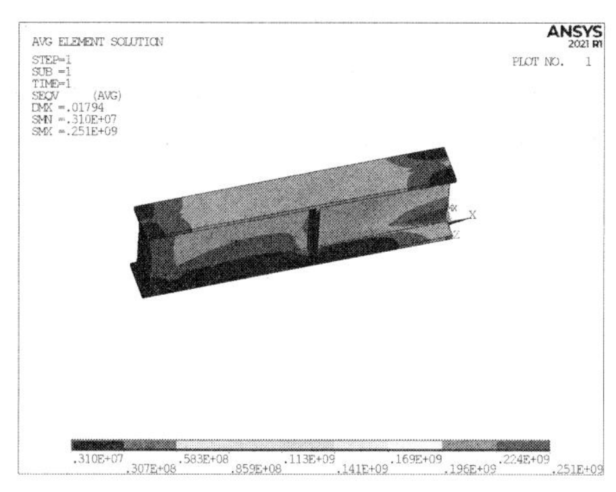


钢梁应力云图

钢梁应变云图

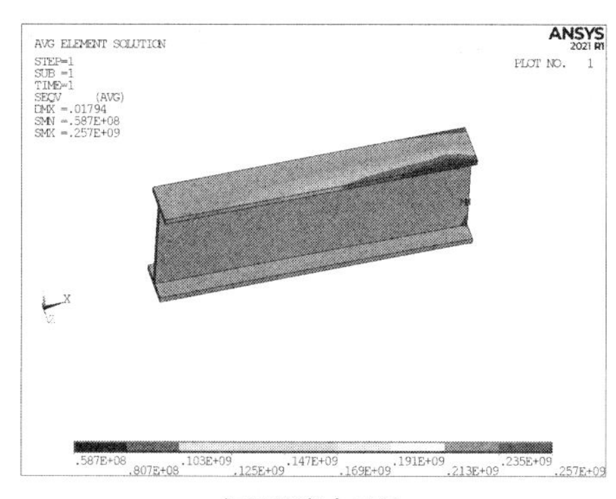


钢骨梁应力云图

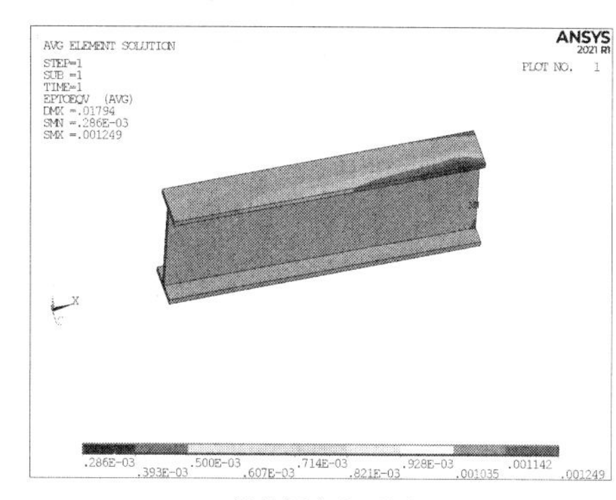


钢骨梁应变云图

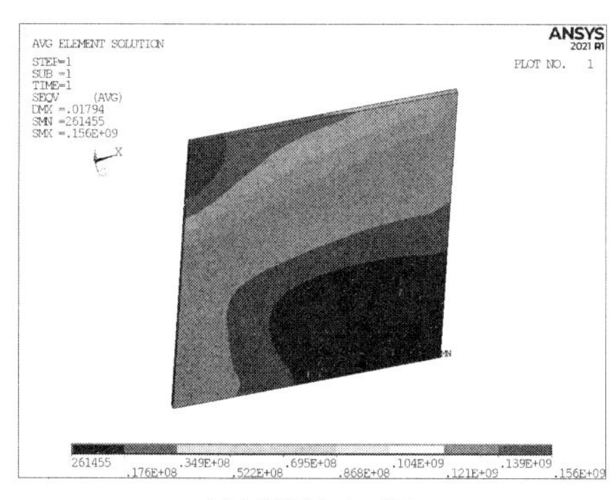


墙内钢板应力云图

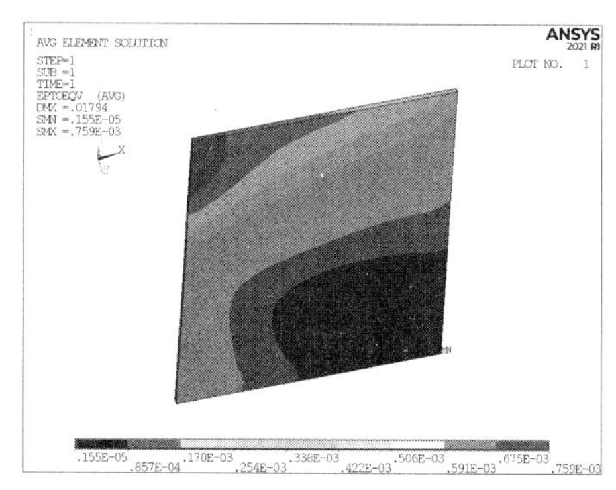


墙内钢板应变云图

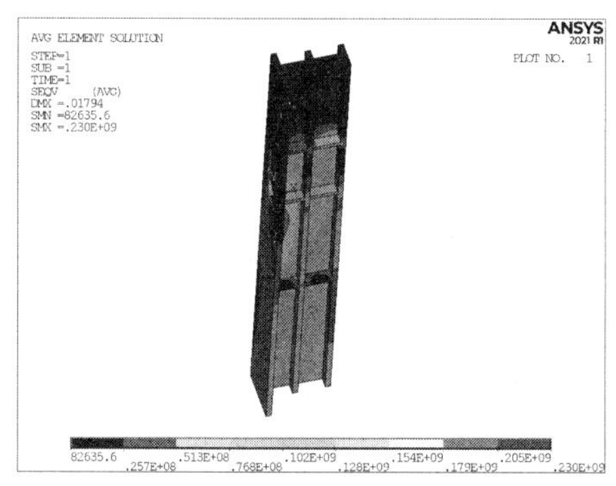


墙内钢骨应力云图

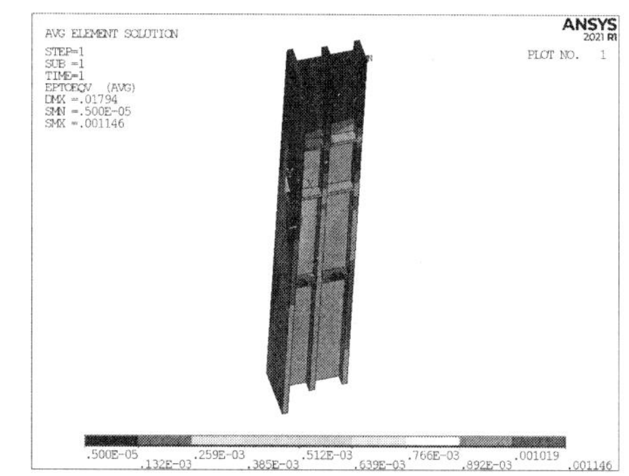


墙内钢骨应变云图

图 5-57　最不利工况 von Mises 应力及节点应变云图

节点最不利工况为 31，最大应力为 350MPa，最大应变为 0.00175，均出现在支撑与节点板接触面上；墙内钢骨最大应力为 230MPa，出现在与节点板连接处梁下翼缘附近；钢梁最大应力为 251MPa，出现在下翼缘与腹板交接区域。所有构件节点区域端部应力值均小于 420MPa，小于 Q420GJ 钢材屈服强度，满足中震不屈服的性能设计要求。

## 5.12 消能器性能情况

### 5.12.1 中震性能

中震*X*、*Y*方向典型各类阻尼器滞回曲线及结构能量曲线如图 5-58 所示。

BRB 开始屈服，耗能能力很强；LRB 滞回曲线变扁长，耗能效率降低；VFD 持续耗能，效率很高。各类阻尼器附加阻尼比之和为 1.8%，小于 25%，满足《建筑消能减震技术规程》JGJ 297—2013 第 6.3.6 条要求。

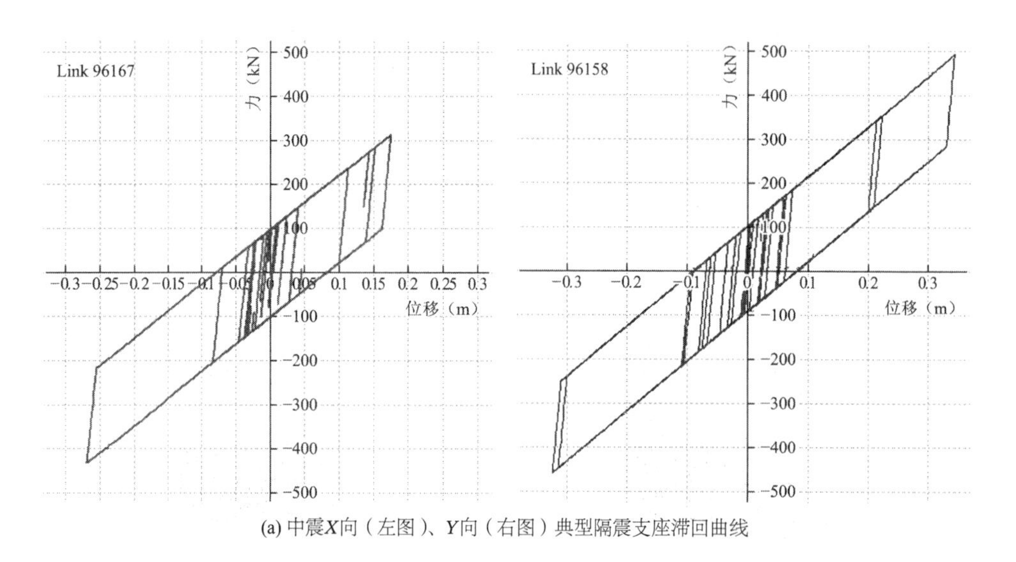


(a) 中震*X*向（左图）、*Y*向（右图）典型隔震支座滞回曲线

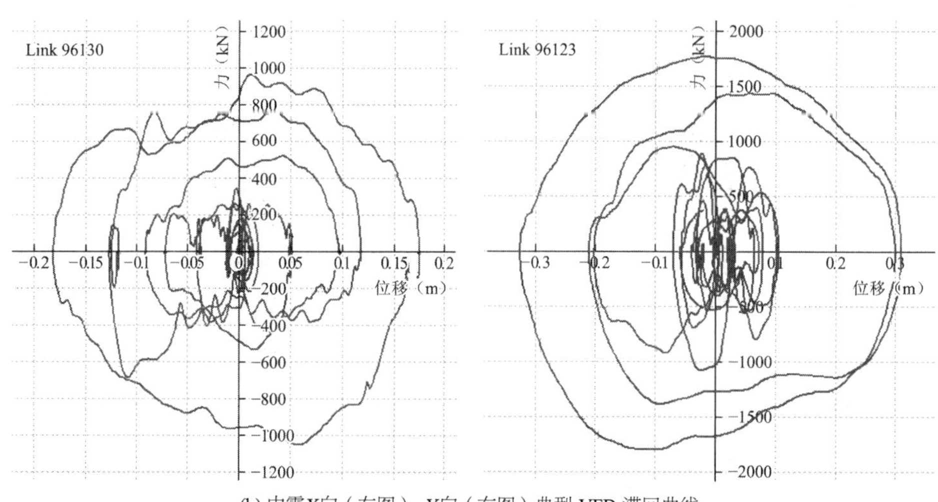


(b) 中震*X*向（左图）、*Y*向（右图）典型 VFD 滞回曲线

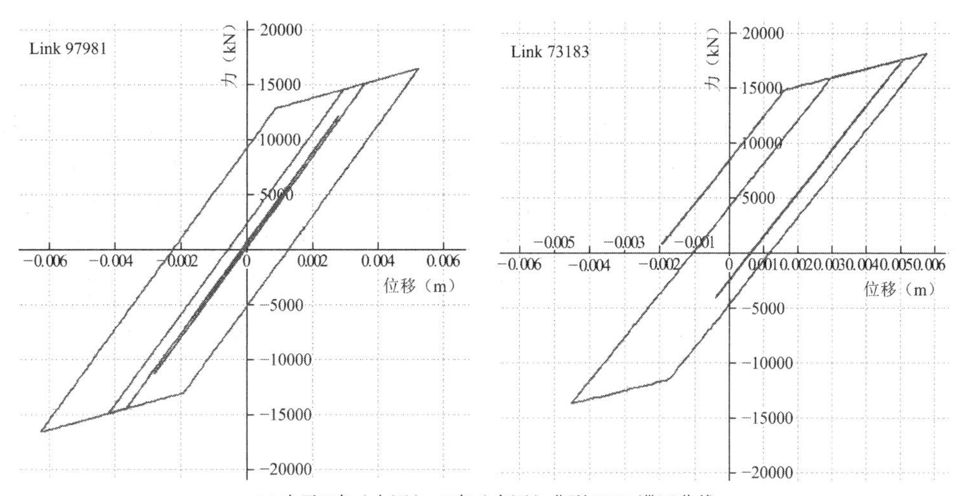


(c) 中震$X$向（左图）、$Y$向（右图）典型 BRB 滞回曲线

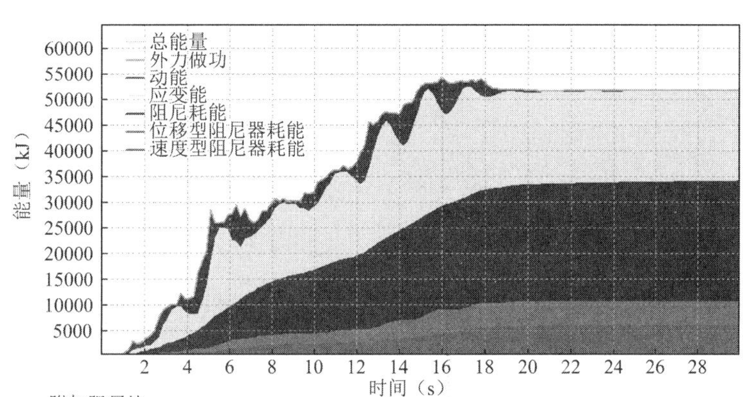


附加阻尼比

结构初始阻尼比：4.0%

附加等效阻尼比：

结构弹塑性：3.0%　　位移型阻尼器：0.8%　　速度型阻尼器：1.0%

总等效阻尼比：8.8%

(d) 中震$X$向主方向能量曲线

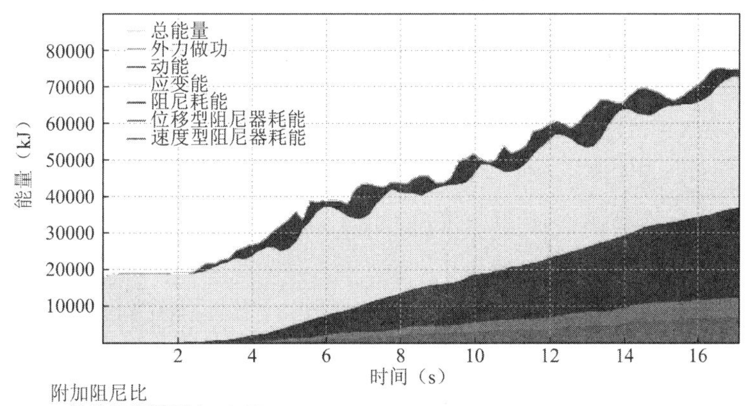


附加阻尼比

结构初始阻尼比：4.0%

附加等效阻尼比：

结构弹塑性：3.0%　　位移型阻尼器：0.8%　　速度型阻尼器：1.0%

总等效阻尼比：8.8%

(e) 中震$Y$向主方向能量曲线

图 5-58　中震下阻尼器耗能曲线及结构能量图

## 5.12.2 大震性能

对结构大震弹塑性分析得到的隔震支座内力和变形进行验算，结果见图 5-59。根据《建筑隔震设计标准》GB/T 51408—2021 第 4.6.3 条，隔震支座在重力荷载代表值作用下的压应力不大于 12MPa，弹性滑板不大于 15MPa。根据第 6.2.1 条，隔震支座在罕遇地震下的最大竖向压应力不大于 25MPa，弹性滑板不大于 30MPa。根据第 4.6.6 条，罕遇地震下隔震橡胶支座的水平位移值不大于支座直径的 0.55 倍和各层橡胶厚度之和的 3 倍的较小值。对于 LNR900 极限位移为 495mm，对于 LRB800 极限位移为 440mm。结果表明，隔震支座在大震下性能满足规范要求。

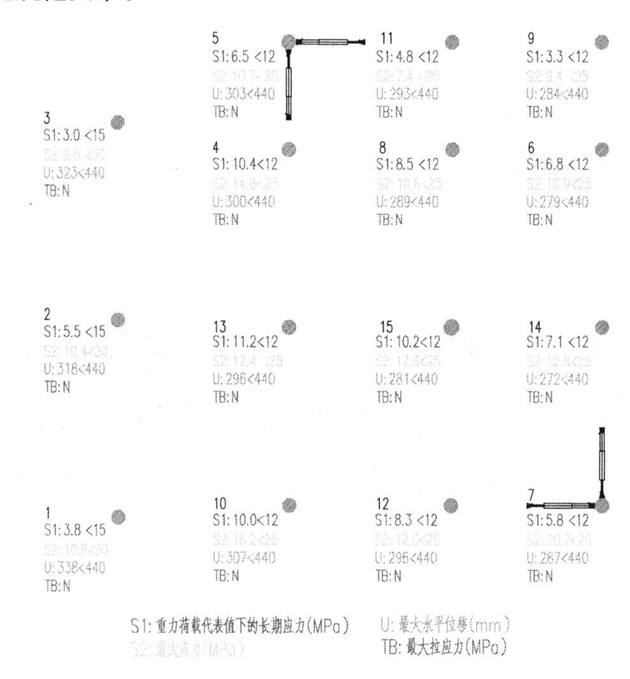


图 5-59 人工波 1 大震弹塑性分析法隔震支座验算图

大震$X$、$Y$方向典型各类阻尼器滞回曲线及结构能量曲线如图 5-60 所示。

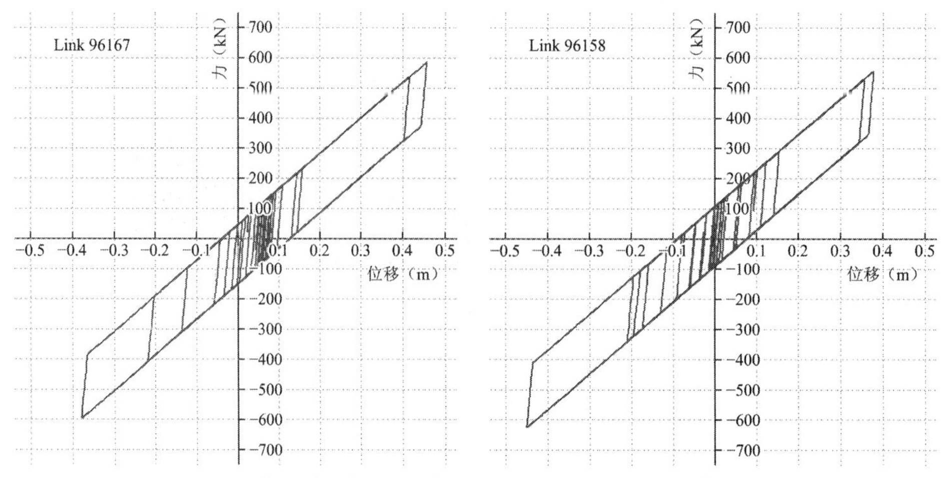


(a) 大震$X$向（左图）、$Y$向（右图）典型隔震支座滞回曲线

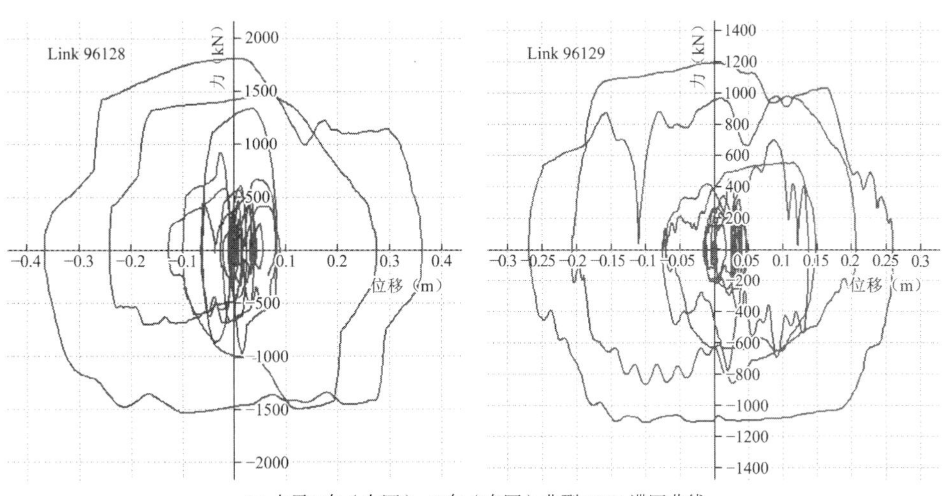


(b) 大震X向（左图）、Y向（右图）典型 VFD 滞回曲线

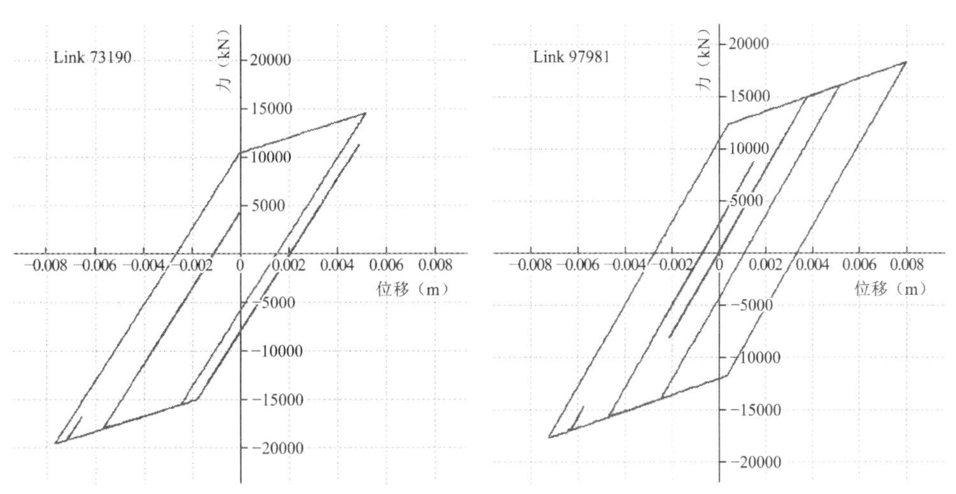


(c) 大震X向（左图）、Y向（右图）典型 BRB 滞回曲线

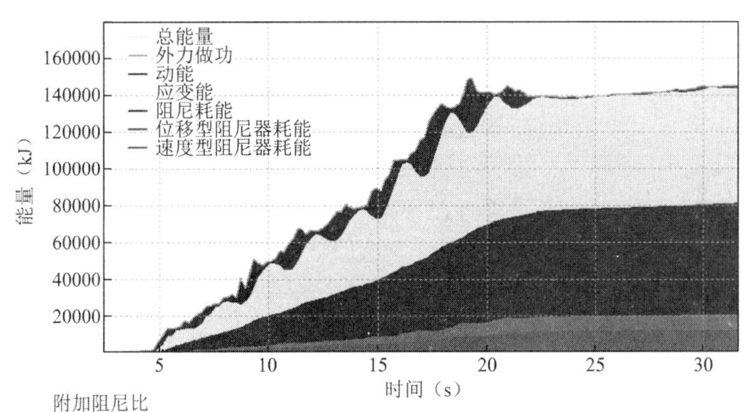


附加阻尼比
结构初始阻尼比：4.0%
附加等效阻尼比：
结构弹塑性：4.1%　　位移型阻尼器：0.5%　　速度型阻尼器：0.8%
总等效阻尼比：9.5%

(d) 大震X向主方向能量曲线

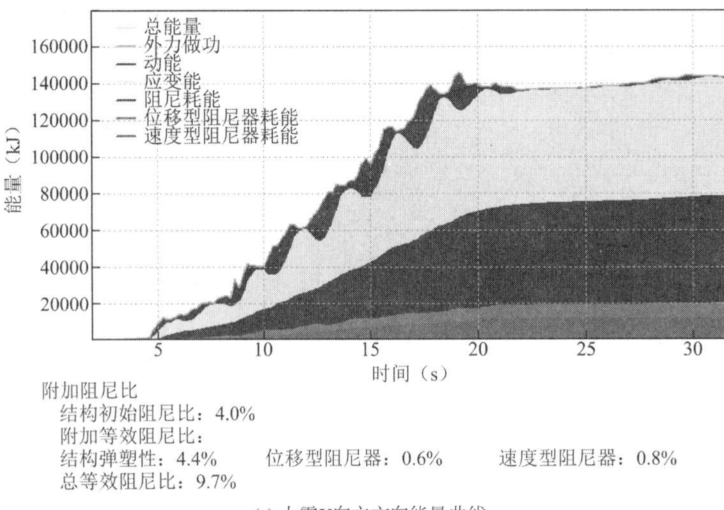


(e) 大震Y向主方向能量曲线

图 5-60　大震下阻尼器耗能曲线及结构能量图

隔震支座出力与位移接近极限值，曲线扁长，耗能能力持续降低。VFD、BRB 出力与速度、位移未超过极限值，滞回曲线非常饱满，附加耗能效率很高，相对于中震工况下降趋势较缓。各类阻尼器附加阻尼比之和为 1.3%，小于 25%，满足《建筑消能减震技术规程》JGJ 297—2013 第 6.3.6 条要求。

### 5.12.3 结论

如表 5-31 所示，三种阻尼器在三水准地震作用下均正常工作。小震下，LRB 屈服，耗能能力最强，提供 70%的附加阻尼比；BRB 未屈服，不耗能；VFD 正常工作，耗能效率较高，提供 30%的附加阻尼比。中震下，LRB 耗能能力降低明显，提供 11%的附加阻尼比；BRB 开始屈服，耗能能力强，提供 33%的附加阻尼比；VFD 耗能效率逐渐提高，提供 57%的附加阻尼比。大震下，LRB 耗能能力达到最低值，提供 4%的附加阻尼比；BRB 耗能能力略有提高，提供 35%的附加阻尼比；VFD 耗能效率达到最大值，提供 62%的附加阻尼比。

从三种阻尼器在地震下提供附加阻尼比占比可以看出，单一的阻尼器不能保证在三水准地震作用下均能有很好的表现。只有将三种阻尼器组合起来，在每个水准下都有耗能能力强、效率高的阻尼器，才能持续地为结构提供稳定的附加阻尼比。这是组合减震的意义所在。

**减隔震元件性能与结构附加阻尼比评估表**　　　　表 5-31

| 名称 | | LRB | BRB | VFD | 阻尼器之和 | 振型阻尼 | 弹塑性阻尼 | 总阻尼 |
|---|---|---|---|---|---|---|---|---|
| 类型 | | 位移型 | 位移型 | 速度型 | — | — | — | — |
| 性能状态 | 小震 | 屈服 | 未屈服 | 正常工作 | — | — | — | — |
| | 中震 | 屈服 | 屈服 | 正常工作 | — | — | — | — |
| | 大震 | 正常工作 | 正常工作 | 正常工作 | — | — | — | — |
| 附加阻尼比 | 小震 | 1.4% | 0.0% | 0.6% | 2.0% | 4.0% | 0.0% | 6.0% |
| | 中震 | 0.2% | 0.6% | 1.0% | 1.8% | 4.0% | 3.0% | 8.8% |
| | 大震 | 0.05% | 0.45% | 0.8% | 1.3% | 4.0% | 4.1% | 9.5% |